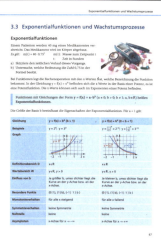

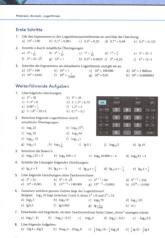

Inhalte
Diese Seiten vermitteln dir – unterstützt durch Merkstoff und Beispiele – mathematisches Wissen über wichtige Begriffe, Gesetze und Zusammenhänge.

Aufgaben
Mithilfe dieser Aufgaben kannst du den Lernstoff üben und anwenden. Du findest sie in den Abschnitten „Probiere es selbst" bis „Gemischte Aufgaben".

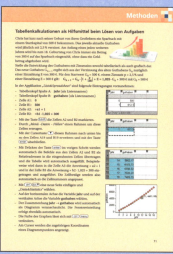

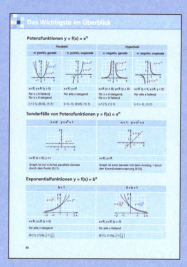

Start
Diese Seiten bieten Anregungen, gemeinsam mit deinen Mitschülern mathematische Probleme zu untersuchen und Neues zu entdecken.

Projekt/Mosaik/Methoden
Diese Seiten enthalten neben Sachinformationen Tipps zum Lösen von Aufgaben, interessante Fragen und Aufträge, die du in der Gruppe bearbeiten kannst.

Das Wichtigste im Überblick
Diese Seiten findest du am Ende jedes Kapitels. Sie stellen das Wichtigste in übersichtlicher Form zusammen.

Mathematik 10

Gymnasium Thüringen

Duden Schulbuchverlag
Berlin

Landesbearbeiter
Evelyn Fiedler, Meiningen, Uta Wilke, Benshausen, Dr. Wilfried Zappe, Ilmenau

Autoren
Kornelia Blümel, Dr. Hubert Bossek (†), Dr. Axel Brückner, Margrit Busch, Christina Emmer, Heidemarie Heinrich, Andrea Jentsch, Thomas Klatte, Petra Labsch, Karlheinz Lehmann (†), Dr. Günter Liesenberg, Angela Malke, Dr. Ehrentraud Meißner, Wilhelm Münchow, Hans-Detmar Pelz, Simone Roloff, Dr. Klaus Scheibe, Dr. Christine Sikora, Ramona Schmidt, Uwe Schmidt, Christina Schneider, Elke Schomaker, Rosemarie Schulz, Prof. Dr. Hans-Dieter Sill, Heike Szebrat, Dr. Michael Unger, Hans-Joachim Warnemann, Dr. Wilfried Zappe, Silvia Zesch

Redaktion Dr. Günter Liesenberg
Gestaltungskonzept Britta Scharffenberg, Daniela Watzke
Einband Britta Scharffenberg
Layout Birgit Kintzel, cs print consulting GmbH, Berlin
Grafik Martina Holzinger, Birgit Kintzel, cs print consulting GmbH, Berlin
Titelbild Karte: gps-geodesia, VisualStock; Bakterienkultur: Fotolia/Alexander Raths

www.duden-schulbuch.de

Die Links zu externen Webseiten Dritter, die in diesem Lehrwerk angegeben sind, wurden vor Drucklegung sorgfältig auf ihre Aktualität geprüft. Der Verlag übernimmt keine Gewähr für die Aktualität und den Inhalt dieser Seiten oder solcher, die mit ihnen verlinkt sind

1. Auflage, 1. Druck 2014

Alle Drucke dieser Auflage sind inhaltlich unverändert und können im Unterricht nebeneinander verwendet werden.

© 2014 Cornelsen Schulverlage GmbH, Berlin

Das Werk und seine Teile sind urheberrechtlich geschützt. Jede Nutzung in anderen als den gesetzlich zugelassenen Fällen bedarf der vorherigen schriftlichen Einwilligung des Verlages. Hinweis zu den §§ 46, 52 a UrhG: Weder das Werk noch seine Teile dürfen ohne eine solche Einwilligung eingescannt und in ein Netzwerk eingestellt oder sonst öffentlich zugänglich gemacht werden. Dies gilt auch für Intranets von Schulen und sonstigen Bildungseinrichtungen. Das Wort **Duden** ist für den Verlag Bibliographisches Institut AG als Marke geschützt.

Druck: Mohn Media Mohndruck, Gütersloh

ISBN 978-3-8355-1232-0

  Inhalt gedruckt auf säurefreiem Papier aus nachhaltiger Forstwirtschaft.

Inhaltsverzeichnis

1 Fit in Mathematik — 6

1.1 Fit in Mathematik – ohne CAS 8
    Gleichungen und Ungleichungen lösen 8
    Gleichungssysteme lösen 10
    Berechnungen an geometrischen Figuren durchführen . 12
    Lineare und quadratische Funktionen untersuchen ... 15
    Ereignisse untersuchen 18
1.2 Fit in Mathe – mit CAS 20
    CAS-Rechner als Hilfsmittel beim Lernen und Lösen von Aufgaben 20

2 Potenzen, Wurzeln, Logarithmen — 28

Start: Wachstumsprozesse untersuchen 30
Start: Große Datenmengen beschreiben 31
Rückblick 32
2.1 Potenzgesetze für Potenzen mit natürlichen Exponenten (n ≠ 0) 34
    Addieren und Subtrahieren von Potenzen 34
    Multiplizieren von Potenzen 34
    Dividieren von Potenzen 35
    Potenzieren von Potenzen 35
2.2 Potenzgesetze für Potenzen mit ganzen Zahlen und mit rationalen Zahlen als Exponenten 37
    Potenzen mit rationalen Zahlen als Exponenten 38
    Potenzen und Wurzeln 38
    Rationalmachen von Nennern 39
2.3 Mit Logarithmen umgehen 41
2.4 Probleme modellieren und lösen 43
2.5 Gemischte Aufgaben 44
Mosaik: Zahlensysteme und ihre Besonderheiten 46
Das Wichtigste im Überblick 48
Teste dich selbst 49

3 Potenz- und Exponentialfunktionen — 50

Start: Funktionale Zusammenhänge in Naturwissenschaft und Technik 52
Start: Experimente zu funktionalen Zusammenhängen 53
Rückblick 54
3.1 Potenzfunktionen 56
    Quadratische und kubische Funktionen 56
    Potenzfunktionen mit ganzzahligen Exponenten 56
    Potenzfunktionen mit geraden Exponenten $y = x^{2n}$ ($n \in \mathbb{Z}$, $n \neq 0$) ... 57
    Potenzfunktionen mit ungeraden Exponenten $y = x^{2n+1}$ ($n \in \mathbb{Z}$) ... 58

Asymptoten und Grenzwerte bei Potenzfunktionen 58
Berechnen von Grenzwerten mit einem CAS-Rechner 59
Potenzfunktionen mit rationalen Exponenten $y = x^{\frac{1}{n}}$ ($n \in \mathbb{Z}$, $n \neq 0$, $n \neq \pm 1$) 60
Potenzfunktionen mit rationalen Exponenten $y = x^{\frac{m}{n}}$ ($n \in \mathbb{N}$, $n > 1$, $m \in \mathbb{Z}$) 61
3.2 Einfluss von Parametern auf Eigenschaften von Potenzfunktionen 64
3.3 Exponentialfunktionen und Wachstumsprozesse 67
Exponentialfunktionen 67
Lineares und exponentielles Wachstum 68
Methoden: Tabellenkalkulationen als Hilfsmittel beim Lösen von Aufgaben 71
3.4 Probleme modellieren und lösen 72
Prozentuale Wachstumsraten 72
3.5 Gemischte Aufgaben 74
Mosaik: Zinsen und Zinseszinsen 76
Mosaik: Kredite und deren Tilgung 77
Teste dich selbst 78
Das Wichtigste im Überblick 80

4 Trigonometrische Berechnungen an Dreiecken — 82

Start: Berechnungen an rechtwinkligen Dreiecken 84
Start: Berechnungen an rechtwinkligen Dreiecken 85
Rückblick 86
4.1 Trigonometrische Beziehungen an Dreiecken 88
Winkel und Seitenverhältnisse an rechtwinkligen Dreiecken 88
Der Sinus, der Kosinus und der Tangens eines Winkels 88
Winkelgrößen und Seitenlängen rechtwinkliger Dreiecke berechnen 89
Methoden: Sinus-, Kosinus- und Tangenswerte mit dem TI-Nspire berechnen 90
Beziehungen zwischen Sinus- und Kosinuswerten 91
Spezielle Sinus-, Kosinus- und Tangenswerte 92
4.2 Berechnen von Seitenlängen und Winkelgrößen beliebiger Dreiecke 95
Der Sinussatz 95
Der Kosinussatz 97
Methoden: Trigonometrische Berechnungen mit dem TI-Nspire 98
4.3 Berechnen von Flächeninhalten beliebiger Dreiecke 101
4.4 Probleme modellieren und lösen 103
4.5 Gemischte Aufgaben 104
Teste dich selbst 106
Das Wichtigste im Überblick 108

5 Winkelfunktionen — 110

Start: Periodische Vorgänge untersuchen 112
Rückblick 114
5.1 Periodische Vorgänge untersuchen 118
Periodische Funktionen 118

5.2 Die Sinusfunktion und die Kosinusfunktion – Winkelfunktionen 120
Methoden: Darstellen von Winkelfunktionen mit dem TI-Nspire 124
5.3 Einfluss von Parametern auf Eigenschaften von Winkelfunktionen 125
5.4 Probleme modellieren und lösen 129
Methoden: Goniometrische Gleichungen mit einem CAS-Rechner lösen 130
5.5 Gemischte Aufgaben 131
Projekt: Interessante Kurven 134
Projekt: Archimedische Spiralkurven 135
Teste dich selbst 136
Das Wichtigste im Überblick 137

6 Stochastische Zusammenhänge – die Binomialverteilung — 138

Start: Stochastische Experimente 140
Start: Tippen beim Wetter-LOTTO 141
Rückblick 142
6.1 Ermitteln von Anzahlen mithilfe von Binomialkoeffizienten 144
6.2 Die Binomialverteilung 146
   Bernoulli-Experimente und Bernoulli-Ketten 146
   Die Binomialverteilung 147
Methoden: Grafisches Darstellen binomialverteilter Zufallsgrößen mit dem TI-Nspire 149
   Mindestlängen von Bernoulli-Ketten 150
Methoden: Simulieren binomialverteilter Zufallsgrößen 151
6.3 Gemischte Aufgaben 154
Mosaik: Das Summenzeichen im Mathematikunterricht 156
Teste dich selbst 158
Das Wichtigste im Überblick 159

7 Aufgabenpraktikum — 160

Methoden: Grenzwerte mit CAS-Rechnern ermitteln 162
Methoden: Messdaten mit CAS-Rechnern auswerten (Regressionskurven) 164
Methoden: Bilder durch Funktionsgraphen mit CAS-Rechnern erzeugen 166
Methoden: Hinweise und Orientierungen für Tests, Kontrollen und Prüfungen 168
Methoden: Hinweise und Orientierungen zum Lösen von Textaufgaben 169
7.1 Aufgaben zum Üben 170
7.2 Aufgaben für Tests 186

A Anhang — 190

Lösungen „Fit in Mathe" 192
Lösungen zu „Teste dich selbst"-Aufgaben 206
Lösungen „Aufgabenpraktikum" 213
Register 222

1 Fit in Mathematik

Diagonalen in Vielecken
Dreiecke haben keine, Vierecke haben immer zwei und Fünfecke haben immer fünf Diagonalen.
Wie viele Diagonalen haben Sechsecke bzw. Siebenecke? Findet einen Zusammenhang zwischen der Anzahl der Eckpunkte und der Anzahl der Diagonalen bei einem Vieleck.

Abhängigkeiten
Das abgebildete Thermometer gibt die Temperatur sowohl in Grad Celsius (°C) als auch in Grad Fahrenheit (°F) an.
Beide Temperaturangaben lassen sich ineinander umrechnen.
Sucht nach einer Gleichung für derartige Umrechnungen und erläutert diese an einem Beispiel.

Archimedische Körper
Der nebenstehende Kuboktaeder wurde aus Lebkuchenteig und Zuckerguss hergestellt.
Beschreibt die Oberfläche dieses Körpers, zeichnet ein Körpernetz mit selbst gewählten Maßen und berechnet seinen Oberflächeninhalt.

1.1 Fit in Mathematik – ohne CAS

Gleichungen und Ungleichungen lösen

Beim Lösen von Gleichungen und Ungleichungen wird die gesuchte Variable mithilfe äquivalenter Umformungen isoliert. Dabei ändert sich die Lösungsmenge von Schritt zu Schritt nicht. Quadrieren (Potenzieren), Radizieren und das Dividieren durch 0 sind keine äquivalenten Umformungen für Gleichungen und Ungleichungen. Proben sind erforderlich, um zu garantieren, dass die gefundenen Werte wirklich Lösungen sind.

Löse folgende Gleichung:

$$x \cdot (x - 2) - 1 = 4 - (x - 1)^2 - 2x \quad | \text{ Klammern auflösen}$$
$$x^2 - 2x - 1 = 4 - x^2 + 2x - 1 - 2x \quad | \text{ Zusammenfassen}$$
$$x^2 - 2x - 1 = 3 - x^2 \quad | + x^2 - 3$$
$$2x^2 - 2x - 4 = 0 \quad | : 2$$
$$x^2 - x - 2 = 0 \quad | \text{ Lösungsformel}$$
$$x_{1;2} = -\frac{p}{2} \pm \sqrt{\left(\frac{p}{2}\right)^2 - q} \quad (p = -1 \text{ und } q = -2)$$
$$x_{1;2} = \frac{1}{2} \pm \sqrt{\frac{1}{4} + \frac{8}{4}} = \frac{1}{2} \pm \frac{3}{2}$$
$$x_1 = 2; \ x_2 = -1 \quad L = \{-1; 2\}$$

Probe:

mit $x = -1$
$$-1 \cdot (-1 - 2) - 1 = 4 - (-1 - 1)^2 - 2 \cdot (-1)$$
$$3 - 1 = 4 - 4 + 2$$
$$2 = 2$$

mit $x = 2$
$$2 \cdot (2 - 2) - 1 = 4 - (2 - 1)^2 - 2 \cdot 2$$
$$0 - 1 = 4 - 1 - 4$$
$$-1 = -1$$

Beim Lösen von Ungleichungen gelten (mit einer Ausnahme) die gleichen Regeln wie beim Lösen von Gleichungen. Wird eine Ungleichung mit einer negativen Zahl multipliziert oder durch eine negative Zahl dividiert, so kehrt sich das Relationszeichen um.
- Das Zeichen „<" wird durch das Zeichen „>" ersetzt und umgekehrt.
- Das Zeichen „≤" wird durch das Zeichen „≥" ersetzt und umgekehrt.

Löse folgende Ungleichung im Bereich der reellen Zahlen und stelle die Lösungsmenge an einer Zahlengeraden dar:

$$4 \cdot (1 - x) \geq -1 - (x + 1) \quad | \text{ Klammern auflösen}$$
$$4 - 4x \geq -1 - x - 1 \quad | \text{ Zusammenfassen}$$
$$4 - 4x \geq -2 - x \quad | -4 + x$$
$$-3x \geq -6 \quad | : (-3)$$
$$x \leq 2$$

Alle reellen Zahlen von 0 bis 2 sind Lösung der Ungleichung. Es gilt: $L = \{x \in \mathbb{R} \text{ mit } 0 \leq x \leq 2\}$

Darstellung der Lösungsmenge an der Zahlengeraden:

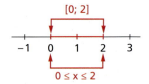

Durch Einsetzen ausgewählter Zahlen der Lösungsmenge in die Ausgangsungleichung und anschließender Vereinfachung kann getestet werden, ob die Lösungsmenge richtig ermittelt wurde. Dazu eignen sich einfache Zahlen, mit denen sich leicht rechnen lässt, oder die Grenzen des Lösungsintervalls.

Test: $4 \cdot (1 - 0) \geq -1 - (0 + 1)$ $\qquad$ $4 \cdot (1 - 2) \geq -1 - (2 + 1)$
$\qquad\quad 4 \geq -2$ (wahre Aussage) $\qquad\quad -4 \geq -4$ (wahre Aussage)

Fit in Mathematik – ohne CAS

Aufgaben

1. Löse folgende Gleichungen im Bereich der ganzen und im Bereich der rationalen Zahlen:
a) $\frac{x}{4} + 9 = 12$
b) $-\frac{x}{3} + \frac{1}{3} = \frac{2}{3}$
c) $\frac{3 \cdot (5x - 8)}{2} = 5x + 2$
d) $-2 \cdot (x + 4) = 12$
e) $5x + 3(2x - 5) - 2x = 3$
f) $2(x + 1) = 1{,}5(2x + 3)$
g) $x - (3x - 2) + (5x + 1) = 3x - (x + 4) + 10$
h) $(3x + 10)(8x - 30) = (2x + 5)(12x - 40)$

2. Löse folgende Gleichungen:
a) $(x + 3{,}5)^2 = 1$
b) $2(x - 5)^2 + 16 = 0$
c) $(x - 4)(x + 4) = 0$
d) $x^2 - 25x + 150 = 0$
e) $x^2 - 3x = 28$
f) $2x^2 + 9x + 10 = 0$
g) $3x^2 = 21 - 4{,}5x$
h) $\frac{1}{2}(x^2 - x) = -15$
i) $x(x - 5) + 8(3 + x) = 12x$

3. Löse folgende Gleichungen. Führe immer eine Probe durch.
a) $x - 3 + x + 3 = 20$
b) $-2 \cdot (x + 4) = 12$
c) $20x - 25 = 39 - 12x$
d) $5x - 12 - 3x = -2x$
e) $7x - 14 - x - 2 = 7x + 16 - 5x - 12$
f) $2(x + 1) = 1{,}5(2x + 3)$
g) $x - (3x - 2) + (5x + 1) = 3x - (x + 4) + 10$
h) $12x - 3(x + 15) = 2(x - 26)$
i) $4x - (2x - 4) = 6x - 4(x - 1)$

4. Löse jede Gleichung und führe immer eine Probe durch.
a) $3(12 - 3a) = 5(2a + 7)$
b) $4(3b - 5) = -3(2 - 4b)$
c) $7(8c + 8) - 8(7c + 7) = 0$
d) $(d + 1)^2 = d(d + 1)$
e) $(2e - 3)(7 + 5e) = (10e - 4)(e - 3)$
f) $(f - 6)(f - 4) = (f - 5)(f - 7)$
g) $(g + 8)(g - 3) - (g + 2)(g - 9) = 0$
h) $(h + 4)^2 = (h - 4)(h + 4)$

5. Löse folgende Ungleichungen und veranschauliche die Lösungsmengen auf Zahlengeraden:
a) $x - 7 < 3$
b) $-5x > -9$
c) $4x - 6 < 18$
d) $1{,}5x + 4{,}5 < 12$
e) $-2x + 5 < 5x - 2$
f) $3(1 + x) + 3 > 12 - x$
g) $2x + 5 > 3x - (2{,}5 - x)$
h) $\frac{5}{4}x - 9 < \frac{4}{5}x$

6. Welche Zahlen erfüllen jeweils die folgenden Bedingungen?
a) Das Produkt zweier aufeinanderfolgender gerader Zahlen ergibt 224.
b) Subtrahiert man vom Quadrat einer ganzen Zahl 112, so erhält man das 9-Fache der Zahl.

7. Ein rechtwinkliges Dreieck hat eine 20 cm lange Hypotenuse. Eine der beiden Katheten dieses Dreiecks ist um 4 cm länger als die andere Kathete.
a) Berechne die Länge jeder Kathete.
b) Berechne den Flächeninhalt des Dreiecks.

8. Interpretiere folgende Formeln. Stelle jede Formel dann nach den in Klammern stehenden Größen um.
a) $V = \pi \cdot r^2 \cdot h$ (h, r)
b) $A = \frac{(a + c) \cdot h}{2}$ (h, c)
c) $\frac{1}{f} = \frac{1}{g} + \frac{1}{b}$ (f, g)

9. Familie Scharf hat in vier Jahren 960 € gespart, im zweiten Jahr hat sie doppelt so viel gespart wie im ersten und im dritten Jahr doppelt so viel wie im zweiten Jahr. Im vierten Jahr hat sie aber nur halb so viel gespart wie im ersten Jahr. Stelle eine Gleichung auf und berechne, wie viel Euro Familie Scharf in jedem Jahr gespart hat.

10. Herr Schnell fährt in Kleinstadt auf die Autobahn, eine Viertelstunde später folgt ihm seine Frau mit ihrem Auto. Beide kommen gleichzeitig auf dem Parkplatz in Kaufhausen an. Herr Schnell fährt mit einer gleichbleibenden Geschwindigkeit von etwa 80 $\frac{km}{h}$, Frau Schnell mit etwa 120 $\frac{km}{h}$. Berechne, wie viele Stunden die beiden jeweils unterwegs sind.

Gleichungssysteme lösen

Das rechnerische Lösen eines Gleichungssystems mit zwei Variablen wird durch „Beseitigen" einer der beiden Variablen in beiden Gleichungen auf eine Gleichung mit einer Variablen zurückgeführt. Folgende drei Verfahren sind möglich:

Einsetzungsverfahren
- Eine der Gleichungen wird (wenn nötig) nach einer Variablen umgestellt und der dabei erhaltene Term für die ausgewählte Variable wird dann in die andere Gleichung eingesetzt.
- Die entstandene Gleichung mit einer Variablen wird gelöst.

Hinweis: Das Einsetzungsverfahren ist vorteilhaft, wenn eine Gleichung schon nach einer Variablen aufgelöst ist.

Gleichsetzungsverfahren
- Umstellen beider Gleichungen (nötigenfalls) nach derselben Variablen (demselben Term).
- Die entstandenen Terme werden gleichgesetzt, die Gleichung mit einer Variablen wird gelöst.

Hinweis: Das Gleichsetzungsverfahren ist ein Spezialfall des Einsetzungsverfahrens.

Additionsverfahren
- Die Gleichungen werden (wenn nötig) so umgeformt, dass beim Addieren beider Gleichungen eine der beiden Variablen wegfällt.
- Die entstandene Gleichung mit einer Variablen wird gelöst.

Hinweis: Das Additionsverfahren ist zweckmäßig, wenn die Koeffizienten einer Variablen in beiden Gleichungen zueinander entgegengesetzte Zahlen sind.

Proben werden immer an beiden Ausgangsgleichungen durchgeführt.

Löse nebenstehendes Gleichungssystem mit dem Einsetzungsverfahren und führe eine Probe durch.

I $y = x - 2$
II $9x - 4y = 13$

$9x - 4y = 13$ | Term für y von **I** in **II** einsetzen
$9x - 4(x - 2) = 13$ | Klammern auflösen
$9x - 4x + 8 = 13$ | Zusammenfassen
$5x + 8 = 13$ | Ordnen
$x = 1$ und $y = -1$
$L = \{1; -1\}$

Probe:
I $-1 = 1 - 2$
(wahre Aussage)
II $9 \cdot 1 - 4 \cdot (-1) = 13$
(wahre Aussage)

Lineare Gleichungssysteme mit zwei Variablen lassen sich als Geraden im Koordinatensystem veranschaulichen und grafisch lösen.

Die Geraden schneiden einander in einem Punkt.
Das Gleichungssystem hat genau eine Lösung.

Die Geraden sind parallel zueinander.
Das Gleichungssystem hat keine Lösung.

Die Geraden sind identisch.
Das Gleichungssystem hat unendlich viele Lösungen.

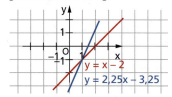
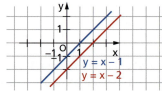
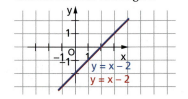

Aufgaben

1. Ermittle die Lösung mit dem Einsetzungsverfahren und führe immer einer Probe durch.

a) I $x + 2y = 35$ b) I $x + y = 18$ c) I $2x + y = 24$ d) I $x + 2y = -20$
   II $x = 3y$ II $y = x - 4$ II $y = 4x$ II $y = 2x + 5$

e) I $5x + 3y = 46$ f) I $y = 72 - 9x$ g) I $x + 4y = 31$ h) I $x = 3y + 13$
   II $x = y : 6$ II $9x = 7y$ II $x = -2y + 11$ II $3y - x = 13$

2. Löse mit dem Gleichsetzungsverfahren und führe immer einer Probe durch.

a) I $y = 2x - 5$ b) I $y = \frac{1}{2}x - 3$ c) I $y = 2$ d) I $x = 2y - 3$
   II $y = -x + 1$ II $y = x + 1$ II $y = x - 1$ II $x = 3y - 5$

e) I $y = 4x - 2$ f) I $y = 3x - 5$ g) I $x = -4y - 3$ h) I $2x = 3y - 10$
   II $y = 8x$ II $y = -x + 5$ II $x = -3y - 2$ II $2x = 0{,}4y + 16$

3. Löse mit dem Additionsverfahren und führe immer einer Probe durch.

a) I $3x - 5y = -11$ b) I $4x + 3y = 25$ c) I $-8x + 4y = 2$ d) I $6x - 5y = 20$
   II $-x + 2y = 5$ II $2x - y = 5$ II $2x - 3y = -11$ II $4x + 3y = 26$

e) I $2x - 3y = 6$ f) I $x - 0{,}5y = 1{,}5$ g) I $x = y + 5$ h) I $2y + 2x = 8$
   II $-4x - 6y = -12$ II $2x - y = 1$ II $-x = -3y + 3$ II $-4y + 6x = 22$

4. Löse folgende Gleichungssysteme rechnerisch und führe jeweils eine Probe durch.

a) I $2 = 3y - 5x$ b) I $10x + 3 = -4y$ c) I $-12 + 2y = x$ d) I $-3y + 7x = 15$
   II $2 = x - y$ II $y - x = 8$ II $-6 - 2x = -y$ II $-y - 14x = -44$

e) I $x = 8y + 20$ f) I $61 = -4x - 9y$ g) I $980 + 56x = 55y$ h) I $12 = 2x + 3y$
   II $5x = 3y - 11$ II $128 = -5x - 17y$ II $15y = x - 365$ II $12 = 3x + 2y$

5. Gib die Gleichungen der dargestellten linearen Funktionen an. Lies die Koordinaten ihrer Schnittpunkte ab. Überprüfe deine Ergebnisse rechnerisch.

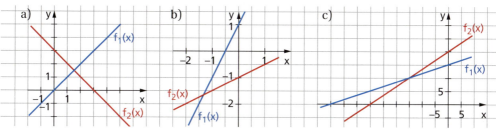

6. Löse folgende Gleichungssysteme rechnerisch und überprüfe die gefundene Lösung grafisch. Ermittle dazu den Schnittpunkt beider zugehörigen Geraden im Koordinatenssystem.

a) I $y - x = 2$ b) I $0 = 3x + 4y + 2$ c) I $x - 4y = 3$ d) I $5x + y = -5$
   II $3y - x = 5$ II $0 = 2x - 3y - 10$ II $-y + x = 5$ II $-2x + 4y = -2$

e) I $3y - 2x = 9$ f) I $-x - y = 1$ g) I $2y - 6x - 21 = 0$ h) I $3x + 2y = 14$
   II $y - x = 2$ II $-3y + 3x = -6$ II $2y = \frac{3}{4}x$ II $x - 4y = 0$

7. Der Umfang eines Rechtecks beträgt 32 m. Die Seite b ist doppelt so lang wie die Seite a. Stelle ein Gleichungssystem auf und berechne die Seitenlängen des Rechtecks.

Berechnungen an geometrischen Figuren durchführen

Um Streckenlängen (z. B. die Raumdiagonale eines Würfels), Flächeninhalte (z. B. den Oberflächeninhalt einer Pyramide) oder Rauminhalte (z. B. das Volumen eines Kreiskegels) berechnen zu können, muss man u. a. Formeln kennen, Größenangaben umrechnen können und in der Lage sein, Gesuchtes bzw. Gegebenes in Planfiguren darzustellen.

Die folgende Übersicht enthält wichtige geometrische Grundfiguren mit den dazu gehörenden Formeln:

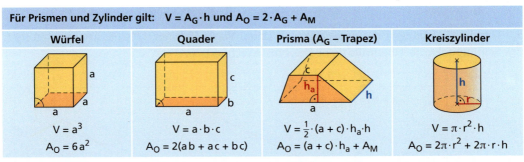

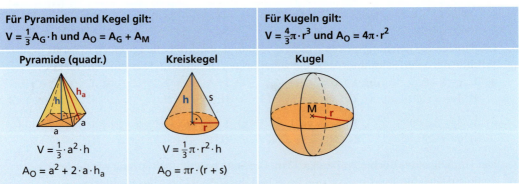

Eine Planfigur kann beim Erkennen der gesuchten Größen hilfreich sein.

Ein Partyzelt hat in der Mitte eine Gesamthöhe von 4,0 m.
Die Seitenlänge der quadratischen Grundfläche beträgt 5,0 m.
Die senkrechten Begrenzungsflächen sind alle 2,4 m hoch.

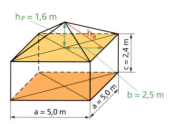

Zeichne alles Gegebene in eine Planfigur ein und
berechne folgende Größen:
(1) die Stellfläche für das Zelt in Quadratmeter
(2) das Innenvolumen des Zeltes in Kubikmeter
(3) die Größe der Zeltplane für das Dach in Quadratmeter

Gesucht: (1) A_G; (2) V_K; (3) A_M *Planfigur:*

Gegeben: a = 5,0 m; c = 2,4 m; h = 4,0 m

Lösung:
(1) $A_G = a \cdot a = 25{,}0 \text{ m}^2$

(2) $V_Q = a \cdot a \cdot c = 60{,}0 \text{ m}^3$; $V_P = \frac{1}{3} a \cdot a \cdot h_P \approx 13{,}3 \text{ m}^3$

    $V_Z = V_Q + V_P = 73{,}3 \text{ m}^3$

(3) $h_a = \sqrt{\left(\frac{a}{2}\right)^2 + h_P^2} \approx 3{,}0 \text{ m}$

    $A_M = 4 \cdot \frac{a \cdot h_a}{2} \approx 29{,}7 \text{ m}^2$

Antwort: Auf einer Stellfläche von 25 m² hat das Zelt ein Innenvolumen von etwa 73 m³.
Das Dach hat eine Größe von etwa 30 m².

Aufgaben

1. Berechne näherungsweise die Masse des Werkstücks mit
den in nebenstehender Zeichnung angegeben Maßen.
Es besteht aus Blei mit einer Dichte von $11{,}35 \frac{\text{g}}{\text{cm}^3}$.
(Alle Maße sind in Millimeter angegeben.)

   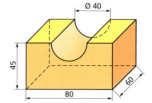

   a) Skizziere das Werkstück im Zweitafelbild.
   b) Berechne den Oberflächeninhalt näherungsweise.

2. a) Berechne das Volumen und den
Oberflächeninhalt sowohl von
Werkstück ① als auch von Werkstück ② näherungsweise.
   b) Berechne näherungsweise die
Masse von jedem Werkstück.
   c) Entscheide und begründe, ob du
1 000 Stück vom Werkstück ② in
einer Kiste tragen könntest.
   d) Aus Körper ① soll die größtmögliche Halbkugel gefräst
werden. Ermittle, wie viel Prozent Abfall dabei entsteht.

   ① Kreiszylinder aus Aluminium

   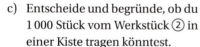

   ② Halbkugel mit angesetztem Kegel aus Stahl

   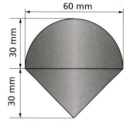

Fit in Mathematik

3. Stelle jede Formel nach den in Klammern stehenden Größen um.
 Schreibe jeweils den vollständigen Lösungsweg auf.

a) $A_O = 2(a\,b + a\,c + b\,c)$ (a; c)   b) $V = \frac{e \cdot f}{2} \cdot h$ (e; h)

c) $A_O = 2\pi \cdot r^2 + 2\pi \cdot r \cdot h$ (π; r)   d) $V = \frac{1}{3}\pi \cdot r^2 \cdot h$ (h; π)

e) $V = \frac{1}{2} \cdot (a + c) \cdot h_a \cdot h$ (a; h)   f) $V = \frac{4}{3}\pi \cdot r^3$ (π; r)

4. a) Berechne die Oberflächeninhalte der nebenstehenden Körper. Alle Maße sind in Millimeter angegeben.

b) Zeichne von jedem Körper ein Zweitafelbild in einem geeigneten Maßstab. Gib diesen Maßstab an.

5. Erläutere, wie sich das Volumen eines Kegels (eines Kreiszylinders) ändert. Es wird nur die
 genannte Größe verändert. Alle übrigen Kenngrößen bleiben unverändert.

a) Die Höhe wird verdoppelt.   b) Der Grundkreisdurchmesser wird halbiert.

6. Zeige, dass der Oberflächeninhalt einer Kugel und der
 Inhalt der Mantelfläche des Zylinders, der diese Kugel umschreibt, gleich groß sind.

7. Die Grundflächen eines Kreiszylinders und eines Kreiskegels sind gleich groß. Die Radien der Grundflächen betragen jeweils 10 cm. Auch ihre Rauminhalte sollen gleich groß sein. Welche Höhe muss der Kreiskegel besitzen, wenn der Kreiszylinder 20 cm hoch ist?

8. a) Ein Quadrat und ein Kreis haben den gleichen Umfang von 10 cm. Entscheide und begründe, welche der beiden Figuren den größeren Flächeninhalt besitzt.

b) Ein Würfel und eine Kugel haben den gleichen Oberflächeninhalt von 1 cm². Entscheide und begründe, welcher der beiden Körper das größere Volumen besitzt.

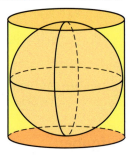

9. Prüfe, ob der Rauminhalt des Walmdaches größer oder kleiner als 150 m³ ist.

10. In einem 120 mm langen, 60 mm breiten und 20 mm hohen Quader aus Stahl mit eine Dichte
$\varrho = 7{,}8\,\frac{g}{cm^3}$ werden zwei gleich große zylinderförmige Löcher gebohrt.

a) Berechne näherungsweise, wie viel Kilogramm Abfall dabei entsteht und wie viel Prozent des Quaders das etwa sind.

b) Berechne näherungsweise die Masse.

c) Ermittle einen Term zur Berechnung des Oberflächeninhalts des Werkstücks.

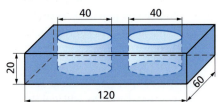

Lineare und quadratische Funktionen untersuchen

Lineare Funktionen

Funktionen der Form $y = f(x) = m \cdot x + n$ (m, n $\in \mathbb{R}$) und Funktionen, deren Gleichungen sich durch äquivalentes Umformen in diese Form überführen lassen, heißen **lineare Funktionen**.

- Die **Graphen** linearer Funktionen sind immer **Geraden.**
- Lage und Gestalt der Graphen linearer Funktionen bestimmen die **Parameter m** (Anstieg bzw. Steigung) und **n (Durchgang durch die y-Achse).**

Wichtige Merkmale linearer Funktionen:

Funktionsgleichung	$y = f(x) = 2x - 1$	$y = f(x) = -2x + 1$	$y = f(x) = 1$
Definitionsbereich	$x \in \mathbb{R}$	$x \in \mathbb{R}$	$x \in \mathbb{R}$
Wertebereich	$y \in \mathbb{R}$	$y \in \mathbb{R}$	$y = 1$
Nullstelle	$x_0 = 0{,}5$	$x_0 = 0{,}5$	keine
Anstieg	$m = 2$	$m = -2$	$m = 0$
Graph			
Schnittpunkt (x-Achse)	$S_x(0{,}5 \mid 0)$	$S_x(0{,}5 \mid 0)$	keinen
Schnittpunkt (y-Achse)	$S_y(0 \mid -1)$	$S_y(0 \mid 1)$	$S_y(0 \mid 1)$

Die Graphen zweier Funktionen $f_1(x)$ und $f_2(x)$ mit $m_1 = m_2$ sind **zueinander parallel.**
Die Graphen zweier Funktionen $f_1(x)$ und $f_2(x)$ mit $m_1 \cdot m_2 = -1$ sind **zueinander senkrecht.**
Für die Nullstelle linearer Funktionen $y = m \cdot x + n$ gilt: $\quad 0 = m \cdot x_0 + n \quad \rightarrow \quad x_0 = -\frac{n}{m}$

Quadratische Funktionen

Funktionen $y = f(x) = ax^2 + bx + c$ (a, b, c $\in \mathbb{R}$; a $\neq 0$) und Funktionen, deren Gleichungen sich durch äquivalentes Umformen in diese Form überführen lassen, heißen **quadratische Funktionen**.

- Die **Graphen** quadratischer Funktionen sind immer **Parabeln.**
- Der *Graph* der quadratischen Funktion $y = f(x) = x^2$ heißt *Normalparabel*.
- Lage und Gestalt der Graphen quadratischer Funktionen bestimmen die Parameter a, b und c.
  Der **Parameter a** (a $\neq 0$) bestimmt, in welche **Richtung** der Graph **geöffnet** ist.
  Der **Parameter c** bestimmt den **Durchgang des Graphen durch die y-Achse** und wie weit der Graph **geöffnet** ist.
- Die *Scheitelpunktsform* quadratischer Funktionen $y = f(x) = (x + d)^2 + e$ und die *Normalform* quadratischer Funktionen $y = f(x) = x^2 + px + q$ lassen sich ineinander überführen.
  Ihre Graphen sind zur Normalparabel kongruente Parabeln.

Wichtige Merkmale quadratischer Funktionen:

Funktionsgleichung	$y = f(x) = x^2 + 4x + 3$	$y = f(x) = (x + 2)^2 - 1$	$y = f(x) = (x - 1)^2$
Definitionsbereich	$x \in \mathbb{R}$	$x \in \mathbb{R}$	$x \in \mathbb{R}$
Wertebereich	$y \in \mathbb{R}; y \geq -1$	$y \in \mathbb{R}; y \geq -1$	$y \geq 0$
Nullstellen	$x_1 = -3; x_2 = -1$	$x_1 = -3; x_2 = -1$	$x_1 = x_2 = 1$
Graph			
Scheitelpunkt	$S(-2\,|\,-1)$	$S(-2\,|\,-1)$	$S(1\,|\,0)$
Schnittpunkt(e) (x-Achse)	$S_1(-3\,|\,0); S_2(-1\,|\,0)$	$S_1(-3\,|\,0); S_2(-1\,|\,0)$	$S_x(1\,|\,0)$
Schnittpunkt (y-Achse)	$S_y(0\,|\,3)$	$S_y(0\,|\,3)$	$S_y(0\,|\,1)$

Graphen quadratischer Funktionen, deren Scheitelpunkte auf der x-Achse liegen, haben immer eine „**Doppelnullstelle** $x_1 = x_2$".

Graphen quadratischer Funktionen, deren Scheitelpunkte oberhalb der x-Achse liegen, haben **keine Nullstelle**.

Für die Nullstellen quadratischer Funktionen $y = x^2 + px + q$ gilt:

$0 = x^2 + px + q \quad \rightarrow \quad x_{1;2} = -\frac{p}{2} \pm \sqrt{\frac{p^2}{4} - q}$

Für die Scheitelpunkte der Parabeln von $y = x^2 + px + q$ gilt: $\quad S\left(-\frac{p}{2}\,\middle|\,-\frac{p^2}{4} + q\right)$

Aufgaben

1. Zeichne die Funktionsgraphen in ein Koordinatensystem und gib jeweils den Definitions- und Wertebereich an. Lies die Nullstellen ab und prüfe deine Ergebnisse rechnerisch.
   a) $y = 2x + 3$ b) $y = -\frac{1}{2}x - 2$ c) $y = -\frac{3}{2}x + \frac{9}{2}$ d) $y = x - \frac{5}{2}$

2. Ermittle die Scheitelpunkte der Funktionsgraphen, skizziere dann die Funktionsgraphen und gib jeweils den Definitions- und Wertebereich an. Lies die Nullstellen ab und prüfe deine Ergebnisse rechnerisch.
   a) $y = (x - 3)^2 - 1$ b) $y = (x + 2)^2 - 4$ c) $y = (x - 2{,}5)^2 - \frac{1}{4}$ d) $y = x^2 - 2x - 3$
   e) $y = x^2 - 6x + 5$ f) $y = x^2 + 4x$ g) $y = x^2 + 8x + 12$ h) $y = x^2 + 2x - 8$

3. Gegeben ist die Funktion $y = f(x) = \frac{1}{2}x - 3$. Gib jeweils eine weitere Funktion an, für die gilt:
   a) Ihr Graph ist zu dem der gegebenen Funktion parallel.
   b) Ihr Graph schneidet die y-Achse im gleichen Punkt wie der Graph der gegebenen Funktion.
   c) Ihre Nullstelle stimmt mit der der gegebenen Funktion überein.
   d) Ihr Graph ist zu dem der gegebenen Funktion um 5 Einheiten in x-Richtung verschoben.

4. Gegeben sind die Funktionen $y = f(x) = 2x - 2$ und $y = g(x) = \frac{1}{2}x - 1$.
Spiegele die Graphen beider Funktionen jeweils an den folgenden Geraden und gib für die dabei entstehenden Bilder wieder Funktionsgleichungen an.
a) y-Achse   b) x-Achse   c) $y = x$ d) $y = -x$

5. Gib die Gleichungen der Funktionen $y = f(x) = (x + d)^2 + e$ und $y = g(x) = x^2 + px + q$ an, deren Graphen die folgenden Scheitelpunkte haben.
a) $S(-4 | -1)$ b) $S(3 | 0)$ c) $S(2,5 | 4)$ d) $S(-1 | 5)$

6. Gegeben sind zwei lineare Funktionen. Stelle beide Funktionen in einem Koordinatensystem grafisch dar. Lies die Nullstellen und die Koordinaten des gemeinsamen Schnittpunktes ab. Prüfe dann rechnerisch die Nullstellen und die Schnittpunktskoordinaten nach.

a) I $y = -\frac{1}{2}x + 2$ b) I $y = 0,5x + 1$ c) I $4x + 2y = 8$
   II $y = 2x - 3$ II $y = 1,5x - 3$ II $2x + 4y = 22$

7. Gegeben ist die Funktion $y = f(x) = (x + 3) \cdot (x - 1)$.
a) Gib die Gleichung in der Form $y = f(x) = x^2 + px + q$ an.
b) Berechne den Scheitelpunkt und die Nullstellen des Funktionsgraphen.
c) Zeichne den Funktionsgraphen im Intervall von $-4 \leq x \leq 2$ in ein Koordinatensystem.
d) Gib die Funktionswerte für $x_1 = -4$ und $x_2 = 2$ an.

8. Gegeben ist die Funktion $y = f(x) = 3x - 4$. Die folgenden vier Punkte sollen zum Funktionsgraphen gehören. Gib die jeweils fehlende Koordinate an.
a) $P_1(12 | y_1)$ b) $P_2(-5 | y_2)$ c) $P_3(x_3 | -67)$ d) $P_4(x_4 | 89)$

9. Bestimme die Funktionsgleichungen der linearen Funktionen $y = mx + n$, zu deren Graphen die Punkte P_1 und P_2 gehören.
a) $P_1(-1 | 3); P_2(3 | -1)$ b) $P_1(-1 | -2,5); P_2(0 | 0)$ c) $P_1(-2 | 3); P_2(1 | -6)$

10. Eine Parabel $y = f(x) = x^2 + px + q$ hat den Scheitelpunkt $S(3 | -4)$.
a) Zeichne den Funktionsgraphen im Intervall von $0 \leq x \leq 6$ in ein Koordinatensystem.
b) Gib die Parameter p und q an.
c) Lies Definitionsbereich, Wertebereich und Nullstellen ab.
d) Überprüfe die Nullstellen rechnerisch.

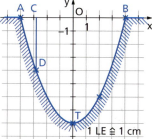

11. Setze in $y = f(x) = x^2 + px + q$ für p und q Zahlen so ein, dass die Funktion genau eine (keine) Nullstelle besitzt.

12. Der Querschnitt einer Rinne hat die Form einer Parabel mit der Gleichung $y = \frac{1}{2}x^2 - 8$.
a) Ermittle die Tiefe und die Breite der Rinne.
b) Zwischen A und O liegt ein Punkt C. Ermittle zeichnerisch und rechnerisch den Abstand $\overline{AC}$, wenn die Tiefe $\overline{CD} = 4$ cm beträgt.

13. Ein rechtwinkliges Dreieck mit den Katheten a und x hat einen Flächeninhalt $A = 40$ cm^2.
a) Stelle eine Funktionsgleichung für die Zuordnung $a = f(x)$ auf.
b) Ermittle für die Argumente $x = 1$ cm; 2 cm; 8 cm; 10 cm; 20 cm; 40 cm und 80 cm die Funktionswerte a.
c) Zeichne den Funktionsgraphen.

Ereignisse untersuchen

Abhängige und unabhängige Ereignisse
Für Ereignisse A bzw. B, die mit *„und"* verknüpft sind (geschrieben A ∩ B / **Durchschnittsmenge**) gibt es zwei Fälle:
- A und B sind voneinander *unabhängig*. Das Eintreten von A hat keinen Einfluss auf die Wahrscheinlichkeit für das Eintreten von B und umgekehrt. (*Ziehen einer Kugel mit Zurücklegen*)
- A und B sind voneinander *abhängig*.
  Das Eintreten von A beeinflusst die Wahrscheinlichkeit für das Eintreten B.
  (*Ziehen einer Kugel ohne Zurücklegen*)

In einer Urne liegen fünf gleichartige Kugeln.
Es sind drei rote „r" und zwei grüne „g" Kugeln.
Es werden folgende Ereignisse betrachtet:
A: „Beim ersten Ziehen wird eine rote Kugel gezogen."
B: „Beim zweiten Ziehen wird eine grüne Kugel gezogen."
Es soll sowohl das Ereignis A als auch das Ereignis B also „A und B" eintreten.

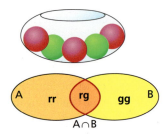

1. Fall: *(Ziehen mit Zurücklegen)*

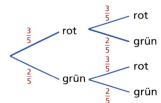

Nach den Pfadregeln gilt:
$P(A) = P(\{(r;r),(r;g)\}) = \frac{3}{5} \cdot \frac{3}{5} + \frac{3}{5} \cdot \frac{2}{5} = \frac{3}{5}$
$P(B) = P(\{(g;g),(r;g)\}) = \frac{2}{5} \cdot \frac{2}{5} + \frac{3}{5} \cdot \frac{2}{5} = \frac{2}{5}$
$P(A \cap B) = P(\{(r;g)\}) = \frac{3}{5} \cdot \frac{2}{5} = \frac{6}{25}$
$P(A \cap B) = P(A) \cdot P(B)$

2. Fall: *(Ziehen ohne Zurücklegen)*

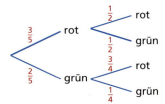

Nach den Pfadregeln gilt:
$P(A) = P(\{(r;r),(r;g)\}) = \frac{3}{5} \cdot \frac{1}{2} + \frac{3}{5} \cdot \frac{1}{2} = \frac{3}{5}$
$P(B) = P(\{(g;g),(r;g)\}) = \frac{2}{5} \cdot \frac{1}{4} + \frac{3}{5} \cdot \frac{1}{2} = \frac{2}{5}$
$P(A \cap B) = P(\{(r;g)\}) = \frac{3}{5} \cdot \frac{1}{2} = \frac{3}{10}$
$P(A \cap B) \neq P(A) \cdot P(B)$

Allgemein gilt: Zwei Ereignisse A und B sind voneinander genau dann stochastisch unabhängig, wenn die Wahrscheinlichkeit, dass beide Ereignisse eintreten, gleich dem Produkt ihrer Einzelwahrscheinlichkeiten ist: $P(A \cap B) = P(A) \cdot P(B)$

Sich gegenseitig ausschließende und nicht ausschließende Ereignisse
Für Ereignisse A bzw. B, die mit *„oder"* verknüpft sind (geschrieben: A ∪ B / **Vereinigungsmenge**) gibt es zwei Fälle:
- A und B *schließen sich gegenseitig aus*. Es sind *unvereinbare Ereignisse*.
- A und B sind *sich nicht ausschließende Ereignisse*.

Additionssatz
Für beliebige Ereignisse A und B gilt der *Additionssatz in allgemeiner Form*:
$P(A \cup B) = P(A) + P(B) - P(A \cap B)$

Für zwei unvereinbare Ereignisse A und B mit $A \cap B = \{\}$ gilt der *spezielle Additionssatz*:
$P(A \cup B) = P(A) + P(B)$

Für das „Urnenbeispiel" gilt:

Ziehen mit Zurücklegen:
$P(A \cup B) = P(A) + P(B) - P(A \cap B)$
$P(A \cup B) = \frac{3}{5} + \frac{2}{5} - \frac{6}{25} = \frac{19}{25}$

Ziehen ohne Zurücklegen:
$P(A \cup B) = P(A) + P(B) - P(A \cap B)$
$P(A \cup B) = \frac{3}{5} + \frac{2}{5} - \frac{3}{10} = \frac{7}{10}$

Untersuchen von Sachverhalten mit Vierfeldertafeln

Bei einer Umfrage nach der Beliebtheit des Faches Sport gaben 18 von 30 Jungen und 19 von 32 Mädchen in einer Klassenstufe an, gern Sport zu treiben. Die anderen Befragten verneinten das. Prüfe, ob die Beliebtheit des Faches Sport vom Geschlecht abhängig ist.

Sport	Jungen	Mädchen	Summe
beliebt	18	19	37
nicht beliebt	12	13	25
Summe	30	32	62

	B	$\overline{B}$	
A	$P(A \cap B) = p_1$	$P(A \cap \overline{B}) = p_2$	$P(A) = p_1 + p_2$
$\overline{A}$	$P(\overline{A} \cap B) = p_3$	$P(\overline{A} \cap \overline{B}) = p_4$	$P(\overline{A}) = p_1 + p_2$
	$P(B) = p_1 + p_3$	$P(\overline{B}) = p_2 + p_4$	

Der Anteil der Jungen, die Sport lieben, beträgt $\frac{18}{30} = 0{,}6$. Er ist damit nur sehr wenig größer als der Anteil der Mädchen, die Sport mögen ($\frac{19}{32} \approx 0{,}594$) bzw. als der Anteil aller „Sportliebhaber" ($\frac{37}{62} \approx 0{,}597$). Man kann davon ausgehen, dass die Beliebtheit des Faches Sport bei den Befragten nicht vom Geschlecht abhängt.

Es können zwei zueinander umgekehrte Baumdiagramme angeben werden:

Aufgaben

1. Mit einem Spielwürfel (Augenzahlen 1 bis 6) wird dreimal nacheinander gewürfelt.
Ereignisse: A = {beim ersten Wurf wird eine 3 gewürfelt}
B = {beim zweiten Wurf wird eine gerade Zahl gewürfelt}
C = {beim ersten Wurf wird eine Zahl kleiner als 5 gewürfelt}
a) Begründe, dass A und B voneinander (stochastisch) unabhängig sind.
b) Begründe, dass A und C (stochastisch) voneinander nicht unabhängig sind.

2. Aus Erfahrung wissen die Mitarbeiter eines Meinungsforschungsinstituts, dass bei telefonischen Befragungen nur etwa $\frac{2}{7}$ der Angerufenen erreichbar sind und davon etwa die Hälfte die Auskunft verweigert. Es wird angenommen, dass von den „Nichterreichten" etwa $\frac{1}{3}$ die Auskunft verweigern würden. Ermittle die Wahrscheinlichkeit, mit der eine zur telefonischen Auskunft bereite Person erreichbar ist.

1.2 Fit in Mathe – mit CAS

CAS-Rechner als Hilfsmittel beim Lernen und Lösen von Aufgaben

Taschenrechner mit Computeralgebrasystemen (CAS) sind wichtige Hilfsmittel im Mathematikunterricht. Die folgenden Erklärungen beziehen sich auf den TI-NspireCX CAS, lassen sich aber auf andere Rechnertypen übertragen. Hilfen sind z. B. auf den Internetseiten der Hersteller zu finden.

Der TI-Nspire wird über die Taste (⌂on) eingeschaltet.
Die „Anwendungen" (vgl. Symbole in der unteren Zeile), das „Scratchpad" oder die „Dokumentenverwaltung" lassen sich mithilfe der Taste (tab), den Cursortasten oder durch Streichen mit dem Finger über das Touchpad ansteuern.
Die Dokumentenverwaltung beim TI-Nspire erfolgt ähnlich wie z. B. bei den Textverarbeitungsprogrammen „Microsoft Word" und „OpenOffice". Arbeiten können in Dokumenten gespeichert werden, die sich in Ordnern befinden. Über die Taste (doc▼) wird ein Dokument verwaltet. Eine Übersicht über die vorhandenen Ordner und Dokumente ist unter *2: Eigene Dateien* zu finden. (Tasten (menu), (ctrl) (menu)).
Im „Scratchpad" können kleine Anwendungen durchgeführt werden, die man nicht in Dokumenten abspeichern möchte. Hier steht aber nicht der volle Funktionsumfang des TI-Nspire zur Verfügung. In jeder Anwendung können mit (?) über die Tastenfolge (ctrl) (trig) Hilfen aufgerufen werden.

Mit Zahlen und Variablen rechnen
Die Eingabe von Zahlen und Rechenoperationen erfolgt im Wesentlichen wie bei herkömmlichen Taschenrechnern.
Zu beachten ist u. a.:
- Dezimalpunkt (.) statt Komma (,) setzen.
- „Vorzeichenminus" ((-)) und „Rechenminus" (−) müssen unterschieden werden.
- Ergebnisse werden in Dezimalschreibweise angezeigt, wenn ein Dezimalpunkt in der Eingabe gesetzt wird, oder nach dem Drücken von (ctrl) (enter).
- Die Zweitbelegungen der Tasten werden mit (ctrl) und der jeweiligen Taste aktiviert.
- Mit der Cursortaste ▶ oder der Tabulatortaste (tab) kann man aus einer Klammer (einem Exponenten, einem Zähler oder einem Nenner) wieder heraus kommen.
- Das Prozentzeichen findet man unter (?!▶).

CAS-Rechner können auch Variable interpretieren, die entweder als „Formvariable" („Platzhalter"), wie z. B. die Variablen a und b bei $(a+b)^2$, oder als „Bezeichner" von Funktionen, wie z. B. die Variable f bei $f(x) = x^2$ verwendet werden.

Fit in Mathe – mit CAS

Beachte:
- Beim Multiplizieren einer Zahl mit einer Variablen kann auf das Multiplikationszeichen verzichtet werden. Beispielsweise kann statt $2 \cdot x$ auch $2x$ eingegeben werden.
- Beim Multiplizieren zweier Variablen ist das Multiplikationszeichen zwingend erforderlich. Das Produkt $x \cdot y$ wird beispielsweise sonst als eine Variable „xy" interpretiert.
- Terme können als Funktionen definiert werden:
  Define $f(x) = x^2$ („Define" über (menu) „Aktionen")
  $g(x) := 2 \cdot x + 1$ („Ergibt-Zeichen" mit (ctrl))
  $-0{,}5 \cdot x + 3 \to h(x)$ (Zuordnungspfeil mit (ctrl)(var))
- Definierte Variablen werden mit (var) angezeigt.
- Löschen von Variablen erfolgt unter (menu) „Aktionen" mit „DelVar".
- Der TI-Nspire unterscheidet *nicht* zwischen der Groß- und Kleinschreibung von Variablen.

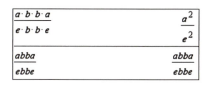

Probiere es selbst:

1. Berechne zuerst ohne Hilfsmittel. Erläutere dann, wie man die Ergebnisse mit einem CAS-Rechner ermittelt und führe die Rechnungen mit deinem CAS-Rechner durch.

a) $(-8) : \frac{1}{4} + 2\frac{1}{2}$ b) $(-8) : \frac{1}{4} + 2 \cdot \frac{1}{2}$ c) $\frac{1}{a} + \frac{1}{2a}$ mit $a \neq 0$

d) $\sqrt{5^2 - 4^2}$ e) $\sqrt{x^2}$ f) $25\,\%$ von $200\,€$

2. Führe folgende Rechnungen mit deinem CAS-Rechner aus und erkläre (z. B. durch handschriftliches Nachrechnen), wie die Rechneranzeigen zustande kommen. Erläutere auch auftretende Warnhinweise des Rechners.

$\left(\frac{9}{15}\right)^2$	$\frac{9}{25}$
$\left(\frac{9}{15.}\right)^2$	0.36
$\sqrt{50}$	$5 \cdot \sqrt{2}$
$\sqrt{50.}$	7.07107

$\sqrt{-9}$	"Fehler: Nicht-reelles Ergebnis"
$10^{99} - 1.\text{E}99$	$0.$
$\text{round}(\sqrt{13}, 3)$	3.606
2^{500}	$3.27339\text{E}150$
2^{5000}	∞

$\frac{1}{4} - \frac{1}{3}$	-1
$\frac{1}{3} - \frac{1}{4}$	
$(\sqrt{2} - 1)^2$	$3 - 2 \cdot \sqrt{2}$
$\frac{5}{0}$	undef

$\frac{x-1}{x} - 1 + \frac{1}{x}$	0
$\frac{a^2 - 1}{a - 1}$	$a+1$
$\frac{x^2 + 2 \cdot x \cdot y + y^2}{x+y}$	$x+y$

Terme umformen

Unter (menu) „Algebra" befinden sich Befehle zum Umformen von Termen: .

- Mit „*factor*" (Faktorisiere) lassen sich (falls möglich) Summen in Produkte zerlegen.
- Mit „*expand*" (Entwickle) wird umgekehrt aus einem Produkt eine Summe.
- Mit „*comDenom*" (echter Bruch) werden unechte Brüche umgewandelt.
- Mit „*completeSquare*" (quadratische Ergänzung) werden quadratische Binome erzeugt.

Eingabe	Ergebnis
factor$(a^2+a\cdot b)$	$a\cdot(a+b)$
expand$(a^2\cdot(a-b))$	$a^3-a^2\cdot b$
propFrac$\left(\dfrac{x^2}{x-1}\right)$	$\dfrac{1}{x-1}+x+1$
completeSquare$(x^2+3\cdot x, x)$	$\left(x+\dfrac{3}{2}\right)^2-\dfrac{9}{4}$

Probiere es selbst:

1. a) „Beschreibe die Wirkung des Befehls „*comDenom* 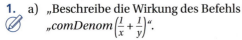".

   b) Die Eingaben im nebenstehenden Beispiel sehen fast gleich aus, liefern aber unterschiedliche Ergebnisse. Erkläre, woran das liegt.

Eingabe	Ergebnis
comDenom$\left(\dfrac{1}{x\cdot y}+\dfrac{1}{x}\right)$	$\dfrac{y+1}{x\cdot y}$
comDenom$\left(\dfrac{1}{xy}+\dfrac{1}{x}\right)$	$\dfrac{x+xy}{xy\cdot x}$

2. Erläutere anhand der Beispiele die Wirkungen der Befehle „*expand( )*" und „*factor( )*". Beschreibe, in welchem Menü diese Befehle bei deinem CAS-Rechner zu finden sind.

Eingabe	Ergebnis
factor$(49\cdot m^2+42\cdot m\cdot n+9\cdot n^2)$	$(7\cdot m+3\cdot n)^2$
expand$((7\cdot a+2\cdot b)^2)$	$49\cdot a^2+28\cdot a\cdot b+4\cdot b^2$

3. a) Beschreibe an einem Beispiel die Wirkung des Befehls „*propFrac( )*". Erläutere dann, wie man Ergebnisse dieses Befehls überprüfen kann.

   b) Erläutere am Beispiel, mit welchem Befehl man die Wirkung von „*completeSquare( )*" rückgängig machen kann.

Eingabe	Ergebnis
propFrac$\left(\dfrac{17}{9}\right)$	$1+\dfrac{8}{9}$
propFrac$\left(\dfrac{a}{a+2}\right)$	$1-\dfrac{2}{a+2}$

Lineare und quadratische Funktionen grafisch darstellen

Funktionsgraphen lassen sich mit den Applikationen „*Graphs*" oder „*Scratchpad*" erzeugen. Funktionsgleichungen werden in die jeweiligen Eingabezeile geschrieben und mit (enter) bestätigt. Die Eingabezeile wird automatisch ausgeblendet und der Graph wird gezeigt. Mit (tab) kann die Eingabezeile für weitere Funktionsgleichungen wieder geöffnet werden. Mit (esc) wird die Eingabezeile geschlossen. Nach Setzen des Cursors auf den Graphen und Drücken von (ctrl) (menu), lassen sich weitere Untermenüs öffnen.

Einige Funktionstypen (z. B. lineare Funktionen der Form f(x) = m · x + n und quadratische Funktionen der Form f(x) = a · x² + b · x + c) können im Zugmodus verändert werden. Nach Setzen des Cursors auf den Graphen und etwas längerem Drücken von (✱) kann der Graph durch Streichen des Fingers über das Touchpad bewegt werden. Mit der Gestalt des Graphen verändert sich dabei auch die zugehörige Funktionsgleichung.

Hinweis:
Im „*Scratchpad*" stehen einige Menüs der Applikation „*Graphs*" nicht zur Verfügung.

Mit dem „WITH-Operator" (Bedingungsoperator) kann ein Intervall festgelegt werden, in dem ein Funktionsgraph gezeichnet werden soll. Der Bedingungsoperator ist als senkrechter Strich erkennbar `|≠≥▸` und unter `ctrl` `=` zu finden.

Graph   Taste `menu`   Tasten `ctrl` `menu`   „WITH-Operator"

Probiere es selbst:

1. a) Stelle die Funktionsgraphen von $y = f(x) = 0,5x + 2$ und $y = g(x) = 2x^2 - 2x - 3$ mit deinem CAS-Rechner in ein und demselben Koordinatensystem dar.
   b) Beschreibe, wie du die Wertetabellen der Funktionen anzeigen und wieder ausblenden kannst.
   c) Erläutere verschiedene Möglichkeiten der Veränderung von Fensterdarstellungen.

2. Beschreibe, wie man unter `menu` „Aktionen" einen Schieberegler einfügen und mit seiner Hilfe den Einfluss eines Parameters veranschaulichen kann.

3. Stelle den Funktionsgraphen von $y = -(x - 20)^2 + 15$ so auf deinem CAS-Rechner dar, dass du den Scheitelpunkt und die Nullstellen ablesen kannst.

Funktionsgraphen analysieren

Nachdem Funktionen grafisch dargestellt sind, lassen sich unter `menu` „Graph analysieren" Befehle auswählen, mit denen Eigenschaften der Funktionen ermittelt werden können. Dabei werden in der linken oberen Bildschirmecke Hilfen angezeigt, die man beim Analysieren beachten sollte. Im folgenden Beispiel wird das Maximum der Funktion $y = -0,2x^2 + 5$ bestimmt.

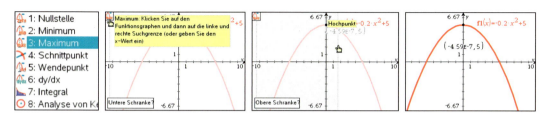

Die Anzeige des x-Wertes $-4,59E-7$ vom Scheitelpunkt bedeutet:
$-4,59E-7 = -4,59 \cdot 10^{-7} = -0,000000459 \approx 0$

Das interne Lösungsverfahren des CAS-Rechners lässt hier keine exakte Angabe zu.

Probiere es selbst:

1. Beschreibe an Beispielen, wie man die Nullstellen von linearen bzw. quadratischen Funktionen mit der Applikation „Graph analysieren" bestimmen kann.

2. Stelle den Funktionsgraphen $y = 2x^2 - 5x + 5$ mit deinem CAS-Rechner dar.
   a) Ermittle die Koordinaten des Scheitelpunktes mit der Applikation „Graph analysieren" und gib dann die Scheitelpunktsform der Funktionsgleichung an.
   b) Beschreibe, wie die Scheitelpunktsform einer quadratischen Funktion in der Applikation „Calculator" erzeugt wird.

3. Ermittle die Schnittpunktskoordinaten der Funktionsgraphen $y = f(x) = -0{,}2x + 2$ und $y = g(x) = 0{,}5x^2 - 2x$ mit der Applikation „Graph analysieren".

Lineare Gleichungen, quadratische Gleichungen und Ungleichungen lösen

In der Anwendung „Calculator" oder im „Scratchpad" lassen sich unter (menu) „Algebra" mit dem Befehl „solve" (Löse) Gleichungen und Ungleichungen lösen. Es muss immer die Lösungsvariable angegeben werden. Mit dem „WITH-Operator" (Bedingungsoperator) wird das Intervall festgelegt, in dem eine Lösung ermittelt werden soll.
Der Bedingungsoperator ist als senkrechter Strich erkennbar [≠≥▸] und unter (ctrl) (=) zu finden.

solve$(2 \cdot (x+3) - 3 = -x \cdot (x+2), x)$	$x = -3$ or $x = -1$
solve$(a \cdot x = b, x)$	$x = \frac{b}{a}$
solve$(a \cdot x = b, a)$	$a = \frac{b}{x}$
solve$(-x^2 + 4 \geq 0, x)$	$-2 \leq x \leq 2$

Probiere es selbst:

1. Führe nebenstehende Rechnungen auf deinem CAS-Rechner aus und interpretiere die Anzeigen.

2. Erläutere, zu welchem geomtrischen Sachverhalt die Formel $A = \frac{a+c}{2} \cdot h$ gehört. Welche Bedeutung haben dabei die Variablen A, a, c und h? Stelle die Formel nach jeder der Variablen um und kontrolliere am Rechner. Der TI-Nspire unterscheidet *nicht* zwischen Groß- und Kleinschreibung von Variablen.

solve$(x^2 = 5, x)$	$x = -\sqrt{5}$ or $x = \sqrt{5}$
solve$(x^2 = -4, x)$	false
solve$(0 \cdot x = 0, x)$	true
solve$(x^2 = 4, x) \mid x > 2$	false
solve$(x^2 = \frac{m}{n}, n)$	$n = \frac{m}{x^2}$

3. Ermittle die Schnittpunktskoordinaten der Funktionsgraphen von $y = f(x) = -2x^2 - 4x + 1$ und $y = g(x) = 0{,}2x^2 + 3x$ sowohl rechnerisch als auch grafisch.

Lineare Gleichungssysteme lösen

Gleichungssysteme können mit dem TI-Nspire unterschiedlich gelöst werden:
- Zunächst wird der „solve"-Befehl über (menu) „Algebra" eingegeben.

solve$\left(\begin{cases} 2 \cdot x - 3 \cdot y = 1 \\ -x + 2 \cdot y = -3 \end{cases}, x, y\right)$	$x = -7$ and $y = -5$

- Dann kann die Vorlage über oder über (□) (5) eingefügt werden. In die Felder der Vorlage werden die Gleichungen des Systems sowie die Lösungsvariablen (durch Komma getrennt) eingegeben und mit (enter) die Lösungen erzeugt. Mit (↵) können Eingabefelder für weitere Gleichungen eingefügt und mit (del) gelöscht werden.

– Beide Gleichungen können durch „*and*" verknüpft werden.

Probiere es selbst:

1. Vergleiche die zwei Möglichkeiten, mit denen man die Lösungsmenge eines linearen Gleichungssystems unter (menu) „*Algebra – Gleichungssystem lösen*" ermitteln kann.

2. Interpretiere die beiden nebenstehenden Anzeigen:

3. Erläutere Verfahren zum Ermitteln der Gleichung einer Geraden durch die die Punkte P(−2|3) und Q(5|7). Welche Bedeutung haben hier die Variablen m bzw. n?

Mit dynamischer Geometriesoftware arbeiten

In der Anwendung „*Geometry*" können im „*Zugmodus*" Veränderungen bei vorher konstruierten Figuren vorgenommen werden. „*Geometriespuren*" veranschaulichen solche Veränderungen. Zusätzliche Möglichkeiten zur Veranschaulichung bieten Linien- und Füllfarben. Nach Markieren eines Objektes kann über (menu) (ctrl) (menu) eine Farbe gewählt werden.

Beispiel:

Viereck konstruieren:	Mittelpunkte der Seiten konstruieren:	Mittenviereck konstruieren und färben:	Veränderungen durchführen: Punkt mit (ctrl) anfassen und bewegen
(menu)	(menu)	(menu)	
„*Formen – Polygon*"	„*Konstruktion – Mittelpunkt*"	„*Farbe – Füllfarbe*"	

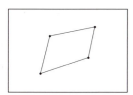
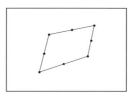
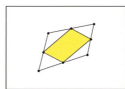
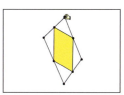

Durch Anklicken des Symbols links oben auf dem Bildschirm wird eine Hilfe angezeigt.
Das Mittenviereck ändert seine Gestalt und Größe, bleibt aber immer ein Parallelogramm.

Begründung:
Das Viereck hat die Eckpunkte ABCD.
Das Mittenviereck hat die Eckpunkte EFGH.
Die Strecke $\overline{DB}$ ist Diagonale des Vierecks ABCD.
Die Punkte E, F, G und H halbieren die zugehörigen Seiten.

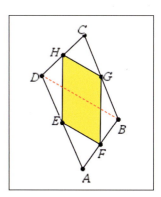

Aus einer Umkehrung der Strahlensätze folgt:

(1) $\overline{GH} \parallel \overline{BD}$ (2) $\overline{EF} \parallel \overline{BD}$ → $\overline{EF} \parallel \overline{GH}$

Analog lässt sich auch zeigen, dass gilt: $\overline{EH} \parallel \overline{FG}$

Somit ist das Mittenviereck EFGH eines beliebigen Vierecks ABCD immer ein Parallelogramm.

Probiere es selbst:

1. Konstruiere die Mittelsenkrechten der Seiten eines Dreiecks ABC in der Anwendung „*Geometry*" und zeige, dass ihr Schnittpunkt stets der Mittelpunkt des Umkreises vom Dreieck ABC ist. Begründe diesen Zusammenhang.

2. Führe in der Anwendung „*Geometry*" die zentrische Streckung eines Dreiecks ABC mit Streckungsfaktoren k > 0 durch. Verwende für k einen Schieberegler. Verändere auch die Lage des Streckungszentrums und die Form des Dreiecks. Erläutere auftretende Zusammenhänge, auch für k = 0 und für k < 0.

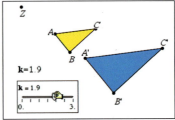

3. Konstruiere in der Anwendung „*Geometry*" das Dreieck ABC mit A(−7|0), B(7|0) und C(0|7) mit einbeschriebenem Rechteck PQRS. Der Punkt P soll Gleitpunkt auf $\overline{BC}$ sein. Der Flächeninhalts des Rechtecks PQRS ändert sich bei Veränderung der Lage von P. Ermittle sowohl grafisch als auch rechnerisch, für welche Lage von P der Flächeninhalt des Rechtecks am größten ist.

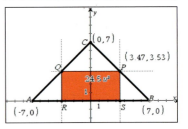

Daten darstellen und Daten auswerten

Daten in einer einzigen Urliste sollten über den Befehl „*Schnellgraph*" dargestellt werden. Bei zwei zueinander gehörenden Datenreihen kann eine Veranschaulichung über die Anweisung „*Ergebnisdiagramm*" oder über die Applikation „*Data&Statistics*" erfolgen.

Beispiel:
Es werden die Farben (schwarz (s), grau (g), blau (b), andere (a)) vorüber fahrender Pkw erfasst. Es sollen die Anteile der Farben ermittelt und grafisch dargestellt werden.

Applikation „*Lists&Spreadsheet*" öffnen. Spalte A mit der Variablen „*farbe*" benennen und die erste ermittelte Farbe eintragen. Unter (menu) „*Daten*" den Befehl Schnellgraph wählen. Es wird ein Punktdiagramm angezeigt.	
Den Cursor auf das automatisch erzeugte Punktdiagramm setzen, mit (ctrl) (menu) den Befehl „*Tortendiagramm*" und unter (menu) die Anweisung „*Alle Bezeichnungen anzeigen*" wählen. Der prozentuale Anteil der Farbe beträgt 100 %, da bisher nur eine Farbe in der Tabelle angegeben ist.	
Mit (ctrl) (tab) kann man in den Tabellenteil des Bildschirms wechseln und weitere Beobachtungsergebnisse in die Spalte A eintragen. Parallel dazu wird die grafische Darstellung in der rechten Bildschirmhälfte aktualisiert. Es ist stets der momentane Anteil ersichtlich.	

Fit in Mathe – mit CAS

Probiere es selbst:

1. Bei einer Klassenarbeit gab es folgenden Zensurenspiegel:

Zensur	1	2	3	4	5	6
Anzahl	3	5	11	6	2	1

   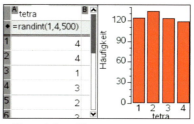

   a) Interpretiere die nebenstehenden (mit diesen Daten durchgeführten) Rechnungen.
   b) Beschreibe, wie du diese Daten in einem Tortendiagramm mit deinem CAS-Rechner darstellen würdest.

   Hinweis: Verwende unter (menu) „Daten" den Befehl „Ergebnisdiagramm".

2. Die Seitenflächen eines Tetraeders werden mit den Zahlen 1 bis 4 beschriftet. Er wird als Würfel verwendet. Es zählt immer die unten liegende Zahl. Das Werfen eines „Tetraederwürfels" kann auch mit einem CAS-Rechner simuliert werden. Beschreibe, wie du die nebenstehende Simulation mit deinem TI-Nspire erzeugen kannst und interpretiere das im Balkendiagramm dargestellte Ergebnis.

   Hinweis: Verwende unter (menu) „Daten" den Befehl „Schnellgraph" und beim Diagramm mit (ctrl)(menu) den Befehl „Kategorisches X erzwingen".

3. Beim schnellen und kräftigem Durchtreten des Bremspedals eines Autos wird eine „Gefahrenbremsung" durchgeführt. Dabei wurden Bremswege und Geschwindigkeiten gemessen.

Geschwindigkeit in $\frac{km}{h}$	20	60	140
Bremsweg in m	2	18	98

   a) Stelle den Zusammenhang zwischen Bremsweg und Geschwindigkeit grafisch dar.
   b) Zeige, dass dieser Sachverhalt durch eine quadratische Funktion modelliert werden kann.
   c) Ermittle den Bremsweg bei einer Geschwindigkeit von 100 $\frac{km}{h}$.
   d) Bei einer Gefahrenbremsung wurde ein Bremsweg von 120 m gemessen. Ermittle die zugehörige Geschwindigkeit.

   Hinweis:
   Übertrage die Werte in die Tabellenkalkulation „Lists&Spreadsheet", füge mit (ctrl)(doc▼) die Applikation „Data&Statistics" ein.
   Hier können die Wertepaare grafisch dargestellt werden.
   Unter (menu) „Analysieren" kann durch Einfügen einer Funktion ein mathematisches Modell gefunden werden.

   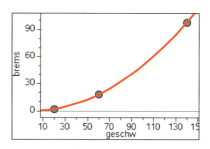

2 Potenzen, Wurzeln, Logarithmen

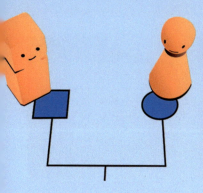

Vorfahren – Nachfahren – Stammbäume
Jeder Mensch hat Vorfahren, das sind die Eltern, die Großeltern, die Urgroßeltern ...
Wenn ein Mensch zwei Eltern hat, dann hat er vier Großeltern.
Wie viele Urgroßeltern und wie viele Ururgroßeltern hat er dann?
Wie viele Vorfahren sind es insgesamt, wenn dabei 40 Generationen berücksichtigt werden.
(4 Generationen entsprechen etwa 100 Jahre.)

Zählen, zählen, zählen ...
Auf einem Schachbrett liegen Reiskörner.
Ein Korn auf dem ersten Feld, zwei Körner auf dem zweiten Feld, vier Körner auf dem dritten Feld, acht Körner auf dem vierten Feld, usw.
Für 3 g Reis werden 100 Reiskörner benötigt.
Wie viele Felder des Schachbretts müssen belegt werden, damit alle Körner zusammen 30 g auf die Waage bringen?

Windkraftanlagen
Eine Windkraftanlage mit einem Rotordurchmesser d (in m) kann bei einer Windgeschwindigkeit (v in $\frac{m}{s}$) im günstigsten Fall folgende Leistung (in W) abgeben:
$P = 0{,}3 \text{ kg} \cdot \text{m}^{-2} \cdot \text{s}^{-1} \cdot d^2 \cdot v^2$
Gib an, welchen Durchmesser der Rotor der Anlage haben muss, wenn bei einer Windgeschwindigkeit von 54 $\frac{km}{h}$ eine Leistung von 25 000 W erreicht werden soll.

Start

Wachstumsprozesse untersuchen

Ein hoher Abfall der Sauerstoffkonzentration in Gewässern erzeugt ideale Bedingungen für das Wachstum von Algen.

Auf einem See mit einer Wasseroberfläche von 50 ha wird der von Algen bedeckte Anteil immer größer. Zu Anfang waren es etwa 12 m². Weitere Beobachtungen zeigten, dass sich die von Algen bedeckte Fläche durchschnittlich alle zwei Monate verdoppelte.

Gruppe 1

1. Berechnet die Größe der von Algen bedeckten Fläche für folgende Werte:

Zeit t (in Monaten) nach Beobachtungsbeginn	0	2	4	6	8	10
Größe der bedeckten Fläche (in Quadratmeter)						

2. Begründet, warum die Gleichung $A(t) = 12 \cdot 2^{\frac{t}{2}}$ diesen Wachstumsvorgang für A (in Quadratmeter) und t (in Monaten) modelliert.

3. a) Begründet, warum der Termwert $12 \cdot 2^{\frac{1}{2}}$ die Größe der von Algen bedeckten Fläche nach einem Monat angibt. Potenzen mit gebrochenen Zahlen im Exponenten einer Potenz wurden bisher noch nicht berechnet.
   b) Ermittelt den gesuchten Wert mit eurem CAS-Rechner.
   c) Informiert euch über die Interpretation von Potenzen mit gebrochenen Zahlen im Exponenten von Potenzen und bereitet dazu einen Vortrag vor.

Gruppe 2

1. Berechnet die Größe der von Algen bedeckten Fläche für folgende Werte:

Zeit t (in Monaten) nach Beobachtungsbeginn	0	4	8	14	28	30
Größe der bedeckten Fläche (in Quadratmeter)						

2. Begründet, warum die Gleichung $A(t) = 12 \cdot 2^{\frac{t}{2}}$ diesen Wachstumsvorgang für A (in Quadratmeter) und t (in Monaten) modelliert.

3. a) Begründet, warum der Termwert $12 \cdot 2^{-1}$ die Größe der von Algen bedeckten Fläche zwei Monate vor Beobachtungsbeginn angibt. Potenzen mit negativen ganzen Zahlen im Exponenten einer Potenz wurden bisher noch nicht berechnet.
   b) Ermittelt den gesuchten Wert mit eurem CAS-Rechner.

4. Informiert euch über die Interpretation von Potenzen mit negativen ganzen Zahlen im Exponenten von Potenzen und bereitet dazu einen Vortrag vor.

Gruppe 3

1. Berechnet die Größe der von Algen bedeckten Fläche für folgende Werte:

Zeit t (in Monaten) nach Beobachtungsbeginn	0	6	12	18	24	36
Größe der bedeckten Fläche (in Quadratmeter)						

2. Begründet, warum die Gleichung $A(t) = 12 \cdot 2^{\frac{t}{2}}$ diesen Wachstumsvorgang für A (in Quadratmeter) und t (in Monaten) modelliert.

3. Beschreibt verschiedene Möglichkeiten, wie man mithilfe eines CAS-Rechners den Zeitpunkt t ermitteln kann, zu dem 17 ha der Seeoberfläche mit Algen bedeckt sind.

4. Ermittelt, wie viele Jahre es dauert, bis der See ganz von Algen bedeckt ist.

Große Datenmengen beschreiben

Herstellerangaben für einen Tablet-Computer

Maße: 241,2 mm × 185,7 mm × 9,4 mm
Speicher: 16 GB, 32 GB, 64GB oder 128 GB
Gewicht: ca. 650 g

Präfix	Byte	Datenmenge	Beispiele
Kilo (K)	10^3	1 Kilobyte (KB)	eine Textseite
Mega (M)	10^6	1 Megabyte (MB)	ein kleines Foto
Giga (G)	10^9	1 Gigabyte (GB)	ein HD-Video (ca. 8,5 min)
Tera (T)	10^{12}	1 Terabyte (TB)	ca. 250 000 MP3-Dateien
Peta (P)	10^{15}	1 Petabyte (PB)	Speicher mehrerer Rechenzentren
Exa (E)	10^{18}	1 Exabyte (EB)	Datenmenge aller jemals gedruckten Bücher
Zeta (Z)	10^{21}	1 Zetabyte (ZB)	Menge aller jemals von Menschen gesprochenen Worte (digitalisiert: etwa 42 Zettabyte)

1. Ermittelt, welche Speichergröße für folgenden Vergleich berücksichtigt wurde:
„Für ca. 1,8 Zettabyte Daten werden 57,5 Mrd. Tablet-Computer benötigt."

2. Prüft, ob folgende Aussage stimmt:
„Aus 57,5 Mrd. Tablet-Computer kann eine über 30 m hohe und 4 000 km lange Mauer errichtet werden, eine Strecke von Lissabon bis Moskau."

3. Findet weitere Vergleiche, um die in der Tabelle enthaltenen Datenmengen zu veranschaulichen.

Rückblick

Der Potenzbegriff

Potenzen sind Produkte aus gleichen Faktoren. Der Exponent gibt die Anzahl der gleichen Faktoren an. $\quad a \cdot a \cdot a \cdot \ldots \cdot a = a^n$

Es gilt: $\quad a^1 = a \quad$ und $\quad a^0 = 1 \; (a \neq 0; \, a \in \mathbb{R})$

$a^n = b \quad$ a – Basis
n – Exponent
b – Potenzwert
a^n – Potenz

- $4 \cdot 4 \cdot 4 = 4^3 = 64$ $\qquad (-0{,}3) \cdot (-0{,}3) \cdot (-0{,}3) = (-0{,}3)^3 = -0{,}027$
- $(2x) \cdot (2x) \cdot (2x) \cdot (2x) \cdot (2x) = (2x)^5 = 32x^5 \qquad (a \cdot b) \cdot (a \cdot b) \cdot (a \cdot b) \cdot (a \cdot b) = (a \cdot b)^4 = a^4 \cdot b^4$
- $7^1 = 7; \quad (-0{,}3)^1 = -0{,}3; \quad \left(\tfrac{5}{7}\right)^1 = \tfrac{5}{7}; \quad (-5)^0 = 1; \quad 0{,}78^0 = 1; \quad \left(\tfrac{25}{37}\right)^0 = 1$

Zehnerpotenzen

Sehr große und sehr kleine Zahlenwerte lassen sich mithilfe von **Zehnerpotenzen** in der Form $a \cdot 10^n$ mit $1 \leq |a| < 10$ und $n \in \mathbb{N}$ kürzer schreiben.

- $4{,}8 \cdot 10^5 = 4{,}8 \cdot 100\,000 = 480\,000 \qquad 9 \cdot 10^7 = 9 \cdot 10\,000\,000 = 90\,000\,000$
- $-6{,}3 \cdot 10^3 = -6{,}3 \cdot 1\,000 = -6\,300 \qquad 3 \cdot 10^2 + 2 \cdot 10^2 = 300 + 200 = 500 = 5 \cdot 10^2$

Genormte Einheitenvorsätze lassen sich durch Zehnerpotenzen ersetzen. Einige Beispiele sind:

Zahl	Vorsatz	Zeichen	Potenz
Milliarde	Giga	G	10^9
Million	Mega	M	10^6

Zahl	Vorsatz	Zeichen	Potenz
Tausend	Kilo	k	10^3
Hundert	Hekto	h	10^2

- $8{,}4 \cdot 10^4 \text{ g} = 84\,000 \text{ g} = 84 \cdot 10^3 \text{ g} = 84 \text{ kg} \qquad 7{,}6 \cdot 10^5 \text{ m} = 760\,000 \text{ m} = 760 \cdot 10^3 \text{ m} = 760 \text{ km}$

Rechnen mit Quotienten

Erweitern von Bruchtermen: $\qquad$ Zähler und Nenner mit dem gleichen Term ($\neq 0$) multiplizieren.
Kürzen von Bruchtermen: $\qquad$ Zähler und Nenner durch den gleichen Term ($\neq 0$) dividieren.

- $6x^2 : 4xy = \dfrac{6x^2}{4xy} = \dfrac{6x^2 \cdot 2x}{4xy \cdot 2x} = \dfrac{6 \cdot 2 \cdot x^2 \cdot x}{4 \cdot 2 \cdot xy \cdot x} = \dfrac{12x^3}{8x^2 y} \qquad 6x^2 : 4xy = \dfrac{6x^2}{4xy} = \dfrac{\overset{1}{\cancel{2x}} \cdot 3x}{\underset{1}{\cancel{2x}} \cdot 2y} = \dfrac{3x}{2y}$

Addieren (Subtrahieren) von Bruchtermen (nur mit gemeinsamen Nennern $\neq 0$):
Gemeinsamen Nenner beibehalten und Zähler addieren (subtrahieren).

- $\dfrac{2}{ab} + \dfrac{3}{a^2 c} \qquad (ab \cdot ac = a^2 bc \text{ und } a^2 c \cdot b = a^2 bc) \qquad \dfrac{2 \cdot ac}{ab \cdot ac} + \dfrac{3 \cdot b}{a^2 c \cdot b} = \dfrac{2ac}{a^2 bc} + \dfrac{3b}{a^2 bc} = \dfrac{2ac + 3b}{a^2 bc}$

Multiplizieren von Bruchtermen: $\qquad$ Sowohl Zähler als auch Nenner miteinander multiplizieren.
Dividieren von Bruchtermen: $\qquad$ Dividend mit dem Kehrwert des Divisors multiplizieren.

- $\dfrac{2ab}{a+b} \cdot \dfrac{(a+b)^2}{b} = \dfrac{2a\cancel{b} \cdot \overset{1}{\cancel{(a+b)}} \cdot (a+b)}{\underset{1}{\cancel{(a+b)}} \cdot \cancel{b}} = 2a(a+b) \qquad \dfrac{a+b}{a-b} : \dfrac{(a+b)^2}{a-b} = \dfrac{\cancel{a+b}^{\,1}}{\cancel{a-b}_{\,1}} \cdot \dfrac{\overset{1}{\cancel{a-b}}}{\underset{1}{\cancel{(a+b)}}(a+b)} = \dfrac{1}{a+b}$

Aufgaben

1. Rechne im Kopf.
   a) $12^2; (-7)^2; (-1)^2$
   b) $\left(\frac{2}{3}\right)^2; \left(-\frac{1}{2}\right)^2; (-15)^2$
   c) $0{,}2^2; (-0{,}3)^2; 19^2$
   d) $\left(\frac{4}{5}\right)^2; (-0{,}01)^2; 13^2$
   e) $5^2 + 7^2$
   f) $0{,}4^2 - 0{,}1^2$
   g) $3^2 + 0{,}5^2$
   h) $15^2 - 5^2$
   i) $5^3; 0{,}5^3; 50^3$
   j) $(-20)^3; (-200)^3; (-2\,000)^3$
   k) $(-1)^3; (-0{,}1)^3; (-0{,}01)^3$

2. Berechne mit einem Taschenrechner. Runde auf zwei Stellen nach dem Komma.
   a) $12{,}6^2; 0{,}74^2; 3{,}61^2$
   b) $(-0{,}7)^3; (-6{,}8)^3; (-12{,}4)^3$
   c) $1{,}7^3 + 2{,}4^2; 0{,}8^3 + 0{,}71^2; 14{,}9^2 - 0{,}8^3$

3. Berechne im Kopf.
   a) $3^3; 30^3; 0{,}3^3$
   b) $5^3; 0{,}5^3; 50^3$
   c) $(-2)^3; (-20)^3; (-200)^3$
   d) $(-1)^3; (-0{,}1)^3; (-0{,}01)^3$
   e) $6^3; 60^3; 0{,}6^3$
   f) $(-4)^3; (-0{,}4)^3; (-40)^3$

4. Schreibe mithilfe von Zehnerpotenzen.
   a) 10; 1; 1 000 000
   b) 1 000; 30 000; 500 000
   c) 100 Millionen; 100 Milliarden; 2 Trillionen

5. Schreibe als Dezimalzahlen ohne Exponenten.
   a) $10^6; 10^3; 10^2$
   b) $2 \cdot 10^5; 3{,}2 \cdot 10^8; 5{,}3 \cdot 10^{12}$
   c) $2 \cdot 10^1; 3{,}2 \cdot 10^0; 9 \cdot 10^{10}$

6. Schreibe mit abgetrennten Zehnerpotenzen. Runde sinnvoll.
   a) Radius der Sonne
   b) Volumen der Sonne
   c) Entfernung Sonne – Erde
   d) Radius der Erde
   e) Radius des Mondes
   f) Volumen des Mondes

7. Mache die folgenden Terme durch Erweitern gleichnamig:
   a) $\frac{1}{2a}; \frac{1}{6b}$
   b) $\frac{1}{24rs^2t}; \frac{7}{36r^2st^2}$
   c) $\frac{a}{6(a+b)(a-b)}; \frac{b}{10(a+b)^2}$

8. Vereinfache durch Kürzen.
   a) $\frac{4ab}{16bc}$
   b) $\frac{-33a^3}{99ab^3}$
   c) $\frac{-(a-b)}{b-a}$
   d) $\frac{144(u+v)w}{96(u+v)z}$
   e) $\frac{16(m-n)}{20(m^2-n^2)}$

9. Vereinfache die folgenden Terme:
   a) $\frac{15m}{-18} \cdot \frac{-3n}{5m}$
   b) $\frac{r^2s}{uv^2} \cdot \frac{u^2v}{rs^2}$
   c) $\frac{-13m^3}{14n^2} \cdot \frac{18mn^2p}{39m^2n}$
   d) $\frac{a^2}{x} \cdot \frac{y}{b^2} \cdot \frac{b^2}{a^2}$
   e) $\frac{a^2}{x+y \cdot (x+y)}$
   f) $\frac{1}{3a} : \frac{1}{5a}$
   g) $\frac{1}{a} : \frac{1}{b}$
   h) $\frac{a}{5} : \frac{a^2x}{25}$
   i) $\frac{ax}{b^2y^2} : \frac{a^2x^2}{by}$
   j) $(65ab) : \frac{13a^2}{-50b}$
   *k) $\frac{5m^2n + 7n}{3m - 2n} \cdot \frac{4n^2 - 9m^2}{15n^2m + 10n^3}$

10. Findet Fehler und berichtigt diese.
    a) $\frac{a^2 - b^2}{a - b} = a - b$
    b) $\frac{(a+b)^2}{a+b} = 2$
    c) $(a+2) : (a^2 - 4) = a - 2$
    d) $\frac{x+3}{2y^3} : \frac{3+x}{3y^2} = \frac{3}{2}y$
    e) $\frac{x+3}{x-3} : \frac{x-3}{x+3} = \frac{x+3}{x-3}$
    f) $\frac{2x^5}{x^2y} \cdot \frac{y^2}{3x^3} = \frac{2}{3y}$

11. Der Flächeninhalt eines Kreisrings kann mit der Formel
    $A_k = \pi r_1^2 - \pi r_2^2$ berechnet werden.
    a) Erläutert, wie ihr den Wert des Terms $\pi r_1^2 - \pi r_2^2$ mithilfe eures CAS-Rechners für $r_1 = 50$ cm und $r_2 = 30$ cm ausrechnen würdet.
    b) Entscheidet und begründet, ob es noch andere Möglichkeiten zur Berechnung gibt.

Potenzen, Wurzeln, Logarithmen

2.1 Potenzgesetze für Potenzen mit natürlichen Exponenten (n ≠ 0)

Addieren und Subtrahieren von Potenzen

Sowohl die Potenzen a^4 und a^3 *(mit gleichen Basen und unterschiedliche Exponenten)* als auch die Potenzen a^4 und b^4 *(mit gleichen Exponenten und unterschiedlichen Basen)* dürfen weder addiert noch subtrahiert werden.

> Potenzen können addiert oder subtrahiert werden, wenn sie *sowohl gleiche Basen als auch gleiche Exponenten* haben.   *Es gilt:* $b \cdot a^n \pm c \cdot a^n = (b \pm c) \cdot a^n$ (a, b, c ∈ ℚ; a ≠ 0; n ∈ ℤ)

■ $a^3 + a^3 = 2a^3$ $\qquad\qquad x^7 - x^7 = 0 \qquad\qquad 3m^4 + 7m^4 - 8m^4 = 2m^4$
$6x^2 + 9y^2 - 4y^2 + x^2 - 10x^2 = -3x^2 + 5y^2 \qquad z^2 - \frac{1}{4}z^2 = \frac{3}{4}z^2 \qquad ax^4 - bx^4 + cx^4 = x^4 \cdot (a - b + c)$

Probiere es selbst:

Vereinfache so weit wie möglich.   a) $7a^4 + 2a^4$ b) $3b^5 - 7b^5$ c) $0{,}8c^2 - 1{,}8c^4$ d) $5a^{-2} - 3a^{-2}$

Multiplizieren von Potenzen

Potenzen mit gleichen Basen

$2^3 \cdot 2^5 = (2 \cdot 2 \cdot 2) \cdot (2 \cdot 2 \cdot 2 \cdot 2 \cdot 2) = 2^8$ *oder* $2^3 \cdot 2^5 = 2^{(3+5)} = 2^8$

> Potenzen mit gleichen Basen werden multipliziert, indem man die Basis beibehält und die Exponenten addiert.   *Es gilt:* $a^m \cdot a^n = a^{m+n}$ (a ∈ ℝ; a ≠ 0; m, n ∈ ℕ)

■ $4^2 \cdot 4^1 = 4^{2+1} = 4^3 \qquad a^2 \cdot a^3 \cdot a^4 = a^{2+3+4} = a^9 \qquad 2x^4 \cdot 3x^2 = 2 \cdot (x \cdot x \cdot x \cdot x) \cdot 3 \cdot (x \cdot x) = 6x^6$
$\left(\frac{1}{a}\right)^2 \cdot \left(\frac{1}{a}\right)^3 \cdot \left(\frac{1}{a}\right)^4 = \left(\frac{1}{a}\right)^{2+3+4} = \left(\frac{1}{a}\right)^9 \qquad \left(\frac{1}{2}\right)^2 \cdot \frac{1}{2} \cdot \left(\frac{1}{3}\right)^2 \cdot \left(\frac{1}{3}\right)^3 = \left(\frac{1}{2}\right)^{2+1} \cdot \left(\frac{1}{3}\right)^{2+3} = \left(\frac{1}{2}\right)^3 \cdot \left(\frac{1}{3}\right)^5$

Probiere es selbst:

Vereinfache mithilfe der Potenzgesetze.   a) $x^4 \cdot x^3$ b) $r^{-3} \cdot r^4$ c) $x^{n+1} \cdot x^{n-1}$

Potenzen mit gleichen Exponenten

$2^3 \cdot 5^3 = (2 \cdot 2 \cdot 2) \cdot (5 \cdot 5 \cdot 5) = (2 \cdot 5) \cdot (2 \cdot 5) \cdot (2 \cdot 5) = (2 \cdot 5)^3 = 10^3$

> Potenzen mit gleichen Exponenten werden multipliziert, indem man die Basen multipliziert und den Exponenten beibehält.   *Es gilt:* $a^n \cdot b^n = (a \cdot b)^n$ (a, b ∈ ℝ; a, b ≠ 0; n ∈ ℕ)

■ $2^4 \cdot 5^4 = (2 \cdot 5)^4 = 10^4 \qquad 5p^4 \cdot 6q^4 = 30(pq)^4 \qquad \left(\frac{1}{2}\right)^2 \cdot \left(\frac{3}{4}\right)^2 = \left(\frac{1}{2} \cdot \frac{3}{4}\right)^2 = \left(\frac{3}{8}\right)^2$

Dividieren von Potenzen

Potenzen mit gleichen Basen

$3^4 : 3^2 = \frac{3 \cdot 3 \cdot 3 \cdot 3}{3 \cdot 3} = 3 \cdot 3 = 3^2$ oder $3^4 : 3^2 = 3^{(4-2)} = 3^2$

> Potenzen mit gleichen Basen werden dividiert, indem man die Basis beibehält und die Exponenten subtrahiert.   *Es gilt:* $a^m : a^n = a^{m-n}$ ($a \in \mathbb{R}; a \neq 0; m, n \in \mathbb{N}; m > n$)

- $a^5 : a^3 = a^{5-3} = a^2$ $\qquad a^{13} : a^5 = a^{13-5} = a^8$ $\qquad 3^4 : 3^1 = 3^{4-1} = 3^3$
- $7^4 : 7^2 = 7^{4-2} = 7^2$ $\qquad 15z^3 : 5z^2 = \frac{15z^3}{5z^2} = \frac{15 \cdot z \cdot z \cdot z}{5 \cdot z \cdot z} = 3z$ $\qquad m^{14} : m^6 = m^{14-6} = m^8$

Probiere es selbst:

Vereinfache mithilfe der Potenzgesetze.   a) $\frac{x^7}{x^4}$ b) $\frac{u^{n+1}}{u^{n-1}}$ c) $\left(\frac{u^2 \cdot v^3}{w^4}\right)^3$

Potenzen mit gleichen Exponenten

$4^3 : 2^3 = \frac{4 \cdot 4 \cdot 4}{2 \cdot 2 \cdot 2} = 2 \cdot 2 \cdot 2 = 2^3$ oder $4^3 : 2^3 = \left(\frac{4}{2}\right)^3 = 2^3$

> Potenzen mit gleichen Exponenten werden dividiert, indem man die Basen dividiert und den Exponenten beibehält.   *Es gilt:* $a^n : b^n = (a:b)^n$ oder $\frac{a^n}{b^n} = \left(\frac{a}{b}\right)^n$ ($a, b \in \mathbb{R}; b \neq 0; n \in \mathbb{N}$)

- $3^5 : 2^5 = \frac{3^5}{2^5} = \frac{3}{2} \cdot \frac{3}{2} \cdot \frac{3}{2} \cdot \frac{3}{2} \cdot \frac{3}{2} = \left(\frac{3}{2}\right)^5$ $\qquad 50^4 : 25^4 = \frac{50^4}{25^4} = 2^4$ $\qquad a^4 : b^4 = \frac{a^4}{b^4} = \frac{a \cdot a \cdot a \cdot a}{b \cdot b \cdot b \cdot b} = \left(\frac{a}{b}\right)^4$
- $(xy)^5 : x^5 = \frac{x^5 \cdot y^5}{x^5} = y^5$ $\qquad 100^3 : 10^3 = \frac{100^3}{10^3} = \left(\frac{100}{10}\right)^3 = 10^3$ $\qquad (a^3 b^2) : (a^2 b^3) = \frac{a^3 \cdot b^2}{a^2 \cdot b^3} = \frac{a}{b}$

Probiere es selbst:

Vereinfache mithilfe der Potenzgesetze.   a) $10^{\frac{1}{2}} \cdot 5^{\frac{1}{2}}$ b) $24^{\frac{1}{3}} : 6^{\frac{1}{3}}$ c) $2^{\frac{1}{4}} : 82^{\frac{1}{4}}$

Potenzieren von Potenzen

$(5^2)^3 = (5 \cdot 5)^3 = (5 \cdot 5) \cdot (5 \cdot 5) \cdot (5 \cdot 5) = 5^6$ oder $(5^2)^3 = 5^{2 \cdot 3} = 5^6$

> Potenzen werden potenziert, indem man die Exponenten multipliziert und die Basis beibehält.   *Es gilt:* $(a^m)^n = a^{m \cdot n}$ ($a, b \in \mathbb{R}; a \neq 0; m, n \in \mathbb{N}; n \neq 0$)

- $(4^3)^2 = 4^{3 \cdot 2} = 4^6$ $\qquad (2x^5)^3 = 2^3 \cdot x^{5 \cdot 3} = 8x^{15}$ $\qquad 2^2 \cdot 12{,}5^2 \cdot 4^2 = (2 \cdot 12{,}5 \cdot 4)^2 = (100)^2 = 10\,000$

Probiere es selbst:

Vereinfache mithilfe der Potenzgesetze.
a) $(2 \cdot 10^3)^2$ b) $(5^5)^{-2}$ c) $(4 \cdot 10^3)^2$ d) $(3^5)^2 : (5^3)^2$

Die Potenzgesetze für Potenzen mit natürlichen Exponenten dienen zum Vereinfachen von Termen. Beim Anwenden dieser Gesetze ergeben sich Rechenvorteile.

Potenzen, Wurzeln, Logarithmen

Weiterführende Aufgaben

1. Fasse zusammen.
   a) $y + y + y$
      $x^2 + 3x^2 - 8x^2$
      $-7b - 8b - 9b$
   b) $6z^4 + 12z^4$
      $8y^2 - 15y^2$
      $\frac{3}{2}a^5 - \frac{1}{6}a^5$
   c) $3{,}6m^3 - 7{,}1m^3$
      $14ab + 29ab$
      $6(a^2 - b) - 9(a^2 - b)$

2. Vereinfache folgende Terme:
   a) $z^2 + z^3 + 4z^2$
   b) $3 \cdot (a + b) + 4 \cdot (a + b)$
   c) $12 - 2xy - 5 - 2xy$
   d) $3a - 4b - 8a + 10b$
   e) $4u^3 - 7u + 12u^3$
   f) $(a + b)^2 + (a - b)^2$
   g) $x^2 - 8 + 3x^2 - 2$
   h) $m(x + y) - m(x - y)$
   i) $3(a^2 - b^2) + 6b^2$

3. Vereinfache folgende Produkte:
   a) $x^7 \cdot x^8$; $y^4 \cdot y$; $2y \cdot 3y$
   b) $x^{11} \cdot x^7$; $b^{14} \cdot b^9$; $z^2 \cdot z^2$
   c) $a \cdot a \cdot a \cdot a$; $4m \cdot 18m^2$; $2ab \cdot 7ab$
   d) $p \cdot q \cdot p \cdot q^2$; $(a + b) \cdot (a + b)^3$; $(e - f)^3 \cdot (e - f)$

4. Löse die Klammern durch Multiplizieren auf.
   a) $(a + b) \cdot a$; $2x \cdot (x - y)$; $z^2 \cdot (4z^2 - 1)$
   b) $4m^3 \cdot (m - 7n^2)$; $(p + q^2) \cdot q^4$; $(xy - xz) \cdot x^3$
   c) $(m^2 - 2n) \cdot (m^2 + 1)$; $(a^2 + b)^2$; $(m - n^2)^2$
   d) $(x^2 + y^2) \cdot (x^2 - y^2)$; $(z^3 - 1)^2$; $2x^3 \cdot (x + 2x^2 - 3x^3)$

5. Berechne möglichst einfach.
   Beachte: $\frac{1}{2}a^2 \neq \left(\frac{1}{2}a\right)^2$, denn $\left(\frac{1}{2}a\right)^2 = \frac{1}{4}a^2$; $3a^3 \neq (3a)^3$, denn $(3a)^3 = 27a^3$
   a) $4^2 \cdot 25^2$ [100⁴]; $\left(\frac{1}{4}\right)^4 \cdot 4^4$; $2^3 \cdot 1^3$
   b) $10^5 \cdot \left(\frac{1}{5}\right)^5$; $8^3 \cdot 0{,}25^3$; $1{,}5^2 \cdot 10^2$
   c) $\left(\frac{1}{8}\right)^3 \cdot 8^3$; $0{,}25^5 \cdot 4^5$; $10^7 \cdot 1^7$
   d) $\left(\frac{1}{5}\right)^3 \cdot 15^3$; $\left(\frac{2}{3}\right)^4 \cdot 6^4$; $8^2 \cdot \left(\frac{3}{4}\right)^2$

6. Vereinfache die Quotienten.
   a) $x^5 : x^3$; $\frac{a^{12}}{a^{10}}$; $2^6 : 2^4$
   b) $15z^4 : 5z^3$; $24m^5 : 6m^2$; $\frac{64y^7}{8y}$
   c) $\frac{(a + b)^3}{(a + b)}$; $\frac{(x - 5)^5}{(x - 5)^3}$; $(2p + 3q)^3 : (2p + 3q)^3$
   d) $n^7 : n^7$; $\frac{14x^2}{7x}$; $18m^6 : 18m$

7. Berechne möglichst einfach.
   a) $64^2 : 8^2$; $125^3 : 25^3$; $81^1 : 9^1$
   b) $\frac{1{,}4^2}{0{,}7^2}$; $\left(\frac{3}{4}\right)^3 : \left(\frac{1}{2}\right)^3$; $\frac{1000^4}{100^4}$
   c) $\frac{64^3}{16^3}$; $\frac{49^2}{7^2}$; $\frac{2^3}{0{,}5^3}$
   d) $\frac{1^3}{0{,}1^3}$; $225^2 : 15^2$; $324^2 : 18^2$

8. Vereinfache die Terme.
   a) $\left(\frac{3x}{2y}\right)^3 : \left(\frac{x}{y}\right)^3$
   b) $\left(\frac{8ab}{3z}\right)^4 : \left(\frac{6z^2}{4ab}\right)^4$
   * c) $\left(\frac{a^2 + 2ab + b^2}{4}\right)^3 : \left(\frac{a + b}{8}\right)^3$
   * d) $\left(\frac{1}{x^2 - y^2}\right)^2 : \left(\frac{x + y}{x - y}\right)^2$

9. Vereinfache die Potenzen.
   a) $(2^3)^5$; $(7^2)^4$; $(a^6)^5$
   b) $(2m)^3$; $(2m^2)^3$; $(2m^3)^2$
   c) $(10^2)^4$; $(4^3)^{20}$; $(3x^3)^4$

10. Berechne. Achte dabei auf die Vorzeichen. Was stellst du fest?
    Formuliere entsprechende Rechenregeln.
    a) $(-2)^4$; $(-3)^4$; $(-1)^6$
    b) $(-2)^3$; $(-3)^3$; $(-1)^5$
    c) $(+5)^3$; $(+2)^5$; $(+1)^9$
    d) $(+10)^4$; $(+12)^2$; $(+1)^2$

2.2 Potenzgesetze für Potenzen mit ganzen Zahlen und mit rationalen Zahlen als Exponenten

Bei mathematisch-naturwissenschaftlicher Sachverhalten treten oft **Potenzschreibweisen** auf.

- Würfel: $V = a^3$ Einheit: m^3 Bewegung: $v = \frac{s}{t}$ Einheit: $\frac{km}{h} = km \cdot h^{-1}$
  $A_O = 6a^2$ Einheit: m^2 $a = \frac{v}{t}$ Einheit: $\frac{m}{s^2} = m \cdot s^{-2}$

Die Beispiele zeigen, dass Exponenten auch negativ sein können.

$$
\begin{array}{lll}
\vdots & \vdots & \vdots \\
2^2 = 4 & 3^2 = 9 & 10^2 = 100 \\
2^1 = 2 & 3^1 = 3 & 10^1 = 10 \\
2^0 = 1 & 3^0 = 1 & 10^0 = 1 \\
2^{-1} = \frac{1}{2^1} = \frac{1}{2} & 3^{-1} = \frac{1}{3^1} = \frac{1}{3} & 10^{-1} = \frac{1}{10^1} = \frac{1}{10} \\
2^{-2} = \frac{1}{2^2} = \frac{1}{4} & 3^{-2} = \frac{1}{3^2} = \frac{1}{9} & 10^{-2} = \frac{1}{10^2} = \frac{1}{100} \\
\vdots & \vdots & \vdots
\end{array}
$$

Die Potenzgesetze (von Seite 34/35) gelten auch für Potenzen mit ganzzahligen negativen Exponenten.

> **Es gilt:** $a^0 = 1$ $a^{-1} = \frac{1}{a}$ $a^{-n} = \frac{1}{a^n}$ ($a \in \mathbb{R}; a \neq 0; n \in \mathbb{Z}$)

Eine Potenz mit einem negativen Exponenten ist eine andere Schreibweise für den Kehrwert (für das Reziproke) der Potenz mit positivem Exponenten. Somit können Bruchdarstellungen in Ergebnissen von Aufgaben vermieden werden.

- $3^{-2} = \frac{1}{3^2} = \frac{1}{9}$ $3^2 = \frac{1}{3^{-2}}$ $2^{-5} = \frac{1}{2^5} = 0{,}03125$ $x^{-3} = \frac{1}{x^3}$

Gleiches gilt auch für Maßeinheiten, in denen Brüche auftreten. Brüche können durch Schreibweisen mit negativen Exponenten vermieden werden.
Umgekehrt lassen sich Schreibweisen mit negativen Exponenten durch Brüche ersetzen:

- $7{,}8 \, \frac{g}{cm^3} = 7{,}8 \, g \cdot cm^{-3}$ $3 \, m \cdot s^{-1} = 3 \, \frac{m}{s}$
  $140 \, \frac{km}{h} = 140 \, km \cdot h^{-1}$ $5 \, \frac{\Omega \, mm^2}{m} = 5 \, \Omega \cdot mm^2 \cdot m^{-1}$

Probiere es selbst:

Schreibe so, dass nur positive Exponenten auftreten und berechne die Potenzwerte.

a) 3^{-3} b) 2^{-8} c) 5^{-1} d) $0{,}1^{-2}$ e) $(-2)^{-3}$ f) $\left(\frac{1}{3}\right)^{-3}$ g) $0{,}2^{-5}$

Potenzen, Wurzeln, Logarithmen

Potenzen mit rationalen Zahlen als Exponenten

CAS-Rechner geben auch Ergebnisse für Potenzen mit rationalen Zahlen als Exponenten an, wie beispielsweise:

$4^{\frac{1}{2}} = \sqrt[2]{4} = 2$ oder $16^{0,75} = \sqrt[4]{16^3} = \sqrt[2]{4^3} = \sqrt[2]{64} = 8$

$4^{\frac{1}{2}}$	2
$16^{0.75}$	8.

Die Definition von Potenzen mit rationalen Zahlen als Exponenten soll so erfolgen, dass sie mit bisherigen Festlegungen und Rechengesetzen übereinstimmen.

Für beliebige natürliche Zahlen n ≥ 2 gilt:

> Die Potenz $a^{\frac{1}{n}}$ ist für a ≥ 0 die n-te Wurzel aus a: $\quad a^{\frac{1}{n}} = \sqrt[n]{a}$
>
> Die Potenz $a^{\frac{m}{n}}$ ist für a ≥ 0 die n-te Wurzel aus a^m: $\quad a^{\frac{m}{n}} = \sqrt[n]{a^m}$

Es ist erkennbar, dass das **Radizieren (Wurzelziehen)** für nichtnegative Wurzelexponenten eine Umkehrung des **Potenzierens** ist.

$36^{\frac{1}{2}} = \sqrt{36} = 6 \qquad 125^{\frac{1}{3}} = \sqrt[3]{125} = 5 \qquad x^{\frac{3}{2}} = \sqrt{x^3} \qquad y^{\frac{2}{3}} = \sqrt[3]{y^2}$

Probiere es selbst:

1. Schreibe die Potenzen als Wurzeln bzw die Wurzeln als Potenzen.

   a) $8^{\frac{1}{4}}$ b) $10^{\frac{1}{5}}$ c) $2^{0,5}$ d) $\sqrt[3]{4}$ e) $\sqrt[5]{2}$ f) $\sqrt{3^4}$ g) $\sqrt[5]{12^{10}}$ h) $\sqrt{1}$

Potenzen und Wurzeln

Da die Potenz $a^{\frac{1}{n}}$ für a ≥ 0 als Wurzel $\sqrt[n]{a}$ geschrieben werden kann, lassen sich die Potenzgesetze in Wurzelschreibweise darstellen.

> Für (a, b ∈ ℚ; a, b ≥ 0; n, m ∈ ℕ) gilt:
>
> (1) $\sqrt[n]{a \cdot b} = \sqrt[n]{a} \cdot \sqrt[n]{b}$ (2) $\sqrt[n]{\frac{a}{b}} = \frac{\sqrt[n]{a}}{\sqrt[n]{b}}$ (3) $\sqrt[m]{\sqrt[n]{a}} = \sqrt[n \cdot m]{a}$

Mit diesen Regeln können Terme häufig vereinfacht werden.

$\sqrt[4]{810\,000} = \sqrt[4]{81 \cdot 10^4} = \sqrt[4]{81} \cdot \sqrt[4]{10^4} = 3 \cdot 10 = 30 \qquad \sqrt[3]{125 a^3 b^6} = \sqrt[3]{125} \cdot \sqrt[3]{a^3} \cdot \sqrt[3]{b^6} = 5ab^2$

$\sqrt[3]{48} : \sqrt[3]{6} = \sqrt[3]{48:6} = \sqrt[3]{8} = 2 \qquad \sqrt{\sqrt[3]{64}} = \sqrt[2 \cdot 3]{64} = \sqrt[6]{64} = 2$

Probiere es selbst:

1. Fasse zusammen. Berechne ohne Hilfsmittel.

   a) $\sqrt{10} \cdot \sqrt{10}$ b) $\sqrt[4]{2} \cdot \sqrt[4]{8}$ c) $\sqrt{3,2} \cdot \sqrt{0,2}$ d) $\frac{\sqrt{90}}{\sqrt{10}}$ e) $\frac{\sqrt{84}}{\sqrt{21}}$ f) $\sqrt[3]{2} \cdot \sqrt[3]{4} \cdot \sqrt[3]{8}$

2. Zerlege die Radikanden und berechne.

   a) $\sqrt{8100}$ b) $\sqrt[3]{8000}$ c) $\sqrt[3]{0,125}$ d) $\sqrt[3]{\frac{1}{64}}$ e) $\sqrt[4]{16 \cdot 10^{12}}$

Erste Schritte

1. Berechne und schreibe die Ergebnisse ohne Zehnerpotenzen.
   a) $5{,}6 \cdot 10^3 \cdot 10^5$ b) $10^8 \cdot 2{,}4 \cdot 10^{-4}$ c) $1{,}5 \cdot 10^{-3} \cdot 10^{-2}$

2. Vereinfache so weit wie möglich.
   a) $2x^2 \cdot 3y^2 \cdot 4x^3 \cdot 5y^4$ b) $\frac{9a^4 b^{-5}}{18b^2 a^{-4}}$ c) $\frac{12c^{-6}d^6}{36c^4 d^{-4}}$ d) $(2a)^5 \cdot (5b)^5$ e) $(-x)^4 \cdot (3y)^4 \cdot \left(\frac{1}{9y}\right)^4$

3. Vereinfache die folgenden Terme und berechne dann ihre Wurzelwerte.
   a) $\sqrt[8]{100^4}$ b) $\sqrt[3]{10^{-6}}$ c) $\sqrt[11]{11^{11}}$ d) $\sqrt[6]{8^2}$ e) $\sqrt[10]{1024^{-1}}$ f) $\sqrt[20]{4^{10}}$

Rationalmachen von Nennern

Beim Angeben von Ergebnissen in Bruchdarstellung sollte darauf geachtet werden, dass im Nenner eines Bruches kein Wurzelzeichen steht. Durch Erweitern und Kürzen lassen sich immer „rationale Nenner" angeben.

$$\frac{8}{\sqrt{2}} = \frac{8 \cdot \sqrt{2}}{\sqrt{2} \cdot \sqrt{2}} = \frac{8 \cdot \sqrt{2}}{2} = 4\sqrt{2} \qquad \frac{16}{\sqrt{12}} = \frac{16}{\sqrt{4 \cdot 3}} = \frac{16 \cdot \sqrt{3}}{\sqrt{4} \cdot \sqrt{3} \cdot \sqrt{3}} = \frac{16 \cdot \sqrt{3}}{2 \cdot 3} = \frac{8}{3}\sqrt{3}$$

$$\frac{4}{\sqrt[3]{24}} = \frac{4}{\sqrt[3]{8 \cdot 3}} = \frac{4}{\sqrt[3]{8} \cdot \sqrt[3]{3}} = \frac{4}{2 \cdot \sqrt[3]{3}} = \frac{2}{\sqrt[3]{3}} = \frac{3 \cdot (\sqrt[3]{3})^2}{\sqrt[3]{3} \cdot (\sqrt[3]{3})^2} = \frac{2}{3}(\sqrt[3]{3})^2$$

$$\frac{2}{1+\sqrt{2}} = \frac{2}{1+\sqrt{2}} \cdot \frac{1-\sqrt{2}}{1-\sqrt{2}} = \frac{2 \cdot (1-\sqrt{2})}{(1+\sqrt{2}) \cdot (1-\sqrt{2})} = \frac{2 \cdot (1-\sqrt{2})}{1^2 - \sqrt{2}^2} = \frac{2 \cdot (1-\sqrt{2})}{1-2} =$$

$$\frac{2 \cdot (1-\sqrt{2})}{-1} = -2 \cdot (1-\sqrt{2}) = 2 \cdot (\sqrt{2}-1) = 2 \cdot \sqrt{2} - 2$$

Es gibt auch Terme, die ein CAS-Rechner nicht verändert, obwohl sie durch Rationalmachen des Nenners äquivalent umformbar sind.

$$\frac{a}{\sqrt{b}} = \frac{a}{\sqrt{b}} \cdot \frac{\sqrt{b}}{\sqrt{b}} = \frac{a \cdot \sqrt{b}}{b}$$

Sie Äquivalenz solcher Terme können aber mit einem CAS-Rechner überprüft werden.

Probiere es selbst:

Forme so um, dass im Nenner keine Wurzel steht.

1. a) $\frac{1}{\sqrt{2}}$ b) $\frac{25}{\sqrt{3}}$ c) $\frac{1}{1-\sqrt{2}}$ d) $\frac{60}{3+\sqrt{3}}$ e) $\frac{1}{\sqrt{5}-\sqrt{6}}$ f) $\frac{b}{\sqrt{c}}$ g) $\frac{m-n}{\sqrt{m}-\sqrt{n}}$

2. a) $\frac{3\sqrt{2}+2\sqrt{3}}{2\sqrt{2}-\sqrt{3}}$ b) $\frac{\sqrt{x}+\sqrt{y}}{\sqrt{x}-\sqrt{y}}$ c) $\frac{6+\sqrt{3}}{3-2\sqrt{5}} - \frac{\sqrt{3}-2}{3+2\sqrt{5}}$

Erste Schritte

1. Schreibe so, dass nur negative Exponenten auftreten.
   a) $\frac{1}{a^2}$ b) $\frac{1}{a^3}$ c) $\frac{1}{16}$ d) $\frac{1}{9a^2}$ e) $\frac{1}{xy^2}$

2. Schreibe jeweils mit den genormten Vorsätzen der Einheiten.
   a) 10^3 m   b) 10^{-2} m   c) 10^{-3} l   d) 10^{-12} F   e) 10^{-1} t   f) 10^6 J   g) 10^{-6} m

3. Forme so um, dass im Nenner keine Wurzel steht, und fasse zusammen.
   a) $\frac{6+\sqrt{3}}{3-2\sqrt{5}} - \frac{\sqrt{3}-2}{3+2\sqrt{5}}$ b) $\frac{4}{\sqrt{a}-\sqrt{b}} + \frac{5}{\sqrt{a}+\sqrt{b}} - \frac{9\sqrt{a}}{a-b}$ c) $\frac{1}{3+5\sqrt{2}} + \frac{2}{\sqrt{2}+1} - \frac{3}{8\sqrt{2}+13}$

Weiterführende Aufgaben

1. Welche Zahl liegt in der Mitte der beiden Zahlen?
   a) 1 Milliarde und 1 Million   b) 100 000 000 und 10^6 c) 10^{-1} und 10^{-2} d) 10^0 und 10^1

2. Prüfe, ob folgende Aussagen wahr sind. Berichtige, wo erforderlich.
   a) $\sqrt{2} = 2^{\frac{1}{2}}$ b) $\sqrt[3]{216} = 6$ c) $\sqrt{2^4} = 2$ d) $\sqrt[3]{\frac{1}{3}} = 3^{-\frac{1}{3}}$ e) $\sqrt[2]{4^{-1}} = 0{,}2$

3. Berechne und schreibe die Ergebnisse ohne Zehnerpotenzen.
   a) $8{,}9 \cdot 10^2 \cdot 10^4$ b) $10^9 \cdot 1{,}8 \cdot 10^{-4}$ c) $5{,}87 \cdot 10^{-2} \cdot 10^{-3}$ d) $3{,}9 \cdot 10^7 \cdot 2 \cdot 10^3$

4. Berechne. Forme so um, dass die Glieder der Summen gleiche Zehnerpotenzen haben.
   a) $8{,}1 \cdot 10^6 + 4{,}9 \cdot 10^6 - 1{,}8 \cdot 10^7 + 9 \cdot 10^5$ b) $2{,}16 \cdot 10^{13} - 1{,}08 \cdot 10^{11} + 8{,}4 \cdot 10^{12} - 3{,}7 \cdot 10^{11}$

5. Runde auf einstellige Faktoren, schreibe dann mit abgetrennten Zehnerpotenzen und führe zum Schluss nur eine Überschlagsrechnung durch.
   a) $722\,500\,000 \cdot 32\,000$ b) $0{,}00147 : 3\,480\,000$ c) $811\,000\,000^2$ d) $0{,}00041017^3$

6. Ergänze Zehnerpotenzen oder Vorsätze. Schreibe mit der in Klammern stehenden Einheit.
   a) 1 mm (in Meter)   b) 1 mA (in Ampere)   c) 1 cm (in Meter)
   d) 1 kV (in Volt)   e) 4,5 mm (in Meter)   f) 8 300 000 W (in Kilowatt)

7. Berechne. Kürze, wenn möglich.
   a) $7 \cdot 5^{-2}$ b) $4 \cdot 3^{-3}$ c) $625 \cdot 5^{-3}$ d) $0{,}1 \cdot 10^{-2}$ e) $-5 \cdot 2^{-4}$
   f) $\frac{1}{8} \cdot 4^{-3}$ g) $16 \cdot (-2)^{-3}$ h) $\frac{4}{2^{-4}}$ i) $\frac{2^{-3}}{3^{-2}}$ j) $\frac{0{,}6^0}{2^{-7}}$

8. Welcher Potenzwert ist größer? Begründe.
   a) 16^{-2} oder 2^{-16} b) -2^{-16} oder -16^2 c) $0{,}01^{-2}$ oder $0{,}1^{-1}$

9. Forme so um, dass keine Wurzeln im Nenner auftreten. Wann sind die Terme nicht definiert?
   a) $\frac{a}{\sqrt{b} - \sqrt{c}}$ b) $\frac{r}{s + \sqrt{t}}$ c) $\frac{\sqrt{p}}{q - \sqrt{r}}$ d) $\frac{\sqrt{a} - b^2}{\sqrt{a \cdot b}}$ e) $\frac{a\sqrt{7} + b}{c\sqrt{5}}$

10. a) Vergleiche: -18^2 und $(-18)^2$ bzw. 18^{-1} und -18^0
    b) Kannst du die Aufgabe $3^5 - 4^3 - 5^2 - 6^1 - 7^0$ im Kopf lösen?
    c) Womit ist 5^{10} zu multiplizieren, damit sich 10^{10} ergibt?

11. Wie viele 1 000-Watt-Kocher könnten mit der Leistung eines 800-Megawatt-Kraftwerkes gleichzeitig betrieben werden?

12. Ein Test ergab, dass von 100 geprüften Hähnchen sechs von Salmonellen befallen waren. Berechne, wie viele Salmonellen aus einer Salmonelle nach 24 Stunden entstanden sind. Gehe davon aus, dass sich die Anzahl der Salmonellen immer nach einer Stunde verdoppelt.

13. Wie groß ist der ohmsche Widerstand einer Kupferleitung mit einem Querschnitt $A = 0{,}7$ mm² und einer Länge $l = 1\,000$ m, wenn der spezifische Widerstand von Kupfer $\varrho = 1{,}7 \cdot 10^{-2} \, \Omega \cdot \text{mm}^2 \cdot \text{m}^{-1}$ beträgt? Verwende die Formel $R = \varrho \cdot \frac{l}{A}$.

14. In einem alten Rechenbuch steht folgende Aufgabe:
    7 Personen besitzen 7 Katzen, jede Katze frisst 7 Mäuse, jede Maus frisst 7 Ähren, aus jeder Ähre können 7 Maß Getreide entstehen. Wie viel Maß sind das?

2.3 Mit Logarithmen umgehen

Beim Potenzieren sind die **Basis b** und der **Exponent n** gegeben, der **Potenzwert z** ist gesucht. Die Rechenoperation, bei der die **Basis b** und der **Potenzwert z** einer Potenz gegeben sind und der **Exponent n** gesucht ist, heißt Logarithmieren. Der **Logarithmus** einer Zahl z zu einer Basis b ist also der Exponent n, mit dem man die Basis potenzieren muss, um die Zahl z zu erhalten.

Potenzschreibweise:	$2^3 = 8$	$5^3 = 125$	$0{,}4^3 = 0{,}064$	$b^n = z$
Logarithmenschreibweise:	$\log_2 8 = 3$	$\log_5 125 = 3$	$\log_{0{,}4} 0{,}064 = 3$	$\log_b z = n$

Der Logarithmus ist also eine andere Bezeichnung für einen Exponenten.

> Der Exponent n in der Gleichung $b^n = z$ heißt **Logarithmus von z zur Basis b**.
> Schreibweise: $n = \log_b z$ ($b, z, n \in \mathbb{R}$; $b, z > 0$; $b \neq 1$)

In einfachen Fällen lässt sich der Logarithmus einer Zahl inhaltlich erschließen.
Dazu muss die Zahl in gleiche Faktoren entsprechend der Basis zerlegt werden:

- $x = \log_5 625$ *Es gilt:* $625 = 5 \cdot 5 \cdot 5 \cdot 5 = 5^4$ *Daraus folgt:* $x = 4$
- $x = \log_2 0{,}25$ *Es gilt:* $0{,}25 = \frac{1}{4} = \frac{1}{2^2} = 2^{-2}$ *Daraus folgt:* $x = -2$

Da $b^1 = b$ und $b^0 = 1$ gilt, gelten auch folgende Gleichungen:

> $\log_b b = 1$ und $\log_b 1 = 0$ ($b \in \mathbb{R}$; $b > 0$; $b \neq 1$)

Die Exponenten von Zehnerpotenzen werden als **dekadische Logarithmen** bezeichnet und in der Kurzschreibweise $\log_{10} z = \lg z$ dargestellt.
Dekadische Logarithmen sind also Lösungen x der Gleichung $10^x = z$.
Beim TI-Nspire gibt es die Taste „10^x" bzw. die Zweitbelegung dieser Taste für „lg x".

- $10^x = 4$ $x = \lg 4 = 0{,}60205\ldots$ $10^x = 2\,000$ $x = \lg 2\,000 = 3{,}30103\ldots$

Beim TI-Nspire gibt es die Taste „e^x" bzw. die Zweitbelegung dieser Taste für „ln x".
Damit können die sogenannten **natürlichen Logarithmen** berechnet werden. Die Basis ist in diesem Fall die irrationale Zahl $e = 2{,}71828\ldots$, auch eulersche Zahl genannt. Für die Eingabe von e auf einem CAS-Rechner wird die Taste $\boxed{e^x}$ (nicht die „Buchstabentaste E") verwendet.

- $e^x = 4$ $x = \ln 4 = 1{,}38629\ldots$ $e^x = 2\,000$ $x = \ln 2\,000 = 7{,}600902\ldots$

Probiere es selbst:

1. Löse durch inhaltliche Überlegungen. (*Beispiel:* $2^x = 8$; $x = \log_2 8$; $8 = 2^3$; $x = 3$)
   a) $2^x = 16$ b) $2^x = 64$ c) $3^x = 27$ d) $5^x = 125$ e) $4^x = 64$
2. Ermittle die Lösungen folgender Gleichungen:
   a) $\log_2 z = 3$ b) $\log_5 z = 2$ c) $\log_2 z = 0{,}5$ d) $\log_2 z = -4$ e) $\log_5 z = -2$

Potenzen, Wurzeln, Logarithmen

Erste Schritte

1. Gib den Exponenten in der Logarithmusschreibweise an und löse die Gleichung.
   a) $10^x = 100$
   b) $0{,}1^x = 0{,}001$
   c) $0{,}5^x = 0{,}25$
   d) $0{,}7^x = 0{,}49$
   e) $0{,}5^x = 0{,}125$

2. Ermittle x durch inhaltliche Überlegungen.
   a) $3^x = \frac{1}{81}$
   b) $2^x = \frac{1}{32}$
   c) $7^x = \frac{1}{49}$
   d) $7^x = \frac{1}{7}$
   e) $5^x = 25 \cdot 5$
   f) $5^x = 25 \cdot \sqrt{5}$
   g) $12^x = 1$
   h) $0{,}5^x = 0{,}0625$
   i) $2^x = 0{,}25$
   j) $4^x = 16 \cdot 4$

3. Schreibe die Exponenten als dekadische Logarithmen und gib sie an.
   a) $10^x = 100$
   b) $10^x = 1$
   c) $10^x = 100\,000$
   d) $10^x = 1$ Billion
   e) $10^x = 0{,}001$
   f) $10^x = \frac{1}{10\,000}$
   g) $10^x = 0{,}01$
   h) $10^x = 0{,}0000001$

Weiterführende Aufgaben

1. Löse folgende Gleichungen:
   a) $2^x = 30$
   b) $3^x = 29$
   c) $5 \cdot 4^x = 8$
   d) $2 \cdot 1{,}5^x = 6{,}75$
   e) $0{,}98^x = \frac{1}{2}$
   f) $1{,}2^x = 2$
   g) $5 \cdot 1{,}8^x = 29{,}16$
   h) $0{,}7^x = 0{,}1$

2. Berechne folgende Logarithmen durch inhaltliche Überlegungen:
   a) $\log_5 25$
   b) $\log_5(5^8)$
   c) $\log_2 32$
   d) $\log_2 64$
   e) $\log_{0{,}1} 10$
   f) $\log_{14} 1$
   g) $\log_{27} 3$
   h) $\log_3 \frac{1}{81}$
   i) $\lg 0{,}1$
   j) $\log_{25} 5$
   k) $\lg 10$

3. Berechne die Basen b.
   a) $\log_b 125 = 3$
   b) $\log_b 100 = 2$
   c) $\log_b 10\,000 = -4$
   d) $\log_b 81 = 4$

4. Ermittle die Lösungen folgender Gleichungen:
   a) $\lg_4 z = 3$
   b) $\lg_4 z = -3$
   c) $\lg_{25} z = \frac{1}{2}$
   d) $\lg_{16} z = -\frac{1}{4}$
   e) $\lg_5 z = \frac{1}{2}$

5. Löse folgende Gleichungen ohne Taschenrechner:
   a) $2^x = 32$
   b) $3^x = 9 \cdot \sqrt{3}$
   c) $2^{x+1} = 64$
   d) $4^{x+3} = 256$
   e) $10^x = 0{,}001$
   f) $10^{x+3} = 100\,000$
   g) $10^{x-2} = 0{,}0001$
   h) $10^{2x} = 10\,000$

6. Zwischen welchen ganzen Zahlen liegt der Logarithmus?
   Beispiel: $\log_2 10$ liegt zwischen 3 und 4, denn $2^3 = 8$ und $2^4 = 16$.
   a) $\log_2 3$
   b) $\log_3 10$
   c) $\log_5 70$
   d) $\log_4 125$
   e) $\lg 0{,}5$
   f) $\lg 0{,}003$
   g) $\lg \frac{1}{3\,000}$
   h) $\ln 1$

7. Entscheide und begründe, ob ein Taschenrechner beim Lösen „Error" anzeigen würde.
   a) $\log_2(-4)$
   b) $-\log_2(-0{,}5)$
   c) $-\log_2 4$
   d) $\log_2(-0{,}5)$
   e) $-\log_2 0{,}5$

8. Löse folgende Aufgaben:
   a) $2\lg 4 + 3\lg 2$
   b) $3\log_2 4 - 2\log_2 8$
   c) $\frac{1}{2}\log_2 16 - \frac{1}{3}\log_2 8$
   d) $\frac{1}{3}\lg 32 - \frac{1}{3}\lg 4$

2.4 Probleme modellieren und lösen

Bei Wachstumsprozessen erhöhen oder vermindern sich Größenwerte im Laufe der Zeit. Erfolgen diese Veränderungen in festen, gleich großen Zeitabständen stets um ein und denselben Faktor, spricht man vom exponentiellen Wachstum.

> Das **exponentielle Wachstum** einer Größe y in einer Zeit t wird durch die Gleichung
> $y = a \cdot b^t$ mit $a, b \in \mathbb{R}$; $a > 0$; $b > 1$ beschrieben.
> Dabei ist a der Anfangswert. Die Variable b wird als Wachstumsfaktor pro Zeiteinheit bezeichnet. Wenn t um eine Zeiteinheit wächst, vervielfacht sich y um den Faktor b.

Lauras Vorschlag für eine neue Taschengeldregelung:
„Ich bekomme ab sofort 1 €. An jedem Monatsersten verdoppelt sich der Betrag des Vormonats."

Monat	0	1	2	3	4	5
Betrag in €	1	2	4	8	16	32

Die Werte für die ersten 5 Monate zeigen eine exponentielle Erhöhung.

Es gilt die Gleichung: $\quad y = 1 € \cdot 2^t$

Der Anfangswert des Taschengeldes zum Zeitpunkt t = 0 beträgt 1 €. Das Taschengeld verdoppelt sich monatlich. Der Betrag wächst exponentiell. Die Gesamtsumme beträgt 63 €. Lauras Vorschlag wurde vom Vater abgelehnt. Er würde seine finanziellen Möglichkeiten sprengen.

Die Gleichung für experimentelles Wachstum kann zum Berechnen von Anfangswerten a, von Wachstumsfaktoren b und von Zeitintervallen t bei Sachzusammenhängen genutzt werden.

Die von einer Alge bedeckte Fläche auf einem See verzehnfacht sich jährlich. Untersuchungen haben gezeigt, dass in acht Jahren eine Fläche von etwa 427 ha überwuchert worden sind. Berechne die Größe der Fläche, den die Alge zu Anfang bedeckt hat.

Gesucht: Anfangsfläche in ha

Gegeben: t = 8 Jahre; y = 427 ha; b = 10

Ausgangsgleichung: $\quad y = a \cdot b^t$

Einsetzen der gegebenen Werte: $\quad 427 \text{ ha} = a \cdot 10^8 \quad | \cdot 10^{-8}$

Umstellen nach a: $\quad a = 427 \text{ ha} \cdot 10^{-8} = 0{,}00000427 \text{ ha} = 427 \text{ cm}^2$

Antwort: Die Algenplage begann mit einer Fläche von 427 cm².

Probiere es selbst:
Berechne jeweils den jährlichen Wachstumsfaktor unter der Annahme exponentiellen Wachstums.
a) Die Bevölkerung einer Stadt wuchs in *einem Jahr* von 25 731 auf 26 246.
b) Die Erträge stiegen in *vier Jahren* von 24 500 dt auf 30 931 dt.
c) Eine Algenart verbreitete sich in *fünf Jahren* von 34 ha auf 47,7 ha.

Potenzen, Wurzeln, Logarithmen

2.5 Gemischte Aufgaben

1. Zum Entwickeln von Bakterienkulturen werden drei Proben mit jeweils 200 Bakterien angesetzt. Bei Probe 1 verdoppelt sich die Anzahl der Bakterien pro Tag, bei Probe 2 vervierfacht sie sich und bei Probe 3 halbiert sie sich pro Tag.
    a) Berechne, wie viele Bakterien es bei jeder Probe am 2., am 3., am 5. und am 10. Tag sind.
    b) Gib Gleichungen an, mit der man die Anzahl der Bakterien in Abhängigkeit von der Zeit berechnen kann.
    c) Wie lange dauert es bei den Proben 1 und 2, bis jeweils 10 000 Bakterien vorhanden sind?
    d) Wie lange dauert es bei Probe 3, bis keine Bakterien mehr vorhanden sind?

2. Jeder Mensch hat zwei Eltern und vier Großeltern.
    a) Ermittle, wie viele Ur-, wie viele Urur- und wie viele Urururgroßeltern jeder Mensch hat.
    b) Wie viele Vorfahren hast du insgesamt, wenn du 20 Generationen berücksichtigst.

3. Um möglichst viele Paare auf die Tanzfläche zu bekommen, wird häufig das „Abklatschen" genutzt. Dabei beginnt ein Paar, die Musik stoppt und die beiden Tanzenden holen sich jeweils einen anderen Partner. Dieses Vorgehen wird bei jedem Musikstopp fortgesetzt. Nach wie vielen Musikstopps würde ganz Deutschland mit rund 80 Millionen Einwohnern tanzen?

4. Ein Blatt Papier mit einer Papierstärke von etwa 0,1 mm soll in der Mitte gefaltet werden. Der dadurch entstehende „Papierstapel" wird ebenfalls wieder in der Mitte gefaltet. Dieser Vorgang soll gedanklich immer weiter fortgesetzt werden. Berechne die Dicke des Papierstapels nach 5-maligem, nach 10-maligem und nach 20-maligem gedanklichen Falten.

5. Eltern legen nach der Geburt ein Sparguthaben von 1 000 € zum festen Zinssatz von 2 % an.
    a) Berechne, wie viel Euro es nach 2, nach 5, nach 10 und nach 14 Jahren insgesamt sind.
    b) Berechne das Guthaben, das angelegt werden müsste, wenn bei gleichem Zinssatz zum 18. Geburtstag 4 000 € zur Verfügung stehen sollen.
    c) Wie lange würde es dauern, bis bei einem Startguthaben von 1 000 € und einem festen Zinssatz von 2% das Guthaben 10 000 € beträgt?

6. Auf einer Insel leben 100 Kaninchen. Die Kaninchenpopulation wächst jedes Jahr um 10 % des Vorjahres.
    a) Berechne, wie viele Kaninchen nach 5, nach 10 und nach 20 Jahren auf der Insel leben.
    b) Gib jeweils eine Gleichung an, mit der man die Anzahl der Kaninchen für n Jahre berechnen kann.
    c) Wie lange dauert es, bis 250 Kaninchen auf der Insel leben?

7. Alkohol im Blut wird etwa so abgebaut, dass der Alkoholgehalt stündlich um 0,2 Promille sinkt. Ein Mann mit einem Blutalkoholgehalt von 2,5 Promille geht um 24:00 Uhr schlafen.
    a) Gib an, welchen Blutalkoholgehalt der Mann am nächsten Morgen um 7:00 Uhr hat.
    b) Berechne, wann der Alkoholgehalt kleiner als 0,5 Promille beträgt.

Gemischte Aufgaben

8. Die Herstellungskosten für ein Produkt kann man senken, wenn es in hoher Stückzahl produziert werden kann. Durch die Gleichung $K = a \cdot n^{-0{,}25}$ wird der Zusammenhang zwischen den Fertigungskosten K je Produkt und der gefertigten Stückzahl n beschrieben. Der Faktor a wird durch andere Einflüsse auf die Kosten bestimmt.

a) Beschreibe, wie sich die Kosten K ändern, wenn sich die Anzahl n verdoppelt.
b) Entscheide und begründe, wie ich die Anzahl n ändern muss, damit K um 10 % sinkt.

9. Ein 4 km² großes Areal mit 20 % Waldbestand soll aufgeforstet werden. In den nächsten vier Jahren wird der Bestand jährlich um 10 % vergrößert.
a) Berechne, wie viel Hektar Wald nach vier Jahren vorhanden sind.
b) Erläutere und begründe, wie viel Prozent des Areals noch aufgeforstet werden müssten, damit es vollständig mit Bäumen bepflanzt wäre.
c) Berechne, nach wie vielen Jahren die gesamte Fläche bewaldet wäre.

10. Beim freien Fall werden ungefähr folgende Geschwindigkeiten und Fallwege erreicht:

Fallzeit in Sekunden	0	1	2	3	4	5	...
Fallgeschwindigkeit in Meter pro Sekunde	0	10	20	30	40	50	...
Fallweg in Meter	0	5	20	45	80	125	...

a) Erläutere, wie die Fallwege und wie die Fallgeschwindigkeiten wachsen.
b) Gib eine Gleichung für die Fallgeschwindigkeit und eine Gleichung für den Fallweg an.
c) Berechne den Fallweg nach 10, nach 20, nach 30 bzw. nach n Sekunden.

11. Kommentiere die nebenstehenden CAS-Rechnungen.

$9^6 \cdot 9^6 - 9^{12}$	0
$9^{5000} \cdot 9^{5000} - 9^{10000}$	undef

12. Versuche, $\sqrt{-8}$ und $\sqrt[3]{-8}$ mit deinem CAS-Rechner zu ermitteln. Das angezeigte Ergebnis für $\sqrt[3]{-8}$ stimmt nicht mit der Definition der n-ten Wurzel überein. Erläutere, welche Bedingung verletzt wird.

13. Die folgende Umformung muss Fehler enthalten, da angeblich „gezeigt" wird, dass −2 gleich 2 ist. Entscheide, welches Gleichheitszeichen in dieser „Kette" falsch ist.
$-2 = \sqrt[3]{-8} = (-8)^{\frac{1}{3}} = (-8)^{\frac{2}{6}} = \sqrt[6]{(-8)^2} = \sqrt[6]{8^2} = \sqrt[3]{8} = 2$

14. Erläutere die nebenstehende CAS-Rechner-Anzeige.

$\sqrt{\sqrt{5}}$	$\sqrt{5}$
$\sqrt{\sqrt{5}}$	$\dfrac{1}{5^{\frac{1}{4}}}$

15. Begründe, warum die Aussage $x = 10^{\lg(x)}$ für alle positiven reellen Zahlen x wahr ist.

16. Mit dem „expand-Befehl" von CAS-Rechnern lassen sich auch Ausdrücke umformen. Formuliere den nebenstehenden Zusammenhang mit Worten und überprüfe diese Beziehung an Beispielen.

$\text{expand}\left(\log_a(x^r)\right) \mid x>0 \text{ and } a>0$	$r \cdot \log_a(x)$

Mosaik

Zahlensysteme und ihre Besonderheiten

Zahlen können unterschiedlich dargestellt werden. Der Wert einer Zahl wird durch Anordnen bzw. Zusammenfassen von Ziffern festgelegt. Hierbei lassen sich zwei verschiedene Arten von Zahlensystemen unterscheiden.

- Bei **Additionssystemen** wird der Wert einer Zahl durch Addieren der Ziffernwerte ermittelt.
- Bei **Positionssystemen,** auch **Stellenwertsysteme** genannt, spielt zusätzlich die Position der Ziffern eine Rolle.

Die römische Zahlschrift

Ein bekanntes Additionssystem ist die römische Zahlschrift mit insgesamt sieben Zeichen:

- die vier Grundzeichen
  I (1), X (10), C (100) und M (1 000)

und

- die drei Hilfszeichen
  V (5), L (50) und D (500).

Die Grundzeichen dürfen höchstens dreimal hintereinander stehen, die Hilfszeichen erscheinen in einer Zahl nur einmal.

- Steht ein wertmäßig kleineres Zeichen hinter einem größeren Zeichen, wird addiert.
- Steht ein wertmäßig kleineres Zeichen vor einem größeren Zeichen, wird subtrahiert.

Beispiele: MDCCXI = 1 000 + 500 + 100 + 100 + 10 + 1 = 1 711
MCML = 1 000 + 1 000 − 100 + 50 = 1 950
DCCCLXXVI = 500 + 100 + 100 + 100 + 50 + 10 + 10 + 5 + 1 = 876
MCMXCIX = 1 000 + 1 000 − 100 + 100 − 10 + 10 − 1 = 1 999

Das Dezimalsystem

Ein bekanntes Stellenwertsystem ist das Dezimalsystem. Beim Dezimalsystem wird die Potenzschreibweise mit der Basis 10 und den Grundziffern 0; 1; 2; 3; 4; 5; 6; 7; 8; 9 genutzt. Die Position der Grundziffer in der Stellentafel legt ihren Wert fest.

Beispiele:

...	10^6	10^5	10^4	10^3	10^2	10^1	10^0	Natürliche Zahl
				3	2	1	5	3 215
		6	7	0	8	9	2	670 892
	1	0	2	9	8	4	0	1 029 840

Jede natürliche Zahl lässt sich in folgender Form darstellen:
$n = \ldots a_6 \cdot 10^6 + a_5 \cdot 10^5 + \ldots + a_1 \cdot 10^1 + a_0 \cdot 10^0$ ($a_0, a_1, a_2, a_3, \ldots \in \{0; 1; 2; 3; 4; 5; 6; 7; 8; 9\}$)

Das Dualsystem

Ein anderes Stellenwertsystem ist das Dual- oder Zweiersystem, das u. a. in alten Rechenmaschinen und in Computern genutzt wird. In der vom deutschen Mathematiker und Naturwissenschaftler GOTTFRIED WILHELM LEIBNITZ (1646 bis 1716) erfundenen Rechenmaschine und im ersten von KONRAD ZUSE (1910 bis 1995) gebauten Computer werden die beiden Zeichen 0 und 1 durch Schalter mit den Stellungen „Ein" und „Aus" umgesetzt.

Beim Dualsystem wird die Potenzschreibweise mit der Basis 2 und den Grundziffern 0 und 1 genutzt. Die Position der Grundziffer in der Stellentafel legt ihren Wert fest.

Dezimalzahl	...	$2^5 = 32$	$2^4 = 16$	$2^3 = 8$	$2^2 = 4$	$2^1 = 2$	$2^0 = 1$	Dualzahl
11				1	0	1	1	1011_2
35		1	0	0	0	1	1	100011_2
61		1	1	1	1	0	1	111101_2

Zum Umwandeln von Zahlen aus der Dualschreibweise in die Dezimalschreibweise werden die Ziffern mit ihrem Stellenwert zuerst multipliziert und anschließend werden die Produkte addiert.

Beispiele:

① $1101_2 = 1 \cdot 2^3 + 1 \cdot 2^2 + 0 \cdot 2^1 + 1 \cdot 2^0$
   $= 8 + 4 + 0 + 1 = 13$

② $100110_2 = 1 \cdot 2^5 + 0 \cdot 2^4 + 0 \cdot 2^3 + 1 \cdot 2^2 + 1 \cdot 2^1 + 0 \cdot 2^0$
   $= 32 + 0 + 0 + 4 + 2 + 0 = 38$

Ein weiteres Stellenwertsystem ist das Hexadezimalsystem. Beim Hexadezimalsystem wird die Potenzschreibweise mit der Basis 16 und den Grundziffern 0; 1; 2; 3; 4; 5; 6; 7; 8; 9; A (für 10); B (für 11); C (für 12); D (für 13) E für (14) und F (für 15) genutzt.

1. Schreibe als Dezimalzahlen:
   a) XII; CXXVI; MDCC
   b) IX; XXIV; MMDXIX
   c) MMDCIX; MDCCLXX; CCVII
   d) CCLXXIV; DIC; MMDCCCLXXIX

2. „Übersetze" ins Römische.
   a) 14; 7; 38
   b) 422; 900; 18
   c) 2 631; 1 854; 372
   d) 1 101; 486; 51

3. Schreibe mit Zahlworten.
   a) 13726041
      9417600082
      174831005
   b) 708006
      38706001978
      4731876421
   c) 14008005671342
      71812320475
      9704081

4. Schreibe folgende Dezimalzahlen als Dualzahlen: 25; 7; 100; 341; 18; 44; 162; 3; 96; 58

5. Schreibe folgende Dualzahlen als Dezimalzahlen: 1111; 101011; 10; 101; 11001100; 1000111

Das Wichtigste im Überblick

Potenzen, Wurzeln, Logarithmen

Radizieren (Wurzelziehen) und **Logarithmieren** sind Umkehroperationen vom **Potenzieren**.

Rechenoperation	Gegeben		Gesucht	Beispiel
Potenzieren	Basis	Exponent	Potenzwert	$2^3 = 8$
Radizieren (Wurzelziehen)	Radikand (Potenzwert)	Wurzelexponent (Exponent)	Wurzelwert (Basis)	$\sqrt[3]{8} = 2$
Logarithmieren	Basis	Potenzwert	Logarithmus (Exponent)	$\log_2 8 = 3$

Festlegungen

Für alle Zahlen a mit $a \neq 0$ gilt:

$a^1 = a$	$a^0 = 1$	$a^{-n} = \dfrac{1}{a^n}$ ($n \in \mathbb{Q}$)	$a^{\frac{m}{n}} = \sqrt[n]{a^m}$ ($n \in \mathbb{Q}$)

Eine Potenz mit einem negativen Exponenten ist eine Schreibweise für den Kehrwert (für das Reziproke) der Potenz mit positivem Exponenten.

Potenzgesetze

Die Gleichungen (Umformungsregeln) können von beiden Seiten interpretiert werden.

Bedingung: (gleiche Basis $a \neq 0$ und Exponenten $n, m \in \mathbb{R}$)

Potenzen	Exponenten	Regel
multiplizieren	addieren	$a^m \cdot a^n = a^{m+n}$
dividieren	subtrahieren	$a^m : a^n = a^{m-n}$
potenzieren	multiplizieren	$(a^m)^n = a^{m \cdot n}$

Bedingung: (gleiche Exponenten $n \in \mathbb{Q}$ und Basen $a, b \neq 0$)

Potenzen	Basen	Regel
multiplizieren	multiplizieren	$a^n \cdot b^n = (a \cdot b)^n$
dividieren	dividieren	$a^n : b^n = \left(\dfrac{a}{b}\right)^n$

Bedingung: (gleiche Wurzelexponenten $n, m \in \mathbb{N}$ und Radikanden $a, b \in \mathbb{Q}$; $a, b > 0$)

$\sqrt[n]{a \cdot b} = \sqrt[n]{a} \cdot \sqrt[n]{b}$	$\sqrt[n]{\dfrac{a}{b}} = \dfrac{\sqrt[n]{a}}{\sqrt[n]{b}}$	$\sqrt[m]{\sqrt[n]{a}} = \sqrt[n \cdot m]{a}$

Teste dich selbst

1. Schreibe mit abgetrennten Zehnerpotenzen.
  a) 10 600
  b) 12 Milliarden
  c) 0,00034
  d) 3 GByte

2. Schreibe jeweils als Dezimalzahl.
  a) $(-2)^2$
  b) 2^{-2}
  c) $(-2)^{-2}$
  d) -2^2
  e) $2^{\frac{1}{2}}$
  f) $\left(\frac{1}{2}\right)^{\frac{1}{2}}$

3. Vereinfache weitgehend.
  a) $10^6 \cdot 10^3 \cdot 10^5$
  b) $(10^6 \cdot 10^3) : 10^5$
  c) $(10^6 : 10^3) \cdot 10^5$
  d) $3^{-4} \cdot 3^{-4}$
  e) $\left(\frac{1}{3}\right)^4 \cdot \left(\frac{1}{4}\right)^4$
  f) $\left(10^{\frac{1}{2}}\right)^{-3}$

4. Führe nur eine Überschlagsrechnung durch. Schreibe die Aufgabe dazu mit abgetrennten Zehnerpotenzen und vereinfache dann. Gib das Ergebnis sowohl in der Schreibweise mit abgetrennten Zehnerpotenzen als auch in Dezimalschreibweise an.
  a) $22\,235\,000 : 7\,753\,000\,000$
  b) $35\,420 \cdot 0{,}00000779$
  c) $\dfrac{0{,}0045064^2}{0{,}0265^3}$

5. Berechne.
  a) $10^2 + 10^3$
  b) $2^{-3} + 2^0$
  c) $(10^2)^3$
  d) $10 \cdot 2^{-1}$
  e) $1^1 \cdot 2^2 \cdot 3^3$
  f) $\sqrt[3]{8}$
  g) $\sqrt{25-16}$
  h) $\sqrt{\dfrac{3}{27}}$

6. Wende die Potenzgesetze an und vereinfache möglichst weit.
  a) $2^3 \cdot 2^2 \cdot 2^1$
  b) $x^2 \cdot x^3 + x^8 : x^3$
  c) $-2x^2 \cdot 3x^3 \cdot 2y \cdot 4y^2$
  d) $10^3 : 2^3$
  e) $\dfrac{10^{11} \cdot 10^{-2}}{10^3}$
  f) $\dfrac{-a^2 \cdot b^2}{a \cdot b^3}$

7. Schreibe die Potenzen als Wurzeln.
  a) $100^{\frac{1}{3}}$
  b) $81^{\frac{1}{2}}$
  c) $(4x^2)^{\frac{1}{2}}$
  d) $10^{-0,5}$

8. Forme die Terme so um, dass keine Wurzeln mehr im Nenner auftreten.
  a) $\dfrac{\sqrt{3}-4}{\sqrt{6}}$
  b) $\dfrac{\sqrt{8}+\sqrt{5}}{\sqrt{10}}$
  c) $\dfrac{\sqrt{r}+\sqrt{s}}{\sqrt{r}\cdot s}$
  d) $\dfrac{\sqrt{8}+r}{\sqrt{r}+8}$

9. Löse folgende Gleichungen.
  a) $2^x = 1024$
  b) $3^x = 3 \cdot \sqrt{3}$
  c) $2^{x-1} = 256$
  d) $10^{10x} = 10\,000\,000\,000$

10. Berechne die folgenden Logarithmen:
  a) $\log_2 16$
  b) $\log_{10} 10$
  c) $\lg 1000$
  d) $\ln 1$

11. Berechne mit dem Taschenrechner. Schreibe das Ergebnis mit abgetrennten Zehnerpotenzen.
  a) $(-2{,}3 \cdot 10^{-2})^4$
  b) $(2{,}2 \cdot 10^2) \cdot (-1{,}5 \cdot 10^4)$
  c) $\dfrac{12 \cdot 10^{-3}}{5 \cdot 10^2} \cdot 2 \cdot 10^4$

12. Der Zehennagel eines Menschen wächst etwa $1{,}1 \cdot 10^{-3}\,\frac{mm}{h}$.
Berechne, wie viele Tage es dauert, bis der Nagel um 1 mm länger geworden ist.

13. Eine Algenkultur verdoppelt ihre ursprüngliche Masse von 1 g alle vier Tage.
  a) Berechne die Algenmasse am 8., am 40. und am 96. Tag.
  b) Gib eine Gleichung an, mit der die Masse für den n-ten Tag ermittelt werden kann.

3 Potenz- und Exponentialfunktionen

Sparen mit Zins und Zinseszins
Beim Sparen mit Zins und Zinseszins verdoppelt sich ein bei Kreditinstituten angelegter Geldbetrag nach bestimmten Zeitabständen. Je höher der Zinssatz ist, umso kürzer ist der Zeitraum dafür.
Untersucht, wie lange es dauert, bis sich ein Geldbetrag bei einem Zinssatz von 1 %, von 2 %, von 3 %, von 6 % bzw. von 12 % verdoppelt.

Unvorstellbares Wachstum
Es gibt Bakterien, die sich alle 30 Minuten teilen und somit ihre Anzahl immer wieder verdoppeln.
Beginnt mit einer Bakterie und ermittelt, wie viele Bakterien es bei dem angegebenen Wachstum nach 1 h, nach 1,5 h, nach 2 h usw. sind. Stellt das Wachstum in einem Diagramm dar. Ermittelt die Anzahl der Bakterien nach 10 Stunden.

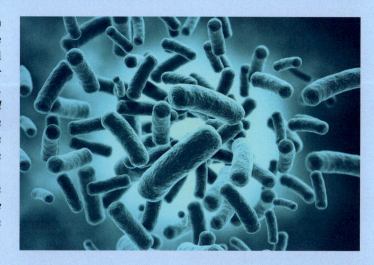

Body-Maß-Index		
Kategorie	männlich	weiblich
Untergewicht	< 20	< 19
Normalgewicht	20–25	19–24
Übergewicht	25–30	24–30
Fettsucht	30–40	30–40
massive Fettsucht	> 40	> 40

Body – Maß – Index (BMI)
Der BMI einer Person ist der Quotient aus der Körpermasse (in Kilogramm) und dem Quadrat der Körpergröße (in Quadratmeter.)
Wie groß könnte eine „normalgewichtige" Person sein, wenn sie 65 kg auf die Waage bringt?
Stellt den Zusammenhang zwischen dem BMI und der Körpergröße für 65 kg grafisch dar und gebt einen

Start

Funktionale Zusammenhänge in Naturwissenschaft und Technik

Zusammenhänge zwischen physikalisch-technischen Größen sind oft proportionale Zusammenhänge mit Gleichungen der Form $y = f(x) = k \cdot x$. Es sind lineare Funktionen, deren Graphen Geraden sind. Der Faktor k der Proportionalitätsfaktor, der den Anstieg der Geraden kennzeichnet.

Beispiele:

$f(x) = k \cdot x$	$f(x)$	k	x	Beschreibung des Sachverhalts
$s(t) = v \cdot t$	s	v	t	Bei gleichförmigen Bewegungen ist der zurückgelegte Weg proportional zur benötigten Zeit.
$F_R = \mu \cdot F_N$	F_R	μ	F_N	Die Reibungskraft ist proportional der Normalkraft.

1. Erstellt für die Gleichungen $m(V) = \varrho \cdot V$ und $V(h) = \frac{1}{3}\pi r^2 \cdot h$ im Heft eine analoge Tabelle.
2. Ein Autofahrer fährt mit einer Durchschnittsgeschwindigkeit von $85 \frac{km}{h}$. Er ist viereinhalb Stunden unterwegs, er hat 18 min Pause gemacht. Ermittelt die zurückgelegte Strecke.
3. Die beiden Diagramme für zwei Flugzeuge unterscheiden sich in ihren Achseneinteilungen für die abhängige Größe Flugstrecke s:
   a) Ermittelt die Flugzeiten für jedes der beiden Flugzeuge für 300 km, 500 km und 1 000 km Flugstrecke.
   b) Ermittelt die Flugstrecken, die jedes der beiden Flugzeuge in 30 min; 1 h 45 min und in 2,5 h zurückgelegt haben.
   c) Berechnet die Durchschnittsgeschwindigkeiten von jedem der beiden Flugzeuge.

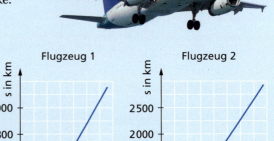

Es gibt auch umgekehrt proportionale Zusammenhänge, die durch Gleichungen der Form $y = f(x) = k \cdot \frac{1}{x} = k \cdot x^{-1}$ beschrieben werden können.

Beispiel:

$f(x) = k \cdot x$	$f(x)$	k	x	Beschreibung des Sachverhalts
$I(R) = \frac{U}{R}$	I	U	R	Die Stromstärke ist (bei konstanter Spannung) umgekehrt proportional zum Widerstand.

4. Auf unterschiedlichen Spulen sind jeweils 650 m Kupferdraht aufgewickelt. Die Durchmesser der Drähte betragen 0,05 mm; 0,1 mm; 0,5 mm; 1,0 mm; 1,5 mm; 2,0 mm. *Es gilt:* $R = \varrho \cdot \frac{1}{A}$
   a) Berechnet die Widerstände der Drähte.
   b) Stellt die Widerstände in Abhängigkeit der Querschnitte des Drahtes grafisch dar.

Experimente zu funktionalen Zusammenhängen

Funktionale Zusammenhänge können experimentell untersucht werden. Bittet euren Physiklehrer um die Bereitstellung von Geräten, die ihr zum Experimentieren benötigt. Führt alle Experimente durch, dokumentiert eure Ergebnisse, erstellt eine PowerPoint-Präsentation und stellt diese der Klasse vor.

Temperaturänderungen

1. Entnehmt der Warmwasserleitung oder einer Thermoskanne etwa 200 ml heißes Wasser. Messt die Temperatur des Wassers nach 10 s, nach 20 s, nach 30 s und 60 s und dann immer nach jeder Minute. Rührt dabei das Wasser regelmäßig um. Tragt die Messwertpaare in eine Tabelle ein und übertragt diese dann in ein Diagramm.

2. Hüllt in einem zweiten Versuch den Wasserbehälter in wärmedämmende Materialien ein (z. B. Styropor, Dämmwolle, Papier) und führt den Versuch erneut durch. Trage die Messwertpaare andersfarbig in dasselbe Diagramm ein.

3. Beschreibt den Zusammenhang zwischen der Zeit und der Temperatur. Entscheidet und begründet, ob es sich um eine lineare Abnahme handelt.

Schwingung einer Feder

Ein an einer Feder hängendes Massestück soll durch einmaliges Ziehen nach unten zum Schwingen gebracht werden. Die maximale Auslenkung y_{max} wird bei jeder Schwingung etwas kleiner.
Untersucht den Zusammenhang zwischen der Anzahl der Schwingungen n und der maximalen Auslenkung y_{max}.
Führt die Messungen mit unterschiedlichen Massestücken durch. Messt immer die jeweilige maximale Auslenkung y_{max} bis zur Ruhelage. Markiert die Ruhelage durch eine Klammer an einem Lineal.

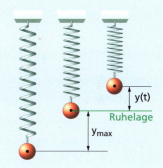

Periodendauer eines Fadenpendels

Die Periodendauer T eines Fadenpendels ist die Zeit, die das Pendel für eine volle Periode (eine Hin- und Rückbewegung) benötigt. Um die Periodendauer zu ermitteln, kann die Zeit gemessen werden, die das Pendel für ein zehnmaliges Hin- und Herschwingen benötigt. Dieser Wert wird dann durch 10 dividiert.

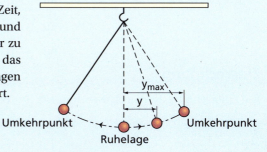

1. Untersucht, wie die Periodendauer eines Fadenpendels von seiner Länge abhängt.

2. Ermittelt die Länge eines Fadenpendels für eine Periodendauer T = 1 s und für eine Periodendauer T = 2 s.

Rückblick

Proportionale Zusammenhänge

Direkte Proportionalität (*Quotientengleichheit*):
- *Aus* $\frac{y}{x} = k$ folgt $y = k \cdot x$
- Die Punkte $P(x|y)$ liegen für $x \geq 0$ alle auf ein und derselben Geraden durch den Koordinatenursprung.

Umgekehrte Proportionalität (*Produktgleichheit*):
- *Aus* $x \cdot y = k$ folgt $y = \frac{k}{x}$
- Die Punkte $P(x|y)$ liegen für $x > 0$ alle auf ein und derselben monoton fallenden Kurve.

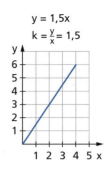
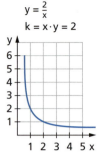

Lineare Funktionen $y = f(x) = m \cdot x + n$

- *Definitionsbereich D:* $x \in \mathbb{R}$
  Wertebereich W: $x \in \mathbb{R}$ für $m \neq 0$
- Die *Punkte* $P(x|y)$ liegen alle auf ein und derselben *Geraden,* die die y-Achse im Punkt $P_y(0|n)$ schneidet.
- *Anstieg m*: $m = \frac{y_2 - y_1}{x_2 - x_1}$ (Differenzenquotient)
  Für $m > 0$ ist die Funktion monoton steigend.
  Für $m < 0$ ist die Funktion monoton fallend.
  Je größer $|m|$, umso steiler ist der Graph.
- *Nullstelle x_0*: $x_0 = -\frac{n}{m}$

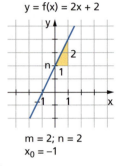

Quadratische Funktionen $y = f(x) = x^2 + px + q$ (Normalform)

- *Definitionsbereich D:* $x \in \mathbb{R}$
- *Wertebereich W:* $y \in \mathbb{R}$ für $y \geq -\frac{p^2}{4} + q$
- Die *Punkte* $P(x|y)$ liegen alle auf einer verschobenen *Normalparabel* mit dem Scheitelpunkt $S\left(-\frac{p}{2}\middle|-\frac{p^2}{4} + q\right)$
- Für $x > -\frac{p}{2}$ ist die Funktion monoton steigend.
  Für $x < -\frac{p}{2}$ ist die Funktion monoton fallend.
- *Nullstellen*: $x_{1;2} = -\frac{p}{2} \pm \sqrt{\frac{p^2}{4} - q}$ für $\frac{p^2}{4} - q > 0$ (zwei)
                              für $\frac{p^2}{4} - q = 0$ (genau eine)
                              für $\frac{p^2}{4} - q < 0$ (keine)

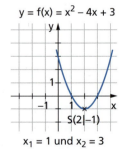

Zinsrechnung

Die Zinsrechnung ist eine Anwendung der Prozentrechnung.

Zinsrechnung	Kapital (Guthaben) K	Zinssatz p %	Zinsen Z	$\frac{p}{100} = \frac{Z}{K}$

Zinsen

nach einem Jahr: $Z = \frac{p}{100} \cdot K$ nach m Monaten: $Z = \frac{p}{100} \cdot K \cdot \frac{m}{12}$ nach t Tagen: $Z = \frac{p}{100} \cdot K \cdot \frac{t}{360}$

Aufgaben

1. Entscheide und begründe, in welchen Koordinatensystemen proportionale Zusammenhänge, in welchen lineare Funktionen dargestellt sind.

   a) 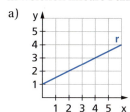 b) 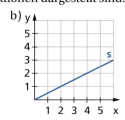 c) 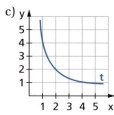 d)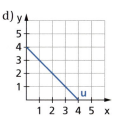

2. Ermittle die Nullstellen der gegeben Funktionen sowohl zeichnerisch als auch rechnerisch. Entscheide und begründe, in welchen Intervallen die Funktionen monoton steigend bzw. monoton fallend sind.

   a) $y = 2x + 2$ b) $y = -x - 2$ c) $y = -3x + 2$ d) $y = \frac{3}{4}x - 4$
   e) $y = x^2 - 2x$ f) $y = x^2 - 4x + 2$ g) $y = -x^2 - 4$ h) $y = (x-1)^2 - 1$

3. Zeichne die Graphen der Funktionen und bestimme die Schnittpunktkoordinaten. Kontrolliere dein Ergebnis durch Berechnung der Koordinaten des Schnittpunkts.

   a) $f_1(x) = 3x + 2$ und $f_2(x) = -x - 2$
   b) $f_1(x) = (x-1)^2 + 5$ und $f_2(x) = x^2 + 6x + 7$
   c) $f_1(x) = -\frac{2}{3}x + 6$ und $f_2(x) = -2x + 6$
   d) $f_1(x) = -x^2 - 3$ und $f_2(x) = (x-2)^2 - 1$

4. Gib von jeder der verschobenen Normalparabeln f_1, f_2, f_3 und f_4 den Scheitelpunkt an.
   a) Ermittle für jede Funktion eine Funktionsgleichung.
   b) Begründe, warum die Funktionen $y = f_1(x)$ und $y = f_4(x)$ keine Nullstellen besitzen.

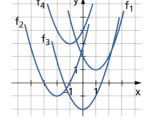

5. Entscheide und begründe, ob folgende Aussage wahr oder falsch ist: „Eine quadratische Funktion in Normalform mit positivem p und positivem q kann Nullstellen haben."

6. In der Tabelle sind Messwerte für eine gleichmäßige Wärmezufuhr von 500 g Wasser enthalten. Zu jeder Wärmezufuhr Q gehört genau eine Wassertemperatur ϑ, also gilt: ϑ = f(Q).

Q in kJ	0	10	20	30	40	50
ϑ in °C	16,2	20,8	25,5	30,6	35,2	38,8

   a) Stelle die Funktion grafisch dar. Ermittle eine Gleichung für die Funktion.
   b) Welche Temperatur erreicht das Wasser, wenn die Wärmezufuhr 75 kJ beträgt?
   c) Welche Wärmezufuhr ist erforderlich, um das Wasser auf 80 °C zu erhitzen?

7. Ein Guthaben, das mit 1,5 % p. a. verzinst wurde, erbrachte am Jahresende 230 € Zinsen. Wie hoch war das Guthaben vor einem Jahr? Wie groß ist das Guthaben jetzt?

8. Herr Geiz bekommt sich von seiner Hausbank kurzzeitig einen Kredit in Höhe von 15 000 € bei einem Zinssatz von 7,8 % p. a. Nach 8 Monaten zahlt er den Kredit zurück. Berechne, wie viel Euro Herr Geiz insgesamt zurückzahlen muss.

3.1 Potenzfunktionen

Es gibt unterschiedliche funktionale Zusammenhänge zwischen Größen. Es gilt:

Zusammenhang	Beschreibung	Gleichung
linear	Der Umfang eines Quadrates wächst *linear*, mit der *1. Potenz* der Seitenlänge.	$u = 4 \cdot a$
quadratisch	Der Flächeninhalt eines Quadrates wächst *quadratisch*, mit der *2. Potenz* der Seitenlänge.	$A = a^2$
kubisch	Das Volumen eines Würfels wächst *kubisch*, mit der *3. Potenz* der Kantenlänge.	$V = a^3$

Probiere es selbst:

Ein Stahlwürfel mit einem Volumen von 1 cm³ hat eine Masse von 8 g. Berechne die Masse von Stahlwürfeln aus gleichen Material mit Kantenlängen von 2 cm, 5 cm und 10 cm.

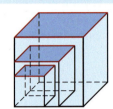

Quadratische und kubische Funktionen

Die **Normalparabel** mit dem Scheitelpunkt im Koordinatenursprung wird durch die Gleichung $y = f(x) = x^2$ beschrieben. Diese spezielle quadratische Funktion wird auch als **Potenzfunktion 2. Grades** bezeichnet. Die Funktion $y = f(x) = x^3$ heißt **kubische Funktion** oder auch **Potenzfunktion 3. Grades**. Den Graphen dieser Funktion nennt man **kubische Parabel**.

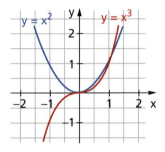

Probiere es selbst:

1. Erläutere, wie sich die y-Werte von $y = x^2$ bzw. $y = x^3$ ändern, wenn sich die x-Werte verdoppeln, halbieren bzw. vervierfachen.
2. Es sei $y = f(x) = x^2$ und $y = g(x) = x^3$.
   a) Gib die Schnittpunkte der Graphen beider Funktionen an.
   b) Bestimme alle Argumente, für $f(x) = 2$, $g(x) = 2$, $f(x) = -2$, $g(x) = -2$ und $f(x) = 0$.

Potenzfunktionen mit ganzzahligen Exponenten

Die Funktionen $y = f(x) = m \cdot x = m \cdot x^1$, $y = f(x) = x^2$ und $y = f(x) = x^3$ sind, genau wie antiproportionale Zuordnungen $y = f(x) = m \cdot x^{-1}$, Beispiele für Potenzfunktionen mit ganzzahligen Exponenten. Allgemein wird festgelegt:

> Funktionen $y = f(x) = a \cdot x^k$ ($a \in \mathbb{R}$, $k \in \mathbb{Z}$, $k \neq 0$) heißen **Potenzfunktionen** mit ganzzahligen Exponenten. Der Definitionsbereich umfasst alle reellen Zahlen x für natürliche Exponenten und alle reellen Zahlen x mit $x \neq 0$ für negative ganzzahlige Exponenten.

Je nachdem, ob der Exponent n eine gerade, eine ungerade, eine positive oder eine negative Zahl ist, ändern sich die Eigenschaften der Funktionen.

Potenzfunktionen

Probiere es selbst:
Untersucht mit eurem CAS-Rechner den Verlauf von Potenzfunktionen $y = f(x) = a \cdot x^k$ mit $k \in \mathbb{Z}$, für beispielsweise $k \in \{5; 4; 3; 2; -2; -3; -4; -5\}$. Erläutert, welche Eigenschaften Potenzfunktionen mit geradzahligen bzw. ungeradzahligen Exponenten gemeinsam haben.

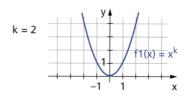

Beschreibt und begründet Eigenschaften dieser Funktionen wie Monotonie, Symmetrie, gemeinsame Punkte, Verhalten im Unendlichen bzw. in der Umgebung der y-Achse.

Potenzfunktionen mit geraden Exponenten $y = x^{2n}$ ($n \in \mathbb{Z}$, $n \neq 0$)

$y = f(x) = x^{2n}$	n ist positiv	n ist negativ
Graph		
Definitionsbereich D	$x \in \mathbb{R}$	$x \in \mathbb{R}$ mit $x \neq 0$
Wertebereich W	$y \in \mathbb{R}$ mit $y \geq 0$	$y \in \mathbb{R}$ mit $y > 0$
Gemeinsame Punkte	$(-1\,\vert\,1)$, $(0\,\vert\,0)$, $(1\,\vert\,1)$	$(-1\,\vert\,1)$, $(1\,\vert\,1)$
Monotonieverhalten	für $x \leq 0$ fallend, für $x \geq 0$ steigend	für $x < 0$ fallend, für $x > 0$ steigend
Symmetrieverhalten	Graphen symmetrisch zur y-Achse.	
Nullstelle	$x_0 = 0$	keine

Probiere es selbst:

1. Vergleiche die Graphen $f1(x) = x^6$ und $f2(x) = x^8$ und gib gemeinsame Punkte an. Beschreibe den Verlauf der Graphen außerhalb des Fensters. Erläutere die gegenseitige Lage der Graphen im Intervall $[-1; 1]$. Beschreibe Gemeinsamkeiten und Unterschiede beider Funktionen.

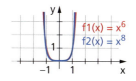

2. Zeichne die Graphen $y = x^4$ und $y = x^{-4}$ im gleichen Koordinatensystem. Vergleiche die Funktionswerte mit einander entgegengesetztem Vorzeichen und gleichem Betrag. Was lässt sich über die Funktionswerte $f(x)$ und $f(-x)$ bei Potenzfunktionen mit geradzahligem Exponenten aussagen?

3. Beim Funktionsgraphen $f1(x) = x^{200}$ im Standardfenster des CAS-Rechners entsteht der Eindruck, dass er ein „nach oben offenes Rechteck" ist. Begründe, warum dieser Eindruck täuscht, und warum er zustande kommt.

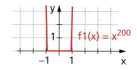

Potenzfunktionen mit ungeraden Exponenten $y = x^{2n+1}$ ($n \in \mathbb{Z}$)

$y = f(x) = x^{2n+1}$	n ist positiv	n ist negativ
Graph		
Definitionsbereich D	$x \in \mathbb{R}$	$x \in \mathbb{R}$ mit $x \neq 0$
Wertebereich W	$y \in \mathbb{R}$	$y \in \mathbb{R}$ mit $y \neq 0$
Gemeinsame Punkte	(–1 | –1), (0 | 0), (1 | 1)	(–1 | –1), (1 | 1)
Monotonieverhalten	für alle x steigend	für alle x fallend
Symmetrieverhalten	Graphen punktsymmetrisch zum Koordinatenursprung	
Nullstelle	$x_0 = 0$	keine

Probiere es selbst:

1. Vergleiche die Graphen $f1(x) = x^5$ und $f2(x) = x^7$ und gib gemeinsame Punkte an. Beschreibe den Verlauf der Graphen außerhalb des Fensters. Erläutere die gegenseitige Lage der Graphen im Intervall [–1; 1]. Beschreibe Gemeinsamkeiten und Unterschiede beider Funktionen.

2. Zeichne die Graphen $y = x^3$ und $y = x^{-3}$ im gleichen Koordinatensystem. Vergleiche die Funktionswerte mit einander entgegengesetztem Vorzeichen und gleichem Betrag. Formuliere eine allgemeingültige Aussage über die Funktionswerte f(x) und f(–x) bei Potenzfunktionen mit ungeradzahligen Exponenten.

3. Beim Funktionsgraph $f1(x) = x^{1001}$ im Standardfenster des CAS-Rechners können falsche Eindrücke über den Verlauf entstehen. Erläutere, welche das sind und argumentiere, wie der Graph in Wirklichkeit verläuft.

Asymptoten und Grenzwerte bei Potenzfunktionen

Funktionswerte von **Potenzfunktionen mit negativen ganzzahligen Exponenten** haben für sehr große und für sehr kleine x-Werte eine besondere Eigenschaft. Sie nähern sich immer weiter der Zahl 0, ohne diese jemals zu erreichen.
Für die Funktion $y = f1(x) = x^{-1} = \frac{1}{x}$ mit $x \in \mathbb{R}$ mit $x \neq 0$ gilt:

Potenzfunktionen

x	1 000 = 10³	10 000 = 10⁴	100 000 = 10⁵	1 000 000 = 10⁶
$x^{-1} = \frac{1}{x}$	$\frac{1}{1\,000} = 0{,}001$	$\frac{1}{10\,000} = 0{,}0001$	$\frac{1}{100\,000} = 0{,}00001$	$\frac{1}{1\,000\,000} = 0{,}000001$

Man sagt:

Die x-Achse ist eine **Asymptote** (altgr. asýmptōtos, „nicht übereinstimmend") des Funktionsgraphen $y = x^{-1} = \frac{1}{x}$.

oder auch:

Der **Grenzwert** (lat. „Limes") der Funktion $y = x^{-1} = \frac{1}{x}$ für x gegen plus unendlich ist 0.

Schreibweise: $\lim\limits_{x \to +\infty} \frac{1}{x} = \lim\limits_{x \to +\infty} x^{-1} = 0$

Potenzfunktionen mit negativen ganzzahligen Exponenten besitzen auch an der Stelle $x_0 = 0$ Asymptoten. Für die Funktion $y = f(x) = x^{-1} = \frac{1}{x}$ mit $x \in \mathbb{R}$ und $x \neq 0$ gilt:

x	$\frac{1}{10} = 0{,}1$	$\frac{1}{1\,000} = 0{,}001$	$\frac{1}{10^6} = 0{,}000001$	$\frac{1}{10^{1\,000}}$
$x^{-1} = \frac{1}{x}$	$10 = 10^1$	$1\,000 = 10^3$	$\frac{1}{100\,000} = 10^6$	$10^{1\,000}$

Je näher die x-Werte an der Zahl 0 liegen, umso größer werden die Funktionswerte, sie „wachsen ins Unendliche".

Der Grenzwert von $y = x^{-1} = \frac{1}{x}$ für x *gegen plus null* (Annäherung von rechts) ist unendlich.

Schreibweise: $\lim\limits_{x \to 0^+} \frac{1}{x} = \lim\limits_{x \to 0^+} x^{-1} = +\infty$

Der Grenzwert von $y = x^{-1} = \frac{1}{x}$ für x *gegen minus null* (Annäherung von links) ist minus unendlich.

Schreibweise: $\lim\limits_{x \to 0^-} \frac{1}{x} = \lim\limits_{x \to 0^-} x^{-1} = -\infty$

Hinweis: Das Zeichen „+" im „Exponenten" der 0 weist „symbolisch" darauf hin, dass man sich der Stelle $x_0 = 0$ von rechts nähert. Das Zeichen „–" im „Exponenten" der 0 weist „symbolisch" darauf hin, dass man sich der Stelle $x_0 = 0$ von links nähert.

Probiere es selbst:

1. Untersuche das Verhalten der Funktionswerte von $y = f(x) = x^{-2}$ für x gegen minus unendlich.
2. Zeige an Beispielen, dass gilt: $\lim\limits_{x \to 0^-} \frac{1}{x^{2n}} = -\infty$
3. Erläutere, warum sowohl die x-Achse als auch die y-Achse Asymptoten für $y = f(x) = x^{-2}$ sind.
4. Ermittle den Grenzwert von $y = f(x) = x^{-3}$ für $x \to 0$ für $x > 0$ und für $x < 0$.

Berechnen von Grenzwerten mit einem CAS-Rechner

Die Vorlage zum Berechnen von Grenzwerten ist in der Anwendung *„Calculator – Analysis – Limes"* zu finden, oder mithilfe der Taste ⌨ aufrufbar.

Das Zeichen „∞" kann über die Taste (π▶) erreicht werden.

$\lim\limits_{x \to \infty} \left(x^{-5}\right)$	0
$\lim\limits_{x \to 0^+} \left(\frac{1}{x^4}\right)$	∞

Potenzfunktionen mit rationalen Exponenten $y = x^{\frac{1}{n}}$ ($n \in \mathbb{Z}$, $n \neq 0$, $n \neq \pm 1$)

Gleichung	$y = f(x) = x^{\frac{1}{3}} = \sqrt[3]{x}$	$y = f(x) = x^{-\frac{1}{3}} = \frac{1}{\sqrt[3]{x}}$
Graph	(Graph von $y = x^{\frac{1}{3}} = \sqrt[3]{x}$)	(Graph von $y = x^{-\frac{1}{3}} = \frac{1}{\sqrt[3]{x}}$)
Definitionsbereich D	$x \in \mathbb{R}$ mit $x \geq 0$	$x \in \mathbb{R}$ mit $x > 0$
Wertebereich W	$y \in \mathbb{R}$ mit $y \geq 0$	$y \in \mathbb{R}$ mit $y > 0$
Besondere Punkte	(0|0), (1|1)	(1|1)
Monotonieverhalten	für alle x steigend	für alle x fallend
Nullstelle	$x_0 = 0$	keine
Asymptoten	keine	x-Achse, y-Achse

> Funktionen mit $y = f(x) = x^{\frac{1}{n}} = \sqrt[n]{x}$ ($x \geq 0$, $n \in \mathbb{N}$ und $n > 1$) heißen **Wurzelfunktionen**.

Probiere es selbst:

1. Untersuche die gegenseitige Lage der Funktionsgraphen $y = f(x) = x^{\frac{1}{2}}$ und $y = g(x) = x^{\frac{1}{4}}$. Verwende dazu deinen CAS-Rechner.

2. Gegeben sind zwei Exponentialfunktionen $y = x^{\frac{1}{n}}$. Entscheide und begründe, welche der beiden im nebenstehenden Bild dargestellten Funktionen $y = f(x)$ oder $y = g(x)$ den größeren Exponenten hat.

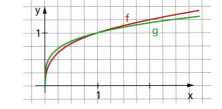

3. Gegeben sind die Funktionen $y = f(x) = x^{\frac{1}{n}}$ und $y = g(x) = x^{-\frac{1}{n}}$ mit $n \in \mathbb{N}$, $n > 1$, $x > 0$.
   Begründe, warum folgende Gleichungen gelten:
   $f(x) = g\left(\frac{1}{x}\right)$ und $f\left(\frac{1}{x}\right) = g(x)$

4. Der nebenstehende Funktionsgraph $y = f(x) = x^{\frac{1}{3}} = \sqrt[3]{x}$ wurde mit einem CAS-Rechner ohne Einschränkung des Definitionsbereichs gezeichnet. Der Graph stimmt nicht mit der Definition der dritten Wurzel überein.
   a) Begründe diese Aussage.
   b) Erläutere, was erfolgen müsste, damit eine zur Definition der dritten Wurzel übereinstimmende grafische Darstellung entsteht.

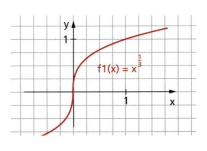

Potenzfunktionen mit rationalen Exponenten $y = x^{\frac{m}{n}}$ ($n \in \mathbb{N}$, $n > 1$, $m \in \mathbb{Z}$)

Gleichung	$y = f(x) = x^{\frac{m}{n}}$ mit ($n \in \mathbb{N}$, $n > 1$, $m \in \mathbb{Z}$)	
Exponent	positiv	negativ
Definitionsbereich D	$x \in \mathbb{R}$ mit $x \geq 0$	$x \in \mathbb{R}$ mit $x > 0$
Wertebereich W	$y \in \mathbb{R}$ mit $y \geq 0$	$y \in \mathbb{R}$ mit $y > 0$
Gemeinsame Punkte	(0|0), (1|1)	(1|1)
Monotonieverhalten	für alle x steigend	für alle x fallend
Nullstelle	$x_0 = 0$	keine
Asymptoten	keine	x-Achse, y-Achse

Probiere es selbst:

1. Zeichne Funktionsgraphen $y = f(x) = x^{\frac{m}{3}}$ für $m \in \{1; 2; 3; 4; 5\}$ und $x \geq 0$.
   Gib Gemeinsamkeiten an und beschreibe den Verlauf der Funktionsgraphen.
2. Zeichne Funktionsgraphen $y = f(x) = x^{\frac{m}{3}}$ für $m \in \{-1; -2; -3; -4; -5\}$ und $x > 0$.
   Gib die Grenzwerte dieser Funktionen für $x \to 0$ und $x \to \infty$ an.

Erste Schritte

1. Entscheide und begründe, welche der Gleichungen Potenzfunktionen beschreiben.
   a) $y = x^{(2+3)}$ b) $y = -x + 5$ c) $y = 2^x$ d) $y = \frac{1}{x}$ e) $y = 2$ f) $y = x^9$
2. Entscheide und begründe, ob folgende Punkte zum Graphen der Funktion $y = x^3$ gehören:
   A(-1\|1), B(-1\|-1), C(-2\|8), D(-2\|-8), E(0,5\|0,125), F(0,2\|0,8), G(-0,2\|0,008)
3. Gib für die Funktionen $y = x^2$, $y = x^3$, $y = x^{-2}$, $y = x^{-3}$ jeweils den kleinsten und den größten Funktionswert im Intervall $-3 \leq x \leq 4$ an.
4. Gib die Argumente der Potenzfunktion $y = f(x) = x^{-2}$ für $y_1 = 0{,}25$ und für $y_2 = -0{,}25$ an.
5. a) Zeichne die Funktionsgraphen $y = f(x) = x^{-2}$ und $y = g(x) = x^3$ im Intervall $-2 \leq x \leq 2$ in ein und dasselbe Koordinatensystem.
   b) Ermittle den Schnittpunkt der Graphen beider Funktionen durch Ablesen.
6. Gib jeweils drei gemeinsame Eigenschaften folgender Funktionen an:
   a) $y = f(x) = x^2$, $y = g(x) = x^{-2}$ und $y = h(x) = x^{10}$
   b) $y = f(x) = x^3$, $y = g(x) = x^6$ und $y = h(x) = x^9$
7. Ordne die Zahlen der Größe nach. Rechne die Prozentwerte dazu nicht aus, nutze lediglich die Eigenschaften der Potenzfunktionen. Beginne mit dem kleinsten Potenzwert.
   a) $(-2{,}9)^2$; 9^2; $(-1{,}9)^2$; $4{,}1^2$; $(-0{,}9)^2$; $(-1{,}4)^2$; 6^2; 0^2
   b) $(-1{,}8)^3$; $\left(\frac{3}{2}\right)^3$; $\left(-\frac{1}{4}\right)^3$; $(-2{,}5)^3$; $(3{,}2)^3$; $\left(-\frac{9}{2}\right)^3$; $(0{,}25)^3$; $(-1)^3$

Potenz- und Exponentialfunktionen

8. Prüfe, ob folgende Wertepaare zur Funktion $y = f(x) = x^{-1}$ gehören:
   a) (1|1)   b) (2|0,5)   c) (−1|−1)   d) (−3|3)   e) $\left(-\frac{1}{2}\middle|2\right)$
   f) (0|0)   g) $\left(-\frac{1}{2}\middle|-2\right)$ h) (0,5|0,25)   i) (−0,4|−2,5)   j) (1,5|0,5)

9. Die Punkte gehören zum jeweiligen Graphen. Bestimme die fehlenden Koordinaten.

   a) $h(x) = x^3$: K(?|−169); L(−0,8|?); $M\left(?\middle|\frac{27}{125}\right)$ b) $i(x) = x^4$: P(−2|?); Q(?|64); $R\left(-\frac{1}{3}\middle|?\right)$
   c) $f(x) = x^{-1}$: $P_1(4|?)$; $P_2\left(-\frac{1}{4}\middle|?\right)$; $P_3\left(?\middle|\frac{2}{5}\right)$ d) $g(x) = x^{-2}$: $P_4(−1|?)$; $P_5\left(?\middle|\frac{1}{9}\right)$; $P_6(1,5|?)$

10. Gib jeweils gemeinsame Eigenschaften folgender Funktionen an:
    a) $y = f(x) = x^4$, $y = g(x) = x^{-4}$, $y = h(x) = x^8$ b) $y = f(x) = x^{-3}$, $y = g(x) = x^{-6}$, $y = h(x) = x^{-9}$

11. Zeichne die Graphen folgender Funktionen im Intervall $0 \le x \le 1$ jeweils in ein gemeinsames Koordinatensystem und vergleiche die Graphen.
    a) $y = x^2$ und $y = \sqrt{x}$ b) $y = x^3$ und $y = \sqrt[3]{x}$ c) $y = x^4$ und $y = \sqrt[4]{x}$

12. Zeichne folgende Funktionsgraphen im Intervall $0 < x \le 4$.
    a) $y = x^{1,7}$ b) $y = x^{-1,7}$ c) $y = x^{0,7}$ d) $y = x^{-0,7}$

13. Gib folgende Eigenschaften von Potenzfunktionen mit rationalen Exponenten $y = x^{\frac{m}{n}}$ an.
    Überlege dir dabei geeignete Fallunterscheidungen für die Parameter m und n.
    a) Einfluss der Parameter m und n   b) Nullstellen
    c) besondere Punkte   d) Monotonieverhalten
    e) Asymptoten   f) Maximal- und Minimalstellen

14. Gib die Gleichung einer Potenzfunktion mit rationalem Exponenten an, die durch folgenden
    Punkt verläuft: a) B(9|27)   b) C(4|0,125)   c) D(0,25|8)   d) E(0,36|0,7776)

15. Löse die folgenden Aufgaben (ohne Taschenrechner).

    a) Vier Arbeiter brauchen für eine Arbeit sechs Stunden. Wie lange braucht ein Arbeiter für dieselbe Arbeit?
    b) Bei einer Durchschnittsgeschwindigkeit von $20\,\frac{km}{h}$ braucht ein Moped 40 min für eine Strecke. Wie lange fährt das Moped, wenn es auf dieser Strecke eine Durchschnittsgeschwindigkeit von $40\,\frac{km}{h}$ hat?
    c) Eine Pumpe füllt ein Becken in sechs Stunden. Wie lange brauchen zwei (bzw. drei; vier; sechs) Pumpen mit derselben Leistung, um das Becken zu füllen?
    d) Wenn Tom 5 € pro Tag ausgibt, reicht das Urlaubsgeld zehn Tage. Wie lange reicht es, wenn er 2 € pro Tag ausgibt?

16. Berechne, wie groß der elektrische Widerstand R eines Leiters bei einer Spannung U = 1 V bei folgenden Stromstärken ist. Stelle die Wertepaare zeichnerisch dar.

Stromstärke I in Ampere (A)	0,001	0,005	0,025	0,045	0,15
Widerstand R in Ohm (Ω)					

Weiterführende Aufgaben

1. Entscheide und begründe, welche der folgenden Aussagen wahr, welche falsch sind.
   a) Die Zahl 2,4 ist die einzige Lösung der Gleichung $x^3 = 13,824$.
   b) Die Lösung der Gleichung $x^2 = -9$ ist die Zahl $x = -3$.
   c) Die Gleichung $2,5x^2 = 24,025$ hat die Lösung $x = 3,1$.

2. Gegeben sind fünf Funktionen: $y = f(x) = x^0$; $y = g(x) = x^1$; $y = h(x) = x^2$; $y = i(x) = x^3$; $y = k(x) = x^4$
   a) Gib die Funktionswerte aller Funktionen für das Argument 100 an.
      Schreibe die Ergebnisse mit Zehnerpotenzen.
   b) Ermittle für alle Funktionen die Argumente zu den Funktionswerten −10; 1 und 25.

3. Gib eine Potenzfunktion mit natürlichem Exponenten an, deren Graph durch folgenden Punkt verläuft:
   a) A(2 | 8)   b) F(1 | 1)   c) E(−1 | 1)   d) D(0 | 0)   e) C(0,5 | 0,03125)

4. Gib eine Potenzfunktion mit negativem Exponenten an, deren Graph durch folgenden Punkt verläuft:
   a) A(2 | 0,5)   b) B(0,5 | 2)   c) C(−2 | 0,25)   d) D(−2 | −0,125)   e) E(−1 | −1)

5. Gib die Eigenschaften der Potenzfunktion $y = x^0$ an.

6. Folgende Wertetabellen gehören zu Funktionen:

x	0	1	2	4	6	9
y	0	1	1,4142	2	2,449	3

x	−2	−1	0	1	2	4
y	−8	−1	0	1	8	64

x	−2	−1	0	1	2	4
y	−32	−1	0	1	32	1024

x	−4	−1	0	1	2	3
y	8	0,5	0	0,5	2	4,5

   a) Entscheide und begründe, in welchen Fällen keine Potenzfunktion $y = x^n$ mit $n \in \mathbb{N}$ vorliegen kann.
   b) Ordne den übrigen Wertetabellen eine Funktionsgleichungen $y = x^n$ mit $n \in \mathbb{N}$ zu.

7. Beim freien Fall werden ungefähr folgende Geschwindigkeiten und Fallwege erreicht:

Fallzeit in Sekunden	0	1	2	3	4	5	...
Fallgeschwindigkeit in $\frac{m}{s}$	0	10	20	30	40	50	...
Fallweg in Meter	0	5	20	45	80	125	...

   a) Erläutere, wie die Fallgeschwindigkeiten wachsen. Gib eine Gleichung zur Berechnung der Fallgeschwindigkeit an.
   b) Berechne die Fallgeschwindigkeiten nach 10 Sekunden, nach 20 Sekunden, nach 30 Sekunden bzw. nach n Sekunden.
   c) Erläutere, wie sich die Fallwege ändern.
   d) Berechne den Fallweg nach 10 s, nach 20 s, nach 30 s bzw. nach n Sekunden.

3.2 Einfluss von Parametern auf Eigenschaften von Potenzfunktionen

Wichtige Funktionenklasssen, wie z. B. lineare Funktionen, quadratische Funktionen, Potenzfunktionen und Exponentialfunktionen werden durch charakteristische Eigenschaften beschrieben. Solche Eigenschaften sind u. a. der Definitions- und Wertebereich, das Monotonie- und Symmetrieverhalten und die Nullstellen sowie wichtige Punkte der Funktionsgraphen.

Probiere es selbst:

1. Skizziere den Funktionsgraphen $y = \frac{4}{3} \cdot x - 1{,}5$ im Intervall $-1{,}5 \leq x \leq 4{,}5$. Gib Definitionsbereich, Wertebereich und Nullstellen an. Äußere dich zum Monotonieverhalten. Welche Funktionsgleichungen haben die an der x-Achse gespiegelten Funktionsgraphen?

2. Stelle die Funktion $y = f(x) = \frac{1}{2} \cdot (x - 3)^2 + 1$ grafisch dar. Beschreibe, wie der Graph von f aus dem Graphen der Funktion $y = x^2$ hervorgeht.

Bei linearen Funktionen $y = f(x) = m \cdot x + n$ und quadratischen Funktionen $y = f(x) = a \cdot (x + d)^2 + e$ beeinflussen die Parameter m und n bzw. a, d und e den Verlauf der Graphen.
Als Vergleichsgraphen dienen bei diesen Funktionenklassen die Grundformen $y = x$ und $y = x^2$.
Quadratische Funktionen $y = f(x) = a \cdot (x + d)^2 + e$ sind Spezialfälle von Potenzfunktionen $y = f(x) = a \cdot (x + d)^r + e$. Es kann vermutet werden, dass der Einfluss der Parameter a, d und e auch für Potenzfunktionen gilt:

Probiere es selbst:

Experimentiere mit deinem CAS-Rechner:

1. Untersuche den Einfluss des Parameters $a > 0$ auf den Verlauf der Funktionsgraphen $y = f(x) = a \cdot x^3$.

2. Ersetze die Funktion $y = f(x) = a \cdot x^3$ durch andere Potenzfunktionen der Form $y = f(x) = a \cdot x^r$ mit $x \in \mathbb{R}$ und führe analoge Untersuchungen durch. Prüfe auch, was passiert, wenn $a < 0$ ist.

3. Untersuche den Einfluss des Parameters e auf den Verlauf der Funktionsgraphen $y = f(x) = a \cdot x^r + e$.

4. Untersuche den Einfluss des Parameters d auf den Verlauf der Funktionsgraphen $y = f(x) = (x + d)^r$.

Gleichung	Wirkung des Parameters auf den Funktionsgraphen
$y = f(x) = a \cdot x^r$	$\|a\| > 1$ Streckung des Funktionsgraphen $y = x^r$ in x-Richtung $\|a\| < 1$ Stauchung des Funktionsgraphen $y = x^r$ in x-Richtung $a < 0$ Spiegelung des Funktionsgraphen $y = x^r$ an der x-Achse
$y = f(x) = x^r + e$	Verschiebung des Funktionsgraphen $y = x^r$ um e Einheiten in y-Richtung
$y = f(x) = (x + d)^r$	Verschiebung des Funktionsgraphen $y = x^r$ um $-d$ Einheiten in x-Richtung

Einfluss von Parametern auf Eigenschaften von Potenzfunktionen

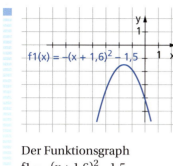

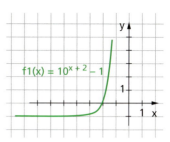

Der Funktionsgraph
$f1 = -(x + 1{,}6)^2 - 1{,}5$
geht aus dem Graphen
von $y = x^2$ hervor durch:

- Verschieben um 1,6 Einheiten nach links
- Spiegeln an der x-Achse
- Verschieben um 1,5 Einheiten nach unten

Der Funktionsgraph
$f1 = 2 \cdot (x - 4)^4 + 1{,}5$
geht aus dem Graphen
von $y = x^4$ hervor durch:

- Verschieben um 4 Einheiten nach rechts
- Strecken mit Faktor 2
- Verschieben um 1,5 Einheiten nach oben

Der Funktionsgraph
$f1 = 10^{x+2} - 1$
geht aus dem Graphen
von $y = 10^x$ hervor durch:

- Verschieben um 2 Einheiten nach links
- Verschieben um 1 Einheit nach unten

Probiere es selbst:

Stelle die Funktionen $y = f(x) = (x + 3)^5 + 2$ und $y = g(x) = \dfrac{1}{(x-4)^2} - 3$ grafisch dar.

a) Berechne jeweils die fehlenden x-Werte bzw. die fehlenden y-Werte:
   $f_1(-3)$; $f_2(0)$; $f_3(x) = 34$; $g_1(3)$; $g_2(0)$; $g_3(x) = -2{,}75$

b) Bestimme auch die Nullstelle der beiden Funktionen.

Erste Schritte

1. Ermittle die Nullstellen folgender Funktionen:

   a) $y = (x + 4)^4 - 1$ b) $y = (x - 3)^3 - 2$ c) $y = (x - 1)^3 + 4$

   d) $y = x^{-1} + 3$ e) $y = x^{-2} - 3$ f) $y = \tfrac{1}{4}x^3 - 2$

   g) $y = \tfrac{2}{x^2} - 0{,}5$ h) $y = 3 \cdot 2^x + 3$ i) $y = 0{,}5 \cdot 10^x - 2$

2. Stelle die folgenden Funktionen grafisch dar und ermittle deren Nullstellen:

   a) $y = (x - 4)^4 - 2$ b) $y = \dfrac{1}{(x-1)^2} - 3$ c) $y = 10^{(x+4)} - 5$

   d) $y = (x + 4)^3 + 1$ e) $y = \dfrac{2}{(x+1)^3} + 2$ f) $y = 2 \cdot \sqrt{x - 3} + 1$

3. Gib die Definitionsbereiche und die Wertebereiche folgender Funktionen an:

   a) $y = -x^3 + 0{,}5$ b) $y = 2 \cdot x^4 - 3$ c) $y = \dfrac{1}{(x-2)^3}$

   d) $y = -(x + 2)^6 - 3$ e) $y = -2 \cdot x^2 + 1{,}5$ f) $y = -0{,}5 \cdot \sqrt{x + 1} - 2$

Potenz- und Exponentialfunktionen

Weiterführende Aufgaben

1. Der Graph einer Potenzfunktion 4. Grades wird so entlang der y-Achse so verschoben, dass sie die Nullstellen $x_1 = 1$ und $x_2 = -1$ hat. Bestimme die Funktionsgleichung.

2. Gegeben ist für k > 0 die Funktionenschar f_k mit $f_k(x) = \frac{1}{k^2} \cdot (x^{-2} - k)$
   a) Stelle mit deinem CAS-Rechner die Graphen der Schar für k = 1; 2; 3 und 4 dar.
   b) Beschreibe Gemeinsamkeiten und Unterschiede der Graphen.
   c) Erkläre, was eine Vergrößerung des Parameters k bewirkt.
   d) Berechne die Schnittpunkte der Graphen mit der x-Achse.

3. Gib jeweils eine Funktionsgleichung an, die den Sachverhalt beschreibt:
   a) Eine Potenzfunktion 3. Grades wird an der x-Achse gespiegelt und danach um 3 Einheiten in y-Richtung nach oben verschoben.
   b) Die quadratische Funktion $y = x^2$ wird mit dem Faktor 2 gestreckt, dann an der y-Achse gespiegelt und danach um 1,5 Einheiten in y-Richtung nach unten verschoben.
   c) Die Potenzfunktion mit dem Grad n = –4 wird um 0,5 gestaucht, um 2 Einheiten in x-Richtung nach rechts und um 4 Einheiten in y-Richtung nach oben verschoben.

4. Beschreibe, durch welche Bewegungen folgende Graphen aus $y = 3^x$ hervorgegangen sind:
   a) $y = 3^{x+4}$ b) $y = -3^{x-2}$ c) $y = -3^x + 2$ d) $y = 3^{-x}$ e) $y = 0,25 \cdot 3^x + 6$

5. Entscheide und begründe, welche der folgenden Aussagen wahr bzw. falsch sind. Berichtige die Fehler bzw. schreibe exakter, wenn es notwendig ist.
   a) Die Funktion $f(x) = \frac{1}{x}$ ist im gesamten Definitionsbereich monoton wachsend.
   b) Die Funktion $g(x) = x^{-6}$ ist monoton wachsend für alle $x \in \mathbb{R}$.
   c) Die Funktion $h(x) = (x-2)^3 - 1$ hat bei S(–1 | 2) ihren Scheitelpunkt und in $x_0 = 3$ ihre Nullstelle.

6. Gegeben sind zwei Funktionen $y = f(x) = 0,5 \cdot (x+1)^2 - 2$ und $y = g(x) = -0,5 \cdot (x-3)^2 + d$.
   a) Berechne, an welchen Punkten f die x-Achse und die y-Achse schneidet.
   b) Berechne alle Achsenschnittpunkte von g in Abhängigkeit von d.
   c) Entscheide und begründe, für welche Werte d beide Funktionsgraphen f und g zwei Schnittpunkte haben.

7. Die Stärke des elektrischen Feldes E wird in verschiedenen Abständen r um einen Punkt gemessen. Die Tabelle enthält die Messwerte:

Abstand r in m	0,1	0,2	0,3	0,4	0,5	1,0	2,0
Feldstärke E in $\frac{V}{m}$	100 000	25 000	11 000	6 250	4 000	1 000	250

   a) Stelle die Abhängigkeit der Feldstärke E vom Abstand r grafisch dar.
   b) Gib eine Gleichung der Form $y = a \cdot x^n$ mit $x \in \mathbb{Z}$ an, die den Zusammenhang beschreibt.

3.3 Exponentialfunktionen und Wachstumsprozesse

Exponentialfunktionen

Einem Patienten werden 40 mg eines Medikamentes verabreicht. Das Medikament wird im Körper abgebaut.
Es gilt: $m(t) = 40 \cdot 0{,}75^t$ $\quad$ m(t): Masse zum Zeitpunkt t
$\quad\quad\quad\quad\quad\quad\quad\quad\quad\quad$ t: $\quad$ Zeit in Sunden

a) Skizziere den zeitlichen Verlauf dieses Vorgangs.
b) Untersuche, welche Bedeutung die Zahl 0,75 in der Formel besitzt.

Bei Funktionen legt die Rechenoperation mit den x-Werten fest, welche Bezeichnung die Funktion bekommt. In der Gleichung $y = f(x) = x^n$ befinden sich die x-Werte in der Basis einer Potenz, es ist eine Potenzfunktion. Die x-Werte können sich auch im Exponenten einer Potenz befinden.

> Funktionen mit Gleichungen der Form $y = f(x) = a \cdot b^x$ ($a \neq 0$; $b > 0$; $b \neq 1$; $a, b \in \mathbb{R}$) heißen **Exponentialfunktionen**.

Die Größe der Basis b beeinflusst die Eigenschaften der Exponentialfunktion. Für $a = 1$ gilt:

Gleichung	$y = f(x) = b^x$ ($b > 1$)	$y = f(x) = b^x$ ($0 < b < 1$)
Beispiele	$y = 2^x$; $y = 3^x$	$y = \left(\frac{1}{2}\right)^x = 2^{-x}$; $y = \left(\frac{1}{3}\right)^x = 3^{-x}$
Graph	Graph von $y = 3^x$ und $y = 2^x$	Graph von $y = \left(\frac{1}{3}\right)^x$ und $y = \left(\frac{1}{2}\right)^x$
Definitionsbereich D	$x \in \mathbb{R}$	$x \in \mathbb{R}$
Wertebereich W	$y \in \mathbb{R}$, $y > 0$	$y \in \mathbb{R}$, $y > 0$
Einfluss von b	Je größer b, umso dichter liegt die Kurve an der y-Achse bzw. an der x-Achse.	Je kleiner b, umso dichter liegt die Kurve an der y-Achse bzw. an der x-Achse.
Besondere Punkte	$(0\|1)$, $(1\|b)$, $\left(-1\|\frac{1}{b}\right)$	$(0\|1)$, $(1\|b)$, $\left(-1\|\frac{1}{b}\right)$
Monotonieverhalten	für alle x steigend	für alle x fallend
Symmetrieverhalten	keine Symmetrie	keine Symmetrie
Nullstelle	keine	keine
Asymptoten	x-Achse für $x \to -\infty$	x-Achse für $x \to +\infty$

Potenz- und Exponentialfunktionen

Die Parameter a, d und e haben den gleichen Einfluss auf den Verlauf der Graphen von Exponentialfunktionen $y = f(x) = a \cdot b^{x+d} + e$ wie bei den Potenzfunktionen (vgl. Seite 64).

Probiere es selbst:

Beschreibe, wie der Funktionsgraph $y = f(x) = 1{,}5 \cdot 2^{x+1} - 3$ aus dem Funktionsgraphen $y = g(x) = 2^x$ hervorgeht.

Der Graph einer Exponentialfunktion $y = f(x) = a \cdot b^x$ ist durch zwei Punkte eindeutig bestimmt.

Bestimme die Gleichung der Exponentialfunktion $y = f(x) = a \cdot b^x$ deren Graph die Punkte $P\left(2 \mid \frac{45}{2}\right)$ und $Q(0 \mid 10)$ enthält.

$10 = a \cdot b^0$	Koordinaten von Q eingesetzt.
$a = 10$	$b^0 = 1\ (b \neq 0)$
$\frac{45}{2} = 10 \cdot b^2$	Koordinaten von P und $a = 10$ eingesetzt.
$b = \pm \frac{3}{2}$	nach b umgestellt.
$b = \frac{3}{2}$	$-\frac{3}{2}$ entfällt, da $b > 0$.

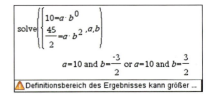

Probiere es selbst:

Entscheide und begründe, welche der Punkte A(–2 | 0,25), B(–5 | 0,03125), C(–3 | 0,225), D(6 | 128), E(8 | 256), F(10 | 1 024) zur Funktion $y = 2^x$ gehören.

Lineares und exponentielles Wachstum

Bei Wachstumsprozessen nimmt eine Größe in gleichen Zeitabständen zu oder ab.
Lineares Wachstum (lineare Abnahme) liegt vor, wenn einer Größe in gleich großen Zeitabständen immer *um den gleichen Wert* zunimmt (abnimmt).
Solche Prozesse können mit linearen Funktionen beschrieben werden.

> **Lineares Wachstum (lineare Abnahme)** einer Größe y in der Zeit t wird durch die Gleichung $y = f(t) = m \cdot t + a$ ($a, m \in \mathbb{R}$; $m > 0$) beschrieben. Dabei ist a der Anfangswert (Schnittpunkt mit der y-Achse) und m der Zuwachs pro Zeiteinheit.

Wenn t um eine Zeiteinheit wächst, wächst y um m.
Für $m > 0$ liegt Wachstum, für $m < 0$ eine Abnahme vor.

Exponentielles Wachstum (exponentielle Abnahme) liegt vor, wenn einer Größe in gleich großen Zeitabständen immer *um den gleichen Wachstumsfaktor* zunimmt (abnimmt). Solche Prozesse können mit Exponentialfunktionen beschrieben werden.

> **Exponentielles Wachstum (exponentielle Abnahme)** einer Größe y in der Zeit t wird durch die Gleichung $y = f(t) = a \cdot b^t$ ($a, b \in \mathbb{R}$; $a > 0$; $b > 0$) beschrieben. Dabei ist a der Anfangswert und b ist der Wachstumsfaktor pro Zeiteinheit.

Exponentialfunktionen und Wachstumsprozesse

Wenn t um eine Zeiteinheit wächst, vervielfacht sich y um den Faktor b.
Für b > 1 liegt Wachstum, für b < 1 eine Abnahme vor.

■ Leas Taschengeldzahlungen sollen für die nächsten acht Monate besonders geregelt werden.
Variante 1: Sie bekommt ab sofort 20 € und dann an jedem Monatsersten 2 € mehr.
Variante 2: Sie bekommt ab sofort 1 € und an jedem Monatsersten verdoppelt sich der Betrag.

lineares Wachstum (Variante 1)
y = 20 € + 2 € · t

Monat	0	1	2	3	4	5	6
Betrag	20	22	24	26	28	30	32

exponentielles Wachstum (Variante 2)
y = 1 € · 2^t

Monat	0	1	2	3	4	5	6
Betrag	1	2	4	8	16	32	64

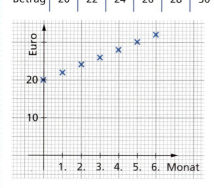

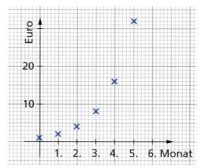

Es sind insgesamt 182 €.

Es sind insgesamt 127 €.

Probiere es selbst:

Die Taschengeldzahlung soll für das gesamte Folgejahr gelten.
a) Berechne, wie viel Euro Lea bei jeder Variante im 8. und im 10. Monat bekommen würde.
b) Wie viel Euro wären es bei jeder Variante für das gesamte Folgejahr.
c) Entscheide und begründe, bis zu welchem Monat Variante 1 und bis zu welchem Monat Variante 2 für Lea die günstigere Variante ist.

Erste Schritte

1. Zeichne die Funktionsgraphen in ein gemeinsames Koordinatensystem und beschreibe die Eigenschaften der Graphen.
   a) $f_1(x) = 2^x$; $f_2(x) = 4^x$; $f_3(x) = 5^x$
   b) $f_1(x) = 0{,}5^x$; $f_2(x) = 0{,}25^x$; $f_3(x) = 0{,}2^x$

2. Vergleiche die Funktionsgraphen miteinander. Erläutere ihre Symmetrieeigenschaften.
   a) $f_1(x) = 3^x$ und $f_2(x) = \left(\frac{1}{3}\right)^x$
   b) $f_1(x) = \left(\frac{4}{3}\right)^x$ und $f_2(x) = \left(\frac{3}{4}\right)^x$

3. Überprüfe, ob die Punkte P zur Exponentialfunktion $y = a^x$ gehören.
   a) P(5|243); $y = 3^x$
   b) P(-2|6,25); $y = 0{,}4^x$
   c) P(-3|0,01); $y = 10^x$
   d) P(0|5); $y = 2 \cdot 1{,}5^x + 3$
   e) P(1|15); $y = 20 \cdot 2^{x-1} - 5$
   f) P(-0,5|4); $y = 2 \cdot 4^x + 1$

Weiterführende Aufgaben

1. Welche der folgenden Gleichungen beschreiben die gleiche Funktion:
   A: $y = \left(\frac{2}{3}\right)^x$ B: $y = \frac{2}{3^x}$ C: $y = \left(\frac{3}{2}\right)^{-x}$ D: $y = \frac{2^x}{3^x}$ E: $y = \frac{2^x}{3}$ F: $y = 2 \cdot 3^{-x}$

2. Bestimme die Exponentialfunktion $y = b^x$, die durch den angegebenen Punkt verläuft.
   a) P(1|6)   b) P(2|9)   c) P(0,5|3)   d) P(−2|16)   e) P(0|1)   f) P(−3|0,125)

3. Bestimme die fehlende Koordinate eines Punktes auf dem Graphen der Funktion $y = 0{,}25^x$.
   a) A(■|1)   b) B(4|■)   c) C(■|4)   d) D(■|$\frac{1}{64}$)   e) E(■|0,5)   f) F(■|$\sqrt{2}$)

4. Welche der folgenden Gleichungen beschreiben die gleiche Funktion:
   a) $f_1(x) = 4 \cdot \left(\frac{1}{3}\right)^x$ b) $f_2(x) = \left(\frac{4}{3}\right)^x$ c) $f_3(x) = \frac{4}{3^x}$ d) $f_4(x) = \frac{4 \cdot 1}{3^x}$
   e) $f_5(x) = -\frac{1}{4^x}$ f) $f_6(x) = \left(-\frac{1}{4}\right)^x$ g) $f_7(x) = -1 \cdot \left(\frac{1}{4}\right)^x$ h) $f_8(x) = -\left(\frac{1}{4}\right)^x$

5. Gegeben seien die Funktionen mit den Gleichungen $f_1(x) = 2^x$; $f_2(x) = 0{,}2^x$ und $f_3(x) = \left(\frac{1}{2}\right)^x$.
   a) Zeichne die drei Funktionsgraphen in ein gemeinsames Koordinatensystem.
   b) Durch welche Bewegungen können f_2 und f_3 aus dem Graphen f_1 erzeugt werden?

6. Skizziere die Graphen der Funktionen $f_1(x) = 3^x$, $f_2(x) = 0{,}25^x$, $f_3(x) = 2^x$ und $f_4(x) = 4^x$.

7. Beschreibe, wie die Funktionsgraphen aus dem Graphen der Funktion $y = f(x) = a^x$ entstehen. Löse zunächst ohne CAS-Rechner, kontrolliere dann die Ergebnisse mit deinem CAS-Rechner.
   a) $y = a^{x+1}$ b) $y = a^x + 1$ c) $y = a^{x-2} - 1$ d) $y = -a^x$
   e) $y = a^{3x}$ f) $y = 3 \cdot a^x$ g) $y = a^{|x|}$ h) $y = |a^x|$

8. Ermittle folgende Grenzwerte: a) $\lim\limits_{x \to \infty} 2^{-x}$ b) $\lim\limits_{x \to -\infty} (3{,}4 \cdot 2^x + 1)$ c) $\lim\limits_{x \to \infty} (0{,}1^{2x} - 3)$

9. Der Funktionsgraph $y = 1{,}5^x$ wird schrittweise geändert. Gib eine neue Funktionsgleichung nach jedem Schritt an. Entscheide, welche Gerade Asymptote nach dem 4. Schritt ist.
   1. Verschieben um 2 Einheiten nach rechts   2. Strecken mit dem Streckungsfaktor 0,5
   3. Verschieben um 1 Einheit nach unten   4. Spiegeln an der y-Achse

10. Der Algenbelag eines Teiches wächst exponentiell. Vorgestern wurden 5 m² und heute 8 m² Algenbelag geschätzt. Wie viele Quadratmeter sind heute in einer Woche mit Algen bedeckt?

11. Beschreibe jeweils durch eine Exponentialfunktion. Gib auch die inhaltliche Bedeutung der Größen x und y einschließlich der verwendeten Einheiten an.
    a) Eine Bakterienkultur verdoppelt sich stündlich. Zum Zeitpunkt t = 0 gab es 5 Bakterien.
    b) 200 € werden mit einem Zinssatz von 3 % für 8 Jahre angelegt.

12. Penizillinspritzen sind hochwirksam bei der Bekämpfung von Infektionskrankheiten.
    Bestimme die Anzahl der Pilze, die aus 5 Pilzen entstehen, wenn sie sich täglich verdoppeln.
    a) nach einem Tag   b) nach einer Woche   c) nach einem Monat

Methoden

Tabellenkalkulationen als Hilfsmittel beim Lösen von Aufgaben

Chris hat kurz nach seiner Geburt von ihren Großeltern ein Sparbuch mit einem Startkapital von 500 € bekommen. Das jeweils aktuelle Guthaben wird jährlich mit 2,5 % verzinst. Am Anfang eines jeden weiteren Jahres wird bis zum 18. Geburtstag von Chris immer ein Betrag von 300 € auf das Sparbuch eingezahlt, ohne dass ein Geldbetrag abgehoben wird.

Stelle die Entwicklung des Guthabens mit Zinseszins sowohl tabellarisch als auch grafisch dar. Das neue Guthaben G_{n+1} ergibt sich aus der Verzinsung des alten Guthabens G_n zuzüglich einer Einzahlung E von 300 €. Für den Startwert $G_0 = 500$ €, einem Zinssatz p = 2,5 % und einer Einzahlung E = 300 € gilt: $\mathbf{G_{n+1} = G_n \cdot \left(1 + \frac{p}{100}\right) + E = 1{,}025 \cdot G_n + 300}$ € mit $G_0 = 500$ €

In der Applikation „*Lists&Spreadsheet*" sind folgende Eintragungen vorzunehmen:

- Tabellenkopf Spalte A: **jahr** (als Listennamen)
- Tabellenkopf Spalte B: **guthaben** (als Listennamen)
- Zelle A1: **0**
- Zelle B1: **500**
- Zelle A2: **=a1 + 1**
- Zelle B2: **=b1 · 1,025 + 300**

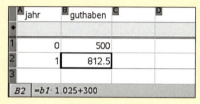

- Mit der Taste ⇧shift die Zellen A2 und B2 markieren.
- Durch „*Menü – Daten – Füllen*" einen Rahmen um diese Zellen erzeugen.
- Mit der Cursortaste ▼ diesen Rahmen nach unten bis zu den Zellen A19 und B19 erweitern und mit der Taste enter abschließen.

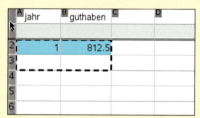

- Mit Drücken der Taste enter im vorigen Schritt werden automatisch die Befehle aus den Zellen A2 und B2 als Relativadressen in die eingerahmten Zellen übertragen und die Tabelle wird automatisch ausgefüllt. Beispielsweise wird dann in die Zelle A3 die Anweisung = a2 + 1 und in der Zelle B3 die Anweisung = b2 · 1,025 + 300 eingetragen und ausgeführt. Die Zellbezüge werden also automatisch an die Zellnummern angepasst.

- Mit ctrl doc▼ eine neue Seite einfügen und „*Data&Statistics*" wählen.
- Auf der horizontalen Achse die Variable **jahr** und auf der vertikalen Achse die Variable **guthaben** wählen.
- Der Zusammenhang **jahr → guthaben** wird automatisch als Diagramm veranschaulicht. Die Fenstereinteilung erfolgt ebenfalls automatisch.
- Die Farbe des Graphen lässt sich mit ctrl menu verändern.
- Am Cursor werden die zugehörigen Koordinaten eines Diagrammpunktes angezeigt.

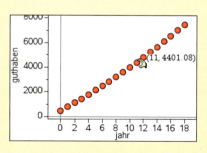

3.4 Probleme modellieren und lösen

Prozentuale Wachstumsraten

In gleichen Zeitabständen um gleiche Prozentsätze wachsende Größen wachsen exponentiell.

- Opa Gerd legt für seinen Enkel 1000 € für drei Jahre mit einem jährlichen Zinssatz von 5 % fest an. Die Zinsen werden dem Konto jährlich gutgeschrieben und dann mit verzinst.

    Anfangswert: 1000 €
    nach dem 1. Jahr: 1000 € + 0,05 · 1000 € = 1000 € · (1 + 0,05) = 1000 € · 1,05 = 1050 €
    nach dem 2. Jahr: 1000 € · 1,05 + 0,05 · 1000 € · 1,05 = 1000 € · 1,05 · (1 + 0,05) = 1000 € · $1,05^2$
    nach dem 3. Jahr: 1000 € · $1,05^2$ + 0,05 · 1000 € · $1,05^2$ = 1000 € · $1,05^2$ · (1 + 0,05) = 1000 € · $1,05^3$

    Der Kontostand beträgt nach dem 3. Jahr 1000 € · $1,05^3$ = 1158 €.

    Dem prozentualen Wachstum um 5 % entspricht ein exponentielles Wachstum mit dem Wachstumsfaktor 1 + 0,05 = 1,05.

> Wächst eine Größe y vom Anfangswert a aus pro Zeiteinheit jeweils um p %, so wächst sie exponentiell nach der Gleichung $y = f(t) = a \cdot \left(1 + \frac{p}{100}\right)^t$ mit a > 0.

Analog zum exponentiellen Wachstum kann die exponentielle Abnahme durch einen Faktor oder durch eine prozentuale Rate beschrieben werden.

Häufig nennt man den Abnahmefaktor auch **Zerfallsfaktor** und die Rate **Zerfallsrate.**

> Fällt eine Größe y vom Anfangswert a aus pro Zeiteinheit jeweils um p %, so fällt sie exponentiell nach der Gleichung $y = f(t) = a \cdot \left(1 - \frac{p}{100}\right)^t$ mit a > 0.

Berechnen von Wachstumsfaktoren bzw. der Wachstumsraten

- Der Vater von Lars hat vor 10 Jahren Aktien im Wert von 5000 € erworben, die heute 10794,60 € wert sind. Berechne die durchschnittliche jährliche Wachstumsrate.

    Gesucht: p (in %) *Gegeben:* a = 5000; t = 10
    y = f(10) = 10794,60

    Lösung: $y = a \cdot \left(1 + \frac{p}{100}\right)^t$ *CAS-Lösung:*

    $10794{,}60 = 5000 \cdot \left(1 + \frac{p}{100}\right)^{10}$ | : 5000

    $2{,}15892 = \left(1 + \frac{p}{100}\right)^{10}$

    $1 + \frac{p}{100} = \sqrt[10]{2{,}15892} \approx 1{,}08$ | − 1

    $\frac{p}{100} = 0{,}08 = 8\%$

    $\text{solve}\left(10794.6 = 5000 \cdot \left(1 + \frac{p}{100}\right)^{10}, p\right)$
    p = −208. or p = 7.99998

    Antwort: Der Wert der Aktien wuchs im Durchschnitt jährlich um 8 %.

Berechnen von Zeiten

Einem Patienten wurden 100 mg eines Mittels injiziert, das die Fahrtauglichkeit beeinflusst. Stündlich wird das Mittel um 15 % abgebaut. Die Fahrtauglichkeit ist wieder gegeben, wenn nur noch 20 mg im Körper sind. Beurteile, wann die Fahrtauglichkeit wieder hergestellt ist.

Gesucht: t (in h) mit y(t) = 20   *Gegeben:* a = 100; p = 15 % pro h

Lösung: $y = a \cdot (1 - \frac{p}{100})^t$

$20 = 100(1 - 0{,}15)^t \quad | \quad :100$

$\boxed{\text{solve}\left(20 = 100 \cdot \left(1 - \frac{15}{100}\right)^t, t\right) \qquad t = 9{,}90308}$

Antwort: Nach etwa 10 h ist der Patient wieder fahrtauglich.

Probiere es selbst:

Ein Patient bekommt eine Injektion mit 10 ml radioaktivem Jod mit einer Halbwertszeit von etwa 30 min. Entscheide, wie lange es dauert, bis 0,5 ml im Körper des Patienten enthalten sind.

Weiterführende Aufgaben

1. Entscheide und begründe, ob lineares oder exponentielles Wachstum vorliegt.

	Zeit t in h	0	1	2	3	4	5
a)	Masse m in g	30	48	76,8	122,88	196,6	314,573
b)	Länge l in cm	25	28,5	32	35,5	39	42,5
c)	Fläche A in cm²	2	2,2	2,42	2,662	2,9282	3,221

2. Berechne die Ausgangsgröße.
   a) Die Anzahl verringert sich täglich um 2. Nach 3 Wochen sind es nur noch 40.
   b) Die Dosis verringert sich täglich um 2 %. Nach 3 Wochen beträgt sie 20 ml.

3. Eltern legen für ihr neugeborenes Kind 3000 € mit einem Zinssatz von 3 % fest an.
   a) Auf welche Summe ist das Guthaben angewachsen, wenn das Kind 14 bzw. 27 Jahre alt ist?
   b) Wie lange muss das Geld auf dem Konto bleiben, wenn es sich verdoppeln soll?

4. Beim Durchgang radioaktiver Strahlen durch Betonplatten nimmt die Intensität exponentiell mit ihrer Dicke ab. Bei einer 1 m dicken Platte sinkt die Intensität auf 10 % des ursprünglichen Wertes. Bei welcher Dicke würde sich die Intensität auf 1 % (auf die Hälfte) reduzieren?

5. Ein Patient bekommt eine Injektion mit 10 mg eines Antibiotikums. Im Laufe eines Tages werden 30 % des Medikamentes abgebaut.
   a) Wie viel Milligramm des Medikamentes sind am 2., am 3. bzw. am 10. Tag nach der Injektion noch im Körper vorhanden?
   b) Wenn im Körper nur noch 0,1 mg vorhanden ist, wird dieser Rest ausgeschieden. Wann ist dieser Zeitpunkt erreicht?

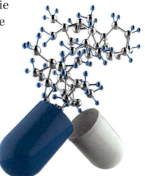

3.5 Gemischte Aufgaben

1. Zeichne die Graphen $f_1(x) = 2x$; $f_2(x) = x^2$; $f_3(x) = 2^x$ für $x \geq 0$ in ein Koordinatensystem:
   a) Vergleiche die Graphen miteinander.
   b) Lies die Schnittpunkte der Graphen ab und kontrolliere sie durch Rechnung.

2. Zeichne die Funktionsgraphen in ein gemeinsames Koordinatensystem.
   Gib ihre Definitionsbereiche, Wertebereiche und Nullstellen an.
   a) $f_1(x) = (x - 4)^4 - 1$ b) $f_2(x) = (x + 3)^3 + 1$ c) $f_3(x) = -0{,}5x^6$

3. Entscheide und begründe, welche der folgenden Aussagen falsch sind. Berichtige die Fehler.
   a) Die Funktion $y = 3x^{-2}$ ist im gesamten Definitionsbereich streng monoton wachsend.
   b) Die Funktion $y = (x - 6)^4 - 5$ hat ihren Scheitelpunkt bei $S(6\,|\,5)$. Sie hat eine Nullstelle.

4. Ermittle die Lösungen näherungsweise grafisch. Fasse dazu die Seiten der Gleichung als Funktionsterme auf. Zeichne die Graphen. Kontrolliere mit deinem CAS-Rechner.
   a) $2x = 2^x$ b) $2^x = 0{,}5x + 3$ c) $x = 3^x$

5. Ein Geldbetrag wurde vor fünf Jahren mit einem Zinssatz von 4 % angelegt. Derzeit beläuft sich das Kapital auf 14 599,80 €.
   a) Gib eine Exponentialfunktion an, die die Entwicklung des Kapitals beschreibt.
   b) Berechne die Beträge, die vor einem, zwei, drei, vier bzw. fünf Jahren auf dem Konto waren.
   c) Wie entwickelt sich das Kapital, wenn es weitere fünf Jahre bei gleichen Konditionen auf dem Konto verbleibt?

6. Für ihren Hausbau nimmt Familie Klemm ein Darlehen von 100 000 € mit einer Laufzeit von 10 Jahren und einem festen Zinssatz von 7 % p. a. auf. Sie zahlen die jährlichen Zinsen in Monatsraten zuzüglich 5 % des jeweiligen Restwertes des Darlehens als Abzahlung.

   a) Berechne die Monatsraten im 1. Jahr (im 5. Jahr, im 10. Jahr).
   b) Berechne die Summe, die nach zehn Jahren noch vom Darlehen übrig ist.
   c) Entscheide und begründe, was sich bei der Abzahlung ändern würde, wenn Familie Klemm zehn Jahre lang monatlich 1000 € einzahlen würde?

7. Aus einem zylindrischen Gefäß fließt die Flüssigkeit durch eine kleine Ausflussöffnung. In Abhängigkeit von der Zeit wurde die Höhe des Wasserstands gemessen.
   a) Ermittle eine Gleichung zur Berechnung der Höhe des Wasserstandes.
   b) Berechne, wie hoch das Wasser nach 40 s steht.
   c) Gib an, wann Höhe des Wassers geringer als 1 mm ist.
   d) Entscheide und begründe, wann ist das Gefäß leer ist.
   e) Entwickle eine Grafik, aus der das abgeflossene Flüssigkeitsvolumen zu einem beliebigen Zeitpunkt abgelesen werden kann.

Zeit in Sekunden	Höhe in Millimeter
0	180
5	135
10	100
15	75
20	55

Gemischte Aufgaben

8. Ein Kuchen, der in der 20 °C warmen Küche aus dem Backofen genommen wird, hat eine Oberflächentemperatur von 160 °C. In jeder Minute kühlt sich die Oberfläche des Kuchens so ab, dass der Temperaturunterschied von anfangs 140° um 10 % sinkt.
   a) Wie warm ist der Kuchen an der Oberfläche nach 1 min, nach 10 min bzw. nach 1 h?
   b) Ronny kommt von der Schule und sieht den frisch gebackenen Kuchen. Kann er von der Temperatur des Kuchens, die gerade 37 °C beträgt, auf den Zeitpunkt des Herausnehmens des Kuchens aus dem Ofen schließen? Suche auch eine allgemeine Lösung auf diese Frage.

9. Das Diagramm zeigt, wie schnell sich eine Brausetablette in einem Glas Wasser auflöst, wenn man nicht umrührt.
   a) Lies ab, zu welchem Zeitpunkt sich die Hälfte der Brausetablette aufgelöst hat.
   b) Gib den Anteil der Brausetablette an, der sich in der ersten Minute aufgelöst hat.
   c) Entscheide und begründe, ob du das Auflösen der Brausetablette mit einer exponentiellen Abnahme beschreiben würdest.

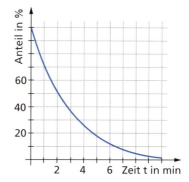

10. Seit die D-Mark 1948 eingeführt wurde, hat sie jährlich ca. 2,6 % ihrer Kaufkraft verloren.
    a) Berechne, welchen Prozentsatz des anfänglichen Wertes ihrer Kaufkraft erreichte die D-Mark im Jahr der deutschen Einheit bzw. bei Einführung des Euro?
    b) In welchen Jahren sank die Kaufkraft unter 50 % bzw. 25 % ihres ursprünglichen Wertes?

11. Von den 6,3 Milliarden Menschen im Jahre 2000 lebten 30 % in reicheren und 70 % in ärmeren Ländern. Nach Prognosen bis zum Jahr 2020 rechnet man mit einer jährlichen Wachstumsrate der Bevölkerung von 0,35 % in den reicheren und 1,75 % in den ärmeren Ländern.
    a) Berechne die Bevölkerungszahlen in den ärmeren und reicheren Ländern in den Jahren 2000 und 2020.
    b) Leben auch 2020 noch 70 % der Weltbevölkerung in den ärmeren Ländern?
    c) 1980 lebten 4,354 Milliarden Menschen auf der Erde und die jährliche Bevölkerungszunahme wurde mit 1,73 % vorhergesagt. Vergleiche die Prognose mit der tatsächlichen Bevölkerungszahl im Jahre 2000.

12. Dringt Licht ins Wasser ein, so nimmt die Lichtintensität je Meter Wassertiefe um etwa 12 % ab. Über der Wasseroberfläche beträgt die Lichtintensität 100 %.
    a) Mandy taucht 5 m tief. Ermittle, auf wie viel Prozent die Lichtintensität in dieser Tiefe gesunken ist.
    b) Wie viel Meter befindet sich ein Sporttaucher unter der Wasseroberfläche, wenn die Lichtintensität in dieser Tiefe 2 % des Ausgangswertes beträgt.
    c) In verschmutztem Meerwasser ist die Lichtintensität schon in 3 m Tiefe auf 25 % abgesunken. Berechne den Abnahmefaktor pro Meter Wassertiefe.

Mosaik

Zinsen und Zinseszinsen

Zahlungsverpflichtungen werden häufig im Giroverkehr beglichen. Für Girokonten gibt es oft, im Gegensatz zu Sparkonten, keine Zinsgutschriften. Bei Sparguthaben werden Habenzinsen und Kreditzinsen unterschieden. Habenzinsen sind Zinsen, die ein Kreditinstitut für Spar- und Termineinlagen an seine Kunden zahlt. Kreditzinsen sind Zinsen, die ein Kreditnehmer an das Kreditinstitut zahlt.

Zinsrechnung

Bei der Zinsrechnung werden die Begriffe der Prozentrechnung, auf Geldbeträge angewendet. Grundwerte G werden im Bankwesen als **Kapital K**, Prozentsätze p als **Zinssätze p** (stets in Prozent angegeben) und Prozentwerte W als **Zinsen Z** bezeichnet. Es gelten folgende Formeln:

Zinsen für 1 Jahr	Zinsen für m Monate	Zinsen für t Tage
$Z = \frac{p \cdot K}{100}$	$Z = \frac{p \cdot K \cdot m}{100 \cdot 12}$	$Z = \frac{p \cdot K \cdot t}{100 \cdot 360}$

Zinseszinsrechnung

Die am Jahresende fälligen Zinsen werden nicht ausgezahlt, sondern dem Kapital hinzugefügt.

1. Jahr: $K_1 = K_0 \cdot \frac{100+p}{100}$
2. Jahr: $K_2 = K_1 \cdot \frac{100+p}{100} = K_0 \cdot \frac{100+p}{100} \cdot \frac{100+p}{100} = K_0 \cdot \left(\frac{100+p}{100}\right)^2$
3. Jahr: $K_3 = K_2 \cdot \frac{100+p}{100} = K_0 \cdot \left(\frac{100+p}{100}\right)^2 \cdot \frac{100+p}{100} = K_0 \cdot \left(\frac{100+p}{100}\right)^3$

Ein Anfangskapital K_0 wächst bei einem Zinssatz p in n Jahren auf ein Endkapital K_n.

Kapital im n-ten Jahr: $K_n = K_0 \cdot q^n$ **Zinsfaktor q:** $q = 1 + \frac{p}{100}$

1. Übertrage die Tabelle in dein Heft und ergänze die fehlenden Werte.

Zinssatz p.a.	3,5	4,1	4	6,2		
Kapital in Euro	480	12 800		340	20 500	600
Anzahl der Monate bzw. Tage	12 M.	x M.	300 Tage	x Tage	7 M.	165 Tage
Zinsen in Euro		437,30	106,66	11,71	1 411,08	19,25

2. Felix hat 280 € geschenkt bekommen. Seine Eltern legen diesen Betrag zu einem Zinssatz von 5,3 % für zehn Jahre fest. Welche Summe steht ihm nach Ablauf dieser Zeit zur Verfügung?

3. Ein Kapital beträgt 1000 €.
   a) Nach welcher Zeit hat sich das Kapital bei einer Verzinsung von 8 % verdoppelt?
   b) Berechne, welcher Prozentsatz vorliegen müsste, damit sich das Kapital schon in sieben Jahren verdoppelt.
   c) Prüfe und begründe, ob die Zeit, in der sich ein Kapital verdoppelt, von der Höhe des Anfangskapitals abhängt.

Kredite und deren Tilgung

Als Tilgungen werden im Geldverkehr Rückzahlungen von Schulden bezeichnet.
Beim schrittweisen Tilgen eines Kredits über eine längere Zeit vermindert sich mit der Höhe der Schulden auch regelmäßig der zu zahlende Zinsbetrag.

Ratentilgung

Familie Schlau hat einen Kredit über 50 000 € aufgenommen. Der Kredit läuft über zehn Jahre und wird konstant mit 6 % verzinst. Am Ende eines jeden Jahres soll ein Zehntel der Kreditsumme getilgt werden.

	A	B	C	D	E
1	Kreditbetrag:	50.000,00 €			
2	Zinssatz:	6,0%			
3					
4	Jahr	Schuld	Tilgung	Zinsen	Rate
5	1	50.000,00 €	5.000,00 €	3.000,00 €	8.000,00 €
6	2	45.000,00 €	5.000,00 €	2.700,00 €	7.700,00 €
7	3	40.000,00 €	5.000,00 €	2.400,00 €	7.400,00 €
8	4				
9	5				
10	6				
11	7				
12	8				
13	9				

1. Ermittelt mithilfe einer Tabellenkalkulation den Tilgungsplan mit den jährlich zu zahlenden Gesamtbeträgen.

2. Schreibt die Formeln in den Zellen C5, D5, E5 und B6.
   Kennzeichnet die konstanten Werte in den Zellen B1 und B2 als feste Zellbezüge.

3. Kopiert dann die Formeln aus der Zeile 5 in die Zeilen 6 bis 14.

Annuitätentilgung

Kreditverträge werden oft so abgeschlossen, dass der Kreditnehmer jährlich die gleiche Gesamtsumme zu zahlen hat. Für den Kredit der Familie Schlau beträgt diese Gesamtsumme 6 793,40 €.
Im Unterschied zur Ratentilgung muss in der Spalte E die Gesamtsumme übernommen werden, wobei in der Zelle E15 ein Cent weniger anzugeben ist. Die jährliche Tilgung ergibt sich aus der Differenz von Zahlung und Zinsen. Beim Berechnen der Zinsen muss die Funktion RUNDEN mit zwei Dezimalstellen verwendet werden.

	A	B	C	D	E
1	Kreditbetrag:	50.000,00 €			
2	Zinssatz:	6,0%			
3	Annuität:	6.793,40 €			
4					
5	Jahr	Schuld	Tilgung	Zinsen	Zahlung
6	1	50.000,00 €	3.793,40 €	3.000,00 €	6.793,40 €
7	2	46.206,60 €	4.021,00 €	2.772,40 €	6.793,40 €
8	3	42.185,60 €	4.262,26 €	2.531,14 €	6.793,40 €
9	4	37.923,34 €	4.518,00 €	2.275,40 €	6.793,40 €
10	5	33.405,34 €	4.789,08 €	2.004,32 €	6.793,40 €
11	6	28.616,26 €	5.076,42 €	1.716,98 €	6.793,40 €
12	7	23.539,84 €	5.381,01 €	1.412,39 €	6.793,40 €
13	8	18.158,83 €	5.703,87 €	1.089,53 €	6.793,40 €
14	9	12.454,96 €	6.046,10 €	747,30 €	6.793,40 €
15	10	6.408,86 €	6.408,86 €	384,53 €	6.793,39 €

4. Ermittelt mithilfe einer Tabellenkalkulation den Tilgungsplan mit den jährlich gleich großen Gesamtbeträgen.

Teste dich selbst

1. Entscheide und begründe, ob es sich bei folgenden Zusammenhängen um einen linearen, einen quadratischen oder um einen kubischen Zusammenhang handelt.

	x	0	0,2	0,5	1	1,5	2	2,4	3	10
a)	y	0	0,008	0,125	1	3,375	8	13,824	27	1000
b)	y	0	0,04	0,25	1	2,25	4	5,76	9	100
c)	y	0	0,4	1,0	1	3	4	4,8	6	20

2. Berechne jeweils die fehlenden Koordinaten der Punkte. Die Punkte liegen auf folgenden Funktionsgraphen.
  a) $y = x^3$: A(0|■); B(2|■); C(■|125); D(■|−4,096); E(■|512); F$\left(-2\tfrac{2}{5}|■\right)$
  b) $y = x^4$: G$\left(\tfrac{1}{2}|■\right)$; H(■|0,0001); I(■|−2); J(−2|■); K(10|■); L(−10|■)
  c) $y = x^{-2}$: M(■|1); N(−1|■); O$\left(■|\tfrac{1}{9}\right)$; P(−10|■); Q$\left(-\tfrac{1}{3}|■\right)$; R(■|64)
  d) $y = x^7$: S(2|■); T(0,5|■); U(■|−128); V(■|−2187); W(8|■)

3. Entscheide und begründe, welche Punkte auf dem Funktionsgraphen $f(x) = x^{-1}$, welche auf dem Funktionsgraphen $g(x) = x^{-2}$ liegen.
  a) A(0,5|4)   b) B(5|0,25)   c) C(5|0,2)   d) D(1|1)
  e) E(10|0,01) f) F(0|0)   g) G(−1|−1)   h) H(−1|1)

4. Zeichne die Graphen der Funktionen $y = x^n$ mit $n \in \{-1; -2; -3; -4\}$ in ein und dasselbe Koordinatensystem. Untersuche die Symmetrieverhältnisse dieser Funktionen anhand deiner Graphen. Gib an, welche dieser Funktionen gerade und welche ungerade sind.
Gib die Intervalle an, in denen die Funktionen monoton steigen bzw. monoton fallen.

5. Ordne jedem Graphen in nebenstehender Darstellung eine Funktionsgleichung zu.
$y = x^3$; $y = \tfrac{1}{2}x^2$; $y = \tfrac{1}{5}x^{-2}$; $y = 3x^{-1}$; $y = -x^{-4}$

6. Erläutere, wie sich die Funktionswerte mit wachsenden x-Werten verändern.
  a) $f(x) = x^1$ b) $f(x) = x^{-1}$
  c) $f(x) = x^2$ d) $f(x) = x^{-2}$

7. Ermittle für die Funktion $y = x^4$
  a) die Menge aller x mit y = 16,
  b) ein Argument x mit x > 0, für das y > 16 gilt,
  c) ein Argument x mit x < 0, für das y > 16 gilt.

8. Ermittle die Nullstellen, die Asymptoten und das Monotonieverhalten der Funktionen:
  a) $y = x^{-1} + 3$ b) $y = x^{-2} + 3$
  c) $y = \tfrac{1}{4}x^3 - 2$ d) $y = \tfrac{2}{x^2} - 0{,}5$

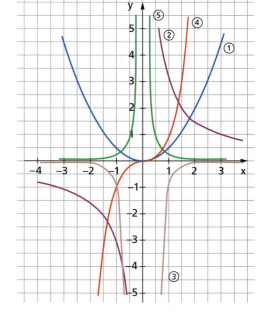

9. Entscheide, ob folgende Aussagen für $y = x^n$ ($n \in \mathbb{N}$; n bleibt konstant) zutreffen:
   a) Der Graph geht für n > 0 durch den Koordinatenursprung.
   b) Wenn n gerade ist, so ist der Graph achsensymmetrisch.
   c) Wenn n gerade ist (n > 0), so ist der Koordinatenursprung der tiefste Punkt des Graphen.
   d) Wenn n ungerade ist, so gibt es weder einen kleinsten noch einen größten Funktionswert.
   e) Wenn n = 1 ist, so ist der Graph der Funktion eine Gerade.

10. Beschreibe die Lage der Geraden, die Asymptoten der Graphen folgender Funktionen sind:
    a) $y = \frac{1}{x+4}$ b) $y = (x-3)^{-2}$ c) $y = (x+2)^{-1} + 1$ d) $y = \frac{1}{x-3} + 4$

11. Beschreibe den Einfluss des Parameters a auf den Graphen der Funktion $y = a \cdot 2^x$.
    Skizziere die Graphen in ein gemeinsames Koordinatensystem.
    a) a = 3   b) a = 0,2   c) a = −1   d) a = −0,4   e) a = −5

12. Stelle die Schwingungsdauer eines Fadenpendels in Abhängigkeit von seiner Länge l grafisch dar. Seine Länge verändert sich von 20 cm bis 3,0 m. Erstelle dazu eine Wertetabelle unter Benutzung der Gleichung $T = 2\pi\sqrt{\frac{l}{g}}$ mit $g = 9{,}81 \frac{m}{s^2}$.

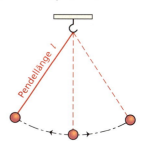

13. Entscheide, ob bei den folgenden Beispielen lineares oder exponentielles Wachstum vorliegt.
    a) Der Wert einer Sondermünze beträgt zum Zeitpunkt ihres erstmaligen Erscheinens 100 € und nimmt jährlich um 5 € zu.
    b) Auf einer einsamen Insel leben 100 Kaninchen, die sich ständig vermehren. In jedem Jahr kommen 10 % der Anzahl des Vorjahres hinzu.

14. Nach dem Verzehr von Süßigkeiten verdoppeln sich die Bakterien des Zahnbelages in 15 min, nach dem Zähneputzen nur alle 120 min. Wie viele Bakterien entstehen in beiden Fällen innerhalb von zwölf Stunden aus einer einzigen Bakterie?

15. Berechne die Ausgangsgröße oder die Endgröße.
    a) Katrin ist 1,36 m groß. Sie wuchs in den vergangenen sechs Jahren jährlich um 5 cm.
    b) Ronny legt 2 000 € zu einem Zinssatz von 3 % für zwei Jahre an.
    c) Eine Pilzkultur hat sich in zehn Tagen auf 400 cm² bei einer Verdopplungszeit von zwei Tagen ausgebreitet.

16. Im Jahre 2002 legte Fabian 1 500 € zu 4 % p. a. fest an. Im Jahr 2004 legte Lea 1 800 € zu 3,5 % p. a. fest an. Beiden Konten werden die jährlichen Zinsen gutgeschrieben.
    Wann haben beide einen gleichen Betrag auf ihrem Festkonto? Berechne diesen Betrag.

17. Frau Fröhlich legt 5 000 € bei einer Bank für 8 Jahre zu einem festen Zinssatz von 2,8 % so an, dass die jährlichen Zinsen mitverzinst werden.
    a) Berechne, wie hoch ihr Guthaben nach 4 Jahren und am Ende der Laufzeit ist.
    b) Erkläre und begründe, um welches Wachstum es sich handelt.
    c) Gib eine Formel für die Zelle B6 an.

	A	B
1	Anfangskapital K_0:	5.000,00 €
2	Zinssatz:	2,80 %
3		
4	n	K_n
5	0	5.000,00 €
6	1	5.140,00 €
7	2	5.283,92 €

Das Wichtigste im Überblick

Potenzfunktionen y = f(x) = x^n

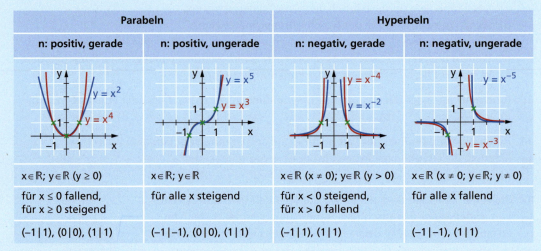

Parabeln		Hyperbeln	
n: positiv, gerade	n: positiv, ungerade	n: negativ, gerade	n: negativ, ungerade
$x \in \mathbb{R}$; $y \in \mathbb{R}$ ($y \geq 0$)	$x \in \mathbb{R}$; $y \in \mathbb{R}$	$x \in \mathbb{R}$ ($x \neq 0$); $y \in \mathbb{R}$ ($y > 0$)	$x \in \mathbb{R}$ ($x \neq 0$; $y \in \mathbb{R}$; $y \neq 0$)
für $x \leq 0$ fallend, für $x \geq 0$ steigend	für alle x steigend	für $x < 0$ steigend, für $x > 0$ fallend	für alle x fallend
(–1 | 1), (0 | 0), (1 | 1)	(–1 | –1), (0 | 0), (1 | 1)	(–1 | 1), (1 | 1)	(–1 | –1), (1 | 1)

Sonderfälle von Potenzfunktionen y = f(x) = x^n

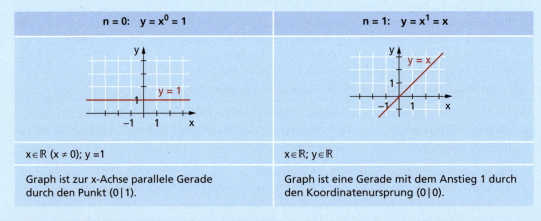

n = 0: y = x^0 = 1	n = 1: y = x^1 = x
$x \in \mathbb{R}$ ($x \neq 0$); y = 1	$x \in \mathbb{R}$; $y \in \mathbb{R}$
Graph ist zur x-Achse parallele Gerade durch den Punkt (0 | 1).	Graph ist eine Gerade mit dem Anstieg 1 durch den Koordinatenursprung (0 | 0).

Exponentialfunktionen y = f(x) = b^x

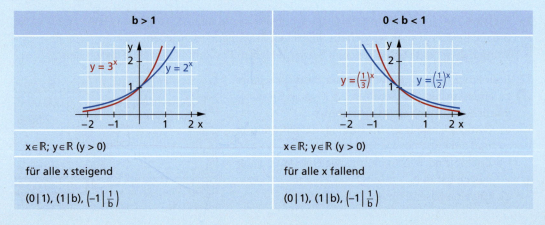

b > 1	0 < b < 1
$x \in \mathbb{R}$; $y \in \mathbb{R}$ ($y > 0$)	$x \in \mathbb{R}$; $y \in \mathbb{R}$ ($y > 0$)
für alle x steigend	für alle x fallend
(0 | 1), (1 | b), $\left(-1 \mid \frac{1}{b}\right)$	(0 | 1), (1 | b), $\left(-1 \mid \frac{1}{b}\right)$

Parameter in Funktionsgleichungen y = f(x) = a · f(x + c) + d

a: Streckung; Stauchung; Spiegelung	c: Verschiebung in x-Richtung	d: Verschiebung in y-Richtung
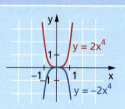	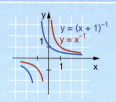	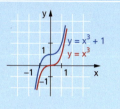

Lineares Wachstum

Eine Größe nimmt in gleich großen Zeitabschnitten immer um den gleichen Betrag zu bzw. ab.

Es gilt: **y = f(t) = a + m · t**
(Mit *Anfangswert a* und *Anstieg m*)

Zunahme: m > 0,
Abnahme: m < 0

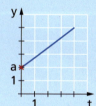
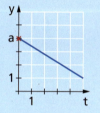

Exponentielles Wachstum

Eine Größe nimmt in gleichen Zeitabschnitten immer um die gleiche Wachstumsrate zu bzw. ab.

Es gilt: **y = f(t) = a · q^t**
(Mit *Anfangswert a* und *Wachstumsfaktor q*)

Zunahme: q = 1 + p %,
Abnahme: q = 1 – p %

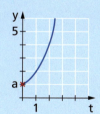
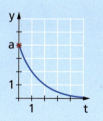

Wachstum bei Potenzfunktionen

Für Potenzfunktionen **y = f(x) = x^n**
mit x > 0 gilt:

für n > 0, monoton wachsend
für n < 0, monoton fallend

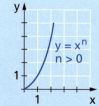
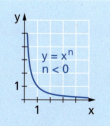

4 Trigonometrische Berechnungen an Dreiecken

Anstiege, Steigungen und Winkelgrößen

Die Steigung einer Straße entspricht dem Verhältnis aus Höhen- und Horizontalunterschied.

Erläutert an einer Skizze, was die Angaben 10 %, 20 % bzw. 100 % Steigung bedeuten. Nennt Gemeinsamkeiten und Unterschiede zwischen der Steigung von Straßen und dem Anstieg linearer Funktionen.

Vermessungsarbeiten

Beim Ermitteln von Grundstücksgrößen und im Schienen- bzw. Straßenbau sind Vermessungstechniker/-innen unerlässlich.

*Informiert euch über diesen Beruf und beschreibt Einsatzgebiete und Arbeitsaufgaben.
Welche Größen werden mit Theodoliten bei Vermessungsarbeiten gemessen und wie werden daraus Karten erstellt?*

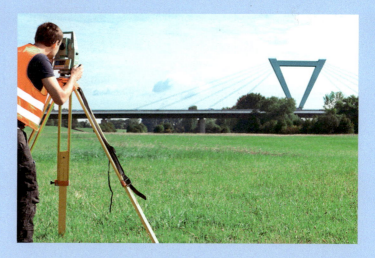

Weitenmessungen

Wurfweiten beim Diskuswerfen werden nicht direkt, sondern indirekt durch Winkel- und Streckenmessungen mithilfe von elektrooptischen Tachymetern ermittelt.

Informiert euch über diese Messgeräte und bereitet eine Präsentation vor.

Start

Berechnungen an rechtwinkligen Dreiecken

Kenngrößen rechtwinkliger Dreiecke (Seitenlängen und Innenwinkelgrößen) können mit dem *Satz über die Innenwinkelsumme* und mit dem *Satz des Pythagoras* berechnet werden. Es gibt weitere Zusammenhänge zwischen den Seiten und Innenwinkeln rechtwinkliger Dreiecke.

Der Ausleger des Krans kann auf verschiedene Längen ausgefahren und unter verschiedenen Winkeln aufgerichtet werden.

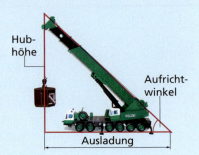

Gruppe 1

Aufgabe 1:
Für den Aufrichtwinkel α wird die Hubhöhe h erreicht. Ermittelt näherungsweise durch maßstabsgerechte Zeichnungen die zugehörige Ausladung und die Länge des Auslegers. Geht arbeitsteilig vor, verwendet verschiedene Maßstäbe und vergleicht die Ergebnisse.

Aufrichtwinkel α in °	10	20	30	45	60	70
Hubhöhe h in m	5,0	4,5	6,0	4,0	3,5	4,0

Größen a, h und a bilden bei festem Aufrichtwinkel α zueinander ähnliche rechtwinklige Dreiecke.

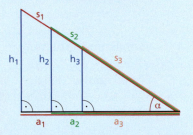

Aufgabe 2:
a) Zeigt, dass die dem Aufrichtwinkel α = 30° gegenüberliegende Kathete h immer halb so groß ist wie die zugehörige Hypotenuse s.
b) Ermittelt jeweils Näherungswerte für die Verhältnisse der Hypotenusen und der zugehörigen Katheten. Geht arbeitsteilig vor und bildet die Mittelwerte eurer Ergebnisse.

α	10°	20°	30°	45°	60°	70°
$\frac{h}{s}$	?	?	?	?	?	?

Aufgabe 3:
a) Zeigt, dass für den Aufrichtwinkel α = 60° die anliegende Kathete a immer halb so groß wie die Hypotenuse s ist. Fertigt entsprechende Zeichnungen an und messt sowohl die Längen der Katheten a als auch die der Hypotenusen s.
b) Es ist bekannt, dass für die Verhältnisse $\frac{a}{s}$ die in der Tabelle gegeben Aufrichtwinkel α gelten. Findet eine Möglichkeit, wie man aus den Angaben der Größe s einen Näherungswert für die Größe a berechnen kann. Ermittelt die Werte rechnerisch.

α	10°	20°	30°	45°	60°	70°
$\frac{a}{s}$	0,98	0,94	0,87	0,71	0,5	0,34
s	5,0 m	7,8 m	8,2 m	10,3 m	7,0 m	9,5 m
a	▮ m	▮ m	▮ m	▮ m	▮ m	▮ m

Berechnungen an rechtwinkligen Dreiecken

Zwei beliebige Dreiecke sind zueinander ähnlich, wenn sie in zwei Innenwinkeln übereinstimmen (Hauptähnlichkeitssatz). Die Verhältnisse einander entsprechender Seitenlängen sind dabei immer gleich groß. Rechtwinklige Dreiecke sind spezielle Dreiecke mit einem rechten Innenwinkel. Zwei rechtwinklige Dreiecke sind zueinander ähnlich, wenn sie (neben dem rechten Innenwinkel) in einem weiteren Innenwinkel übereinstimmen.

Gruppe 2

Aufgabe 1:
Rechtwinklige Dreiecke mit einem weiteren festen Winkel α sind zueinander ähnlich. Einander entsprechende Seitenverhältnisse sind dabei immer gleich groß.

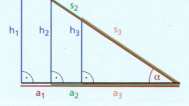

a) Zeigt, dass für den Aufrichtwinkel α = 45° die anliegende Kathete a immer genauso groß wie die gegenüberliegende Kathete h ist.
Fertigt entsprechende Zeichnungen an und messt beide Kathetenlängen.

b) Beim gleichschenklig rechtwinkliges Dreieck ABC gehört die Höhe DC zur Basis AB.
Zeigt, dass folgende Streckenverhältnisse gelten:

① $\dfrac{\overline{AD}}{\overline{DC}} = 1$

② $\dfrac{\overline{CD}}{\overline{AC}} = \dfrac{1}{2} \cdot \sqrt{2}$

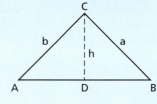

Gebt weitere Streckenverhältnisse dieser Figur an.

c) Zeigt, dass beim gleichseitigen Dreieck ABC mit a = $\overline{AB}$ und h = $\overline{CD}$ folgende Streckenverhältnisse gelten:

① $\dfrac{\overline{AD}}{\overline{AC}} = \dfrac{1}{2}$

② $\dfrac{\overline{CD}}{\overline{AC}} = \dfrac{1}{2} \cdot \sqrt{3}$

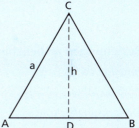

Aufgabe 2:
Gegeben ist ein rechtwinkliges Dreieck ABC mit dem rechten Winkel ∢CBA, mit $\overline{BC}$ = a = 3,0 cm und $\overline{AC}$ = b = 6,0 cm.

a) Konstruiert ein solches Dreieck und beschreibt eurer Vorgehen. (Ihr könnt die Konstruktion auch mit einer dynamischen Geometriesoftware ausführen.)

b) Messt und berechnet die Länge der Seite $\overline{AB}$ = c. Messt die Größe des Winkels α.

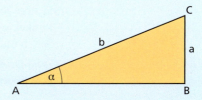

c) Erläutert, wie sich die Größe des dritten Innenwinkels rechnerisch ermitteln lässt.

d) Konstruiert ein zweites rechtwinkliges Dreieck DEF mit dem rechten Winkel ∢FED, dessen Seitenlängen doppelt so groß wie die des Dreiecks ABC sind. Erläutert, wie sich einander entsprechende Winkel in beiden Dreiecken zueinander verhalten.

e) Berechnet und vergleicht die Seitenverhältnisse beider Dreiecke.

Rückblick

Winkel, Winkelbeziehungen und Beziehungen an Dreiecken

Beim Drehen eines Strahls a um seinen Anfangspunkt B entsteht ein Winkel α. Originalstrahl a und Bildstrahl a' heißen **Schenkel**, der Drehpunkt B heißt **Scheitelpunkt**.

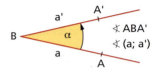

Winkelarten

Nullwinkel	Spitzer Winkel	Rechter Winkel	Stumpfer Winkel	Gestreckter Winkel	Überstumpfer Winkel	Vollwinkel
α = 0°	0° < α < 90°	α = 90°	90° < α < 180°	α = 180°	180° < α < 360°	α = 360°

Winkelbeziehungen

Nebenwinkel α + β = 180° Scheitelwinkel α = γ	Stufenwinkel α = γ Wechselwinkel β = δ	Peripheriewinkel über Bogen $\widehat{AB}$ α = β	Peripheriewinkel über Durchmesser $\overline{PQ}$ α = 90° (Satz des Thales)

Beziehungen an beliebigen Dreiecken

Innenwinkel α, β, γ:	α + β + γ = 180°
Außenwinkel $α_1, β_1, γ_1$:	$α + α_1 = 180°$; $β_1 = α + γ$
Dreiecksungleichung:	a + b > c; a + c > b; b + c > a
Umfang:	u = a + b + c
Flächeninhalt:	$A = \frac{1}{2} a \cdot h_a = \frac{1}{2} b \cdot h_b = \frac{1}{2} c \cdot h_c$
Kongruenzsätze:	Zwei Dreiecke sind zueinander kongruent, wenn sie übereinstimmen: in drei Seiten, in zwei Seiten und dem von ihnen eingeschlossenen Winkel, einer Seite und den beiden anliegenden Winkeln, von zwei Seiten und dem der größeren Seite gegenüberliegenden Winkel.
Hauptähnlichkeitssatz:	Zwei Dreiecke sind zueinander ähnlich, wenn sie in zwei Innenwinkeln übereinstimmen

Beziehungen an rechtwinkligen Dreiecken

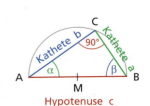

Wenn γ = 90°, dann α + β = 90°

Wenn γ = 90°, dann $c^2 = a^2 + b^2$ (Satz des Pythagoras)

Wenn γ = 90°, dann $A = \frac{1}{2} a \cdot b$

Aufgaben

1. Berechne die fehlenden Innenwinkel aller in der nebenstehenden Figur enthaltenen Dreiecke. Erläutere jeweils, welchen Zusammenhang du beim Berechnen genutzt hast.

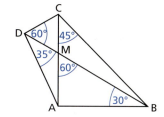

2. Konstruiere ein rechtwinkliges Dreieck ABC mit $\gamma = 90°$ aus folgenden Stücken. Erläutere dein Vorgehen.
   a) $a = 2{,}5$ cm; $c = 4{,}2$ cm
   b) $\alpha = 68°$; $c = 5{,}4$ cm

3. Berechne die Größe aller blau gekennzeichneten Winkel in der Figur DEF.

4. Prüfe und begründe, ob es Dreiecke ABC mit folgenden Seitenlängen gibt:
   a) $a = 5$ cm b) $a = 8$ cm c) $a = 5{,}2$ cm d) $a = 6{,}4$ cm
      $b = 6$ cm $b = 5$ cm $b = 7{,}8$ cm $b = 1{,}8$ cm
      $c = 7$ cm $c = 3$ cm $c = 3{,}8$ cm $c = 3{,}5$ cm

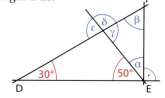

5. Berechne den Flächeninhalt von $\triangle$ABC und von $\triangle$RST. Entnimm die Maße der Zeichnung.

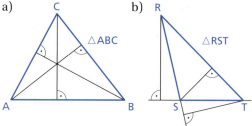

6. Vergleiche jeweils die Größe der den angegebenen Winkeln gegenüberliegenden Seiten eines Dreiecks. Kannst du etwas über die Größe der jeweils dritten Seite aussagen? Entscheide und begründe, welche Dreiecksart vorliegt.
   a) $\alpha = 42°$; $\beta = 75°$ b) $\alpha = 30°$; $\gamma = 120°$
   c) $\beta = 45°$; $\gamma = 90°$ d) $\alpha = 60°$; $\beta = 60°$

7. a) Berechne die Längen der roten Strecken.
   b) Erläutere deine Rechenwege.

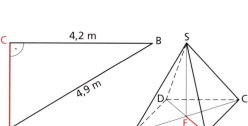

8. Von den rechtwinkligen Dreiecken ABC und DEF sind neben den rechten Winkeln jeweils zwei Seiten bekannt.

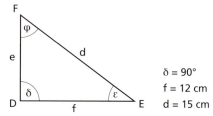

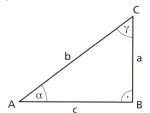

$\beta = 90°$
$c = 8$ cm
$a = 6$ cm

$\delta = 90°$
$f = 12$ cm
$d = 15$ cm

a) Ermittle alle anderen Stücke der Dreiecke (fehlende Seite, fehlende Winkel).
b) Beschreibe, wie du vorgegangen bist.
c) Erkennst du eine Beziehung zwischen den beiden Dreiecken? Begründe deine Vermutung.

4.1 Trigonometrische Beziehungen an Dreiecken

Winkel und Seitenverhältnisse an rechtwinkligen Dreiecken

Alle rechtwinkligen Dreiecke sind zueinander ähnlich, wenn sie in einem spitzen Innenwinkel übereinstimmen.
Laut Strahlensatz ist das Verhältnis einander entsprechender Seiten bei festem Innenwinkel α immer gleich groß (konstant).

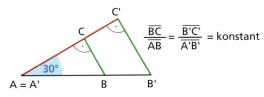

Zur Beschreibung eines betrachteten Innenwinkels werden die Seiten eines rechtwinkligen Dreiecks genauer benannt. Die *längste Seite* ist die **Hypotenuse**, die einem spitzen Innenwinkel *gegenüberliegende Seite* ist die **Gegenkathete** und die andere (anliegende) Seite ist die **Ankathete**.

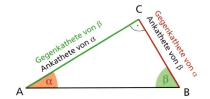

Probiere es selbst:
Zeichne in ein gleichseitiges Dreieck ABC die Höhe $\overline{CD}$ auf die Seite $\overline{AB}$. Gib zum ∢ DAC bzw. zum ∢ ACD im Dreieck ADC und zum ∢ CBD bzw. zum ∢ DCB im Dreieck BDC jeweils die Hypotenuse, die Gegenkathete und die Ankathete an.

Der Sinus, der Kosinus und der Tangens eines Winkels

Für α und β in einem rechtwinkligen Dreieck ABC mit γ = 90° sind folgende Gleichungen gültig:

$$\sin \alpha = \frac{\text{Gegenkathete von } \alpha}{\text{Hypotenuse}} = \frac{a}{c} \quad \text{und} \quad \sin \beta = \frac{\text{Gegenkathete von } \beta}{\text{Hypotenuse}} = \frac{b}{c}$$

$$\cos \alpha = \frac{\text{Ankathete von } \alpha}{\text{Hypotenuse}} = \frac{b}{c} \quad \text{und} \quad \cos \beta = \frac{\text{Ankathete von } \beta}{\text{Hypotenuse}} = \frac{a}{c}$$

$$\tan \alpha = \frac{\text{Gegenkathete von } \alpha}{\text{Ankathete von } \alpha} = \frac{a}{b} \quad \text{und} \quad \tan \beta = \frac{\text{Gegenkathete von } \beta}{\text{Ankathete von } \beta} = \frac{b}{a}$$

Schreibweise: sin α   cos α   tan α

Sprechweise: Sinus Alpha   Kosinus Alpha   Tangens Alpha

Somit gehört zu jedem Winkel zwischen 0° und 90° genau ein Sinuswert, genau ein Kosinuswert und genau ein Tangenswert. Die Werte sin 30°, cos 30° und tan 30° können z. B. näherungsweise zeichnerisch ermittelt werden, indem ein beliebiges rechtwinkliges Dreieck mit α = 30° gezeichnet und die Quotienten der entsprechenden Seitenlängen gebildet werden. Genauere Werte liefern Taschenrechner. Achte darauf, dass der Winkelmodus DEG eingestellt ist. DEG ist die Abkürzung für DEGREE und heißt Gradmaß.

Aufgabe:	sin 30°	cos 30°	tan 30°	sin 60°	cos 60°	tan 60°
Ergebnis auf drei Dezimalstellen gerundet:	0,5	0,866	0,577	0,866	0,5	1,732

Mit einem Taschenrechner kann auch der zu einem Sinus-, Kosinus- bzw. Tangenswert gehörende Winkel zwischen 0° und 90° berechnet werden. Verwende dazu die Tasten (⇧shift) bzw. (2nd) und (sin), (cos) und (tan). Prüfe, ob der Taschenrechner auf Gradmaß eingestellt ist. Die Berechnung von Sinus-, Kosinus- und Tangenswerten mit dem TI-Nspire wird auf Seite 90 näher erläutert."

Aufgabe: $\sin\alpha = 0{,}82$ $\cos\alpha = 0{,}44$ $\tan\alpha = 1{,}5$ $\sin\alpha = 0{,}18$ $\cos\alpha = 0{,}56$

Ergebnis auf eine Dezimalstelle gerundet: 55,1°   63,9°   56,3°   10,4°   55,9°

Probiere es selbst:
Berechne auf zwei Dezimalstellen genau.
a) $\sin 55{,}3°$ b) $\cos 33{,}5°$ c) $\tan 0{,}2°$ d) $2 \cdot \sin 44°$ e) $\tan(2 \cdot 22{,}3°)$
f) $\sin\alpha = 0{,}31$ g) $\tan\beta = 25$ h) $\cos\gamma = 0{,}999$ i) $2 \cdot \sin\alpha = 0{,}61$ j) $\tan\beta^2 = 33$

Winkelgrößen und Seitenlängen rechtwinkliger Dreiecke berechnen

Gesuchtes und Gegebenes sollten immer in Planfiguren gekennzeichnet werden.

Berechne vom Dreieck ABC mit $c = \overline{AB} = 12{,}0$ cm und $\alpha = 30{,}0°$ die Länge der Seite $a = \overline{AC}$ auf eine Dezimalstelle.

Planfigur:

Lösung ohne CAS: $\tan\alpha = \dfrac{a}{c}$ → $a = c \cdot \tan\alpha$ → $a = 12\text{ cm} \cdot \tan 30°$
$a = 6{,}928...$ cm

Lösung mit CAS:

| 12·tan (30°) | 4·√3 |
| 12·tan (30°) | 6.9282 |

Die Seite $a = \overline{AB}$ hat eine Länge von etwa 6,9 cm.

Berechne vom Dreieck ABC mit $b = \overline{AC} = 10{,}6$ cm und $c = \overline{AB} = 4{,}5$ cm die Größen der beiden Innenwinkel $\alpha = \sphericalangle BAC$ und $\gamma = \sphericalangle ACB$ auf eine Dezimalstelle.

Planfigur:

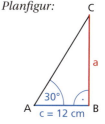

Lösung ohne CAS: $\sin\gamma = \dfrac{c}{b}$ → $\sin\gamma = \dfrac{4{,}5\text{ cm}}{10{,}6\text{ cm}} = 0{,}4245...$
$\gamma \approx 25{,}1°$
$\alpha = 90° - \gamma = 64{,}9°$

Lösung mit CAS:

| $\sin^{-1}\left(\dfrac{4{,}5}{10{,}6}\right)$ | 25.1208 |
| 90 − 25.120810114404 | 64,8792 |

Die fehlenden Innenwinkel haben eine Größe von etwa 25,1° bzw. von etwa 64,9°.

Probiere es selbst:
Berechne die fehlenden Seitenlängen und Winkelgrößen vom Dreieck ABC für:
a) $a = 12{,}7$ cm; $b = 4{,}9$ cm; $\gamma = 90°$
b) $c = 10{,}5$ cm; $\beta = 40{,}3°$; $\gamma = 90°$

Methoden

Sinus-, Kosinus- und Tangenswerte mit dem TI-Nspire berechnen

Winkelgrößen werden meistens im **Gradmaß** angegeben.
Einem rechten Winkel werden dabei 90° zugeordnet.
Winkel können auch im **Bogenmaß** angegeben werden.
Einem rechten Winkel wird dabei die Länge des Bogens vom Viertel eines
Einheitskreises $\frac{\pi}{2}$ zugeordnet. $\frac{\pi}{2}$ ist eine reelle Zahl.
Eine im Unterricht nur selten verwendete Angabe ist das **Gon (früher „Neugrad")**. Einem rechten Winkel werden dabei 100 Gon zugeordnet.
Der TI-Nspire kann alle drei Winkelmaße interpretieren. Beim Rechnen mit Sinus-, Kosinus- und Tangenswerten muss immer entschieden werden, welches Winkelmaß verwendet werden soll.

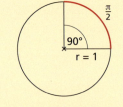

Gradmaß prüfen (einstellen):
„Menü – Einstellungen – Dokumenteinstellungen" Winkel auf „Grad" einstellen und mit „Standard" bestätigen. Dass Gradmaß ist dann bis auf Widerruf in allen Dokumenten und im Scratchpad eingestellt.
Die Anwendung „Calculator" öffnen.
Die trigonometrischen Beziehungen sin, cos und tan sind unter [trig] zu finden. Im Unterricht werden nur die rot markierten Funktionen verwendet.

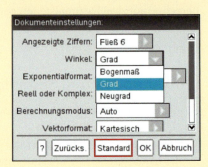

1. Grundaufgabe:
Berechnen von Sinus-, Kosinus- und Tangenswerten
bei gegebenen Winkeln.
Beispiele: Berechne sin 54,2°, cos 30° und tan 45°.

sin(54.2)	0.811064
cos(30)	$\frac{\sqrt{3}}{2}$
tan(45)	1

2. Grundaufgabe:
Berechnen von Winkeln bei gegebenen Sinus-,
Kosinus- und Tangenswerten.
Beispiel: sin α = 0,4
Wähle sin^{-1} unter [trig], gib 0.4 ein und drücke (enter).
Hinweis: Die Schreibweise sin^{-1} bedeutet nicht $\frac{1}{\sin \alpha}$.
Ergebnis: α = 23,5782°.
Beachte: Die Hochzahl „–1" kann bei den Umkehrfunktionen nicht mit der Taste (^) eingefügt werden. Diese Funktionen müssen unter [trig] aufgerufen werden.

$sin^{-1}(0.4)$	23.5782
$cos^{-1}\left(\frac{1}{2}\right)$	60
$tan^{-1}(2)$	63.4349

Hinweis:
Wenn trigonometrische Berechnungen nur selten notwendig sind, kann die Dokumenteneinstellung für Bogenmaße eingestellt bleiben.
Das Symbol für Gradmaß unter (?!▶) kann verwendet werden, um Ergebnisse im Gradmaß anzugeben bzw. umzurechnen.

sin(30)	–0.988032
sin(30°)	$\frac{1}{2}$
$sin^{-1}(0.5)$	0.523599
$sin^{-1}(0.5)$ 1°	30.
$\frac{\pi}{1°}$	180

Beziehungen zwischen Sinus- und Kosinuswerten

Spitze Winkel

Zwischen den Sinus- und Kosinuswerten spitzer Winkel gilt:

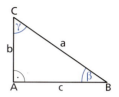

$\sin \beta = \dfrac{b}{a}$ $\cos \beta = \dfrac{c}{a}$ → $\sin \beta = \cos \gamma$

$\sin \gamma = \dfrac{c}{a}$ $\cos \gamma = \dfrac{b}{a}$ → $\sin \gamma = \cos \beta$

Aus der Gleichung $\beta + \gamma = 90°$ lässt sich schlussfolgern:

> $\cos 0° = \sin 90° = 1$ $\cos 90° = \sin 0° = 0$

Am Einheitskreis (r = 1 LE) lassen sich weitere Beziehungen zwischen dem Sinus und dem Kosinus eines Winkels α mit $0° \leq \alpha \leq 90°$ erkennen. $\triangle$ MAP ist rechtwinklig. Die Katheten $\overline{MA}$ und $\overline{AP}$ haben als Maßzahlen $\cos \alpha$ und $\sin \alpha$, zur Hypotenuse $\overline{MP}$ gehört die Maßzahl 1.
Nach dem *Satz des Pythagoras* gilt: $(\sin \alpha)^2 + (\cos \alpha)^2 = 1^2$
$\sin^2 \alpha + \cos^2 \alpha = 1$

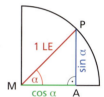

> Für jedes rechtwinklige Dreieck ABC mit $\gamma = 90°$ gilt:
> $\sin \alpha = \cos(90° - \alpha)$ $\sin^2 \alpha + \cos^2 \alpha = 1$

Winkel, die sich zu 90° ergänzen, heißen auch **Komplementwinkel** (lat.: *complere* – ergänzen). Der Kosinus eines Winkels ist also gleich dem Sinus seines Komplementwinkels. (Daraus leitet sich die Bezeichnung „Kosinus" ab.)

Probiere es selbst:

Prüfe die Gültigkeit der Gleichung $\sin x = \cos\left(x - \dfrac{\pi}{2}\right)$ für die Bogenmaße 0; $\dfrac{\pi}{4}$ und $\dfrac{\pi}{2}$.

Stumpfe Winkel

Zum stumpfen Winkel α gehört der Punkt P_α auf dem Einheitskreis. Das Lot von P_α auf den Kreisdurchmesser beziehungsweise die Maßzahl von $\overline{P_\alpha Q_\alpha}$ gibt den Wert von $\sin \alpha$, die Maßzahl von $\overline{Q_\alpha M}$ den Wert $-\cos \alpha$ an. Eine Spiegelung von $\triangle MP_\alpha Q_\alpha$ an der Symmetrieachse liefert $\triangle MQ_{180°-\alpha}P_{180°-\alpha}$.

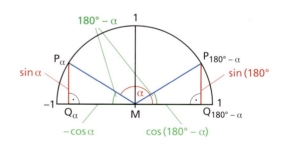

Wegen der Kongruenz der Dreiecke gilt:

- $\overline{P_\alpha Q_\alpha} = \overline{P_{180°-\alpha}Q_{180°-\alpha}}$,   also auch die Gleichung $\sin \alpha = \sin(180° - \alpha)$
- $\overline{Q_\alpha M} = \overline{MQ_{180°-\alpha}}$,   also auch die Gleichung $-\cos \alpha = \cos(180° - \alpha)$

> Für jedes stumpfwinklige Dreieck ABC mit $90° < \alpha < 180°$ gilt:
> $\sin \alpha = \sin(180° - \alpha)$ $-\cos \alpha = \cos(180° - \alpha)$

Trigonometrische Berechnungen an Dreiecken

- sin 150° = sin (180° − 150°) = sin 30° = 0,5
  Die Gleichung sin α = 0,7 hat zwei Lösungen: $\alpha_1 = 44{,}4°$ und $\alpha_2 = 180° − 44{,}4° = 135{,}6°$

Spezielle Sinus-, Kosinus- und Tangenswerte

Einige Sinus-, Kosinus- und Tangenswerte lassen sich genau angeben, beispielsweise für Winkelgrößen 0°, 30°, 45°, 60° und 90°.

- Im gleichschenklig-rechtwinkligen Dreieck ABC mit γ = 90° gilt:
  α = β = 45°

  (1) $\sin \alpha = \cos \alpha = \frac{a}{c}$ | Definition (Sinus, Kosinus)
  (2) $c^2 = a^2 + a^2 = 2a^2$ | Satz des Pythagoras
  (3) $c = \sqrt{2a^2} = a\sqrt{2}$ | vereinfacht
  $\sin \alpha = \cos \alpha = \frac{1}{\sqrt{2}} = \frac{1 \cdot \sqrt{2}}{\sqrt{2} \cdot \sqrt{2}} = \frac{\sqrt{2}}{2}$ | (3) in (1) eingesetzt
  $\sin 45° = \cos 45° = \frac{1}{2}\sqrt{2}$

Am gleichseitigen Dreieck kann man auch tan 45°, sin 30°, cos 30°, sin 60°, cos 60°, tan 30° und tan 60° berechnen.
(Die beige unterlegten Spalten stellen eine „Eselsbrücke" bzw. Merkhilfe dar.)

α	sin α		cos α		tan α
0°	0	$\frac{1}{2}\sqrt{0}$	1	$\frac{1}{2}\sqrt{4}$	0
30°	$\frac{1}{2}$	$\frac{1}{2}\sqrt{1}$	$\frac{1}{2}\sqrt{3}$	$\frac{1}{2}\sqrt{3}$	$\frac{1}{3}\sqrt{3}$
45°	$\frac{1}{2}\sqrt{2}$	$\frac{1}{2}\sqrt{2}$	$\frac{1}{2}\sqrt{2}$	$\frac{1}{2}\sqrt{2}$	
60°	$\frac{1}{2}\sqrt{3}$	$\frac{1}{2}\sqrt{3}$	$\frac{1}{2}$	$\frac{1}{2}\sqrt{1}$	$\sqrt{3}$
90°	1	$\frac{1}{2}\sqrt{4}$	0	$\frac{1}{2}\sqrt{0}$	n. def.

Probiere es selbst:

Ermittle alle Lösungen der Gleichungen im Intervall 0° ≤ α ≤ 180°. Verwende zunächst die speziellen Werte aus der Tabelle oben und überprüfe dann mit deinem CAS-Rechner.

a) $\sin x = \frac{1}{2}\cdot\sqrt{3}$ b) $\cos x = \frac{1}{2}\cdot\sqrt{2}$ c) $\sin x = 0$ d) $\sin x = 1$
e) $\cos x = 0$ f) $\cos x − 1$ g) $\cos x = 1$ h) $\sin x = 2$

Erste Schritte

1. Prüfe, ob für die dargestellten Dreiecke die trigonometrischen Beziehungen richtig aufgestellt wurden. Korrigiere gegebenenfalls.

a) $\sin \alpha = \frac{m}{s}$
   $\cos \beta = \frac{m}{k}$
   $\cos \alpha = \frac{k}{s}$
   $\tan \alpha = \frac{m}{k}$

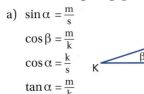

b) $\cos \alpha = \frac{x}{z}$
   $\sin \beta = \frac{x}{y}$
   $\sin \alpha = \frac{y}{z}$
   $\tan \alpha = \frac{y}{x}$

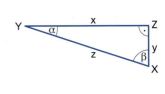

2. Die beiden Katheten eines rechtwinkligen Dreiecks sind 6 cm und 2,5 cm lang.
Berechne die Länge der Hypotenuse und die Größen der drei Innenwinkel des Dreiecks.

3. Gib zu den angegebenen Streckenverhältnissen den Sinuswert, den Kosinuswert bzw. den Tangenswert des entsprechenden Winkels an.

a) $\frac{r}{s}$ $\frac{t}{s}$ $\frac{r}{t}$

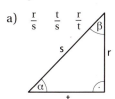

b) $\frac{x}{z}$ $\frac{y}{z}$ $\frac{y}{x}$

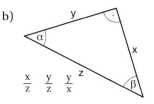

c)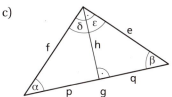

$\frac{h}{f}$; $\frac{g}{e}$

$\frac{p}{f}$; $\frac{q}{h}$

$\frac{e}{g}$; $\frac{f}{e}$

4. Gib die Ergebnisse immer auf vier Dezimalstellen an.
   a) $\sin 54{,}6°$
   b) $\sin 0{,}25°$
   c) $\sin 99{,}8°$
   d) $\sin(3 \cdot 15°)$
   e) $3 \cdot \cos 15°$
   f) $\cos 54{,}6°$
   g) $\tan 0{,}25°$
   h) $\cos 99{,}8°$
   i) $\tan(3 \cdot 15°)$
   j) $3 \cdot \tan 15°$

5. Berechne die Größen der Winkel α, β, γ, δ und ε auf zwei Dezimalstellen im Intervall [0°; 90°].
   a) $\sin \alpha = 0{,}87$
   b) $\tan \beta = 15$
   c) $\cos \gamma = 0{,}222$
   d) $\sin 2\delta = 0{,}33$
   e) $5 \cdot \cos \varepsilon = 4{,}5$
   f) $\cos \alpha^2 = 0{,}5$
   g) $\tan \frac{\beta}{2} = 15$
   h) $(\sin 3\gamma)^2 = 0{,}64$

6. Stelle jede Gleichung schrittweise nach der angegebenen Variablen um.
   a) $\tan \beta = \frac{b}{a}$ (nach a)
   b) $\cos \alpha = \frac{b}{c}$ (nach c)
   c) $c = \frac{a}{\sin \alpha}$ (nach $\sin \alpha$)

Weiterführende Aufgaben

1. Zeige, dass die Gleichung $\tan \alpha = \frac{\sin \alpha}{\cos \alpha}$ für alle Winkel $0° < \alpha < 90°$ gültig ist.
   a) Warum gilt diese Gleichung nicht für $\alpha = 90°$?
   b) Welches Vorzeichen hat $\tan \alpha$ für $90° < \alpha < 180°$?

2. Berechne die gesuchte Kathete im Dreieck ABC. Der rechte Winkel liegt bei C. Kontrolliere deine Rechnung durch eine maßstabsgerechte Konstruktion.
   a) α = 32°; c = 6 cm; gesucht: a
   b) β = 50°; c = 9 cm; gesucht: b
   c) α = 72°; c = 11 cm; gesucht: b
   d) β = 25°; c = 3 m; gesucht: a

3. Für Winkel zwischen 0° und 90° gibt es einen Winkel ε, für den die Gleichung $\cos \varepsilon = \tan \varepsilon$ gültig ist. Ermittle die Größe des Winkels ε auf verschiedenen Wegen. Erläutere dein Vorgehen.

4. a) Prüfe ob die Gleichungen $\sin 30° = \frac{1}{2} \cdot \sqrt{1}$, $\sin 90° = \frac{1}{2} \cdot \sqrt{4}$, $\cos 45° = \frac{1}{2} \cdot \sqrt{2}$, gültig sind.
   b) Ermittle einen spitzen (stumpfen) Winkel, dessen Sinuswert $\frac{1}{2} \cdot \sqrt{2}$ beträgt.
   c) Ermittle einen spitzen (stumpfen) Winkel, dessen Kosinuswert $\frac{1}{2}$ beträgt.
   d) Gib eine natürliche Zahl n an, für die die Gleichung $\sin 45° = \frac{1}{2} \cdot \sqrt{n}$ wahr ist.

5. Berechne die gesuchte Kathete im Dreieck ABC. Der rechte Winkel liegt bei C. Kontrolliere deine Rechnung durch eine maßstabsgerechte Konstruktion.
   a) α = 32°; c = 6 cm; gesucht: a
   b) β = 50°; c = 9 cm; gesucht: b
   c) α = 72°; c = 11 cm; gesucht: b
   d) β = 25°; c = 3 m; gesucht: a
   e) α = 62°; b = 4 km; gesucht: a
   f) α = 30°; a = 4 cm; gesucht: b

6. Gib eine natürliche Zahl n an, für die $\cos 60° = \frac{1}{2} \cdot \sqrt{n}$ wahr ist.

7. Vergleiche die Kosinus- und die Sinuswerte von 0°, 90° und 180° miteinander und formuliere einen Zusammenhang.

8. Zeichne die Figur ABCDEF in dein Heft.
   a) Erläutere, wie du beim Zeichnen vorgegangen bist und begründe dein Vorgehen.
   b) Zeichne nach gleichem Verfahren das nächste Dreieck AFG.
   c) Berechne die Längen der Strecken $\overline{AC}$, $\overline{AD}$, $\overline{AE}$ und $\overline{AF}$ sowie die Größen der Winkel ∡CAD, ∡ADC, ∡DAE, ∡AED, ∡EAF und ∡AFE.
   d) Finde einen Zusammenhang für die rot gekennzeichneten Strecken.

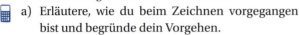

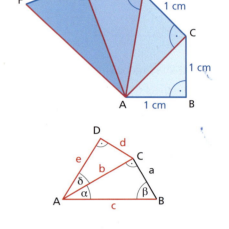

9. Im Viereck ABCD seien a = 3 cm, α = 35° und δ = 30°.
   a) Bestimme die Längen der Strecken c, b, d und e.
   b) Gib den Umfang des Vierecks ABCD an.
   c) Wie groß ist der Umfang des Dreiecks ABC?

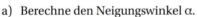

10. Der Pkw wird nach einem Unfall über eine Rampe auf einen Lkw verladen.
    a) Berechne den Neigungswinkel α.
    b) Berechne die Länge der Rampe.
    c) Überprüfe deine Ergebnisse durch eine maßstäbliche Konstruktion.

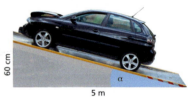

11. Berechne die Körperhöhe einer quadratischen Pyramide mit einer Grundfläche von 121 m², deren Seitenkante einen Neigungswinkel von 30° hat.

12. a) Unter welchem Winkel fallen Sonnenstrahlen auf die horizontale Erdoberfläche, wenn ein Stab von 1 m Länge, lotrecht aufgestellt, einen Schatten von 1,5 m wirft?
    b) Wie hoch ist ein Mast, der zur gleichen Zeit am gleichen Ort wie bei Aufgabe a) einen Schatten der Länge 18 m wirft?

13. Der Tangens eines Winkels findet bei Steigungen seine Anwendung. Vor allem, wenn die Steigung in Prozent angegeben wird. Bei 8 % Steigung oder Gefälle bedeutet das, dass auf 100 m waagerechter Strecke ein Höhenunterschied von 8 m überwunden wird. Gib den Steigungswinkel sowohl im Grad- als auch im Bogenmaß an.

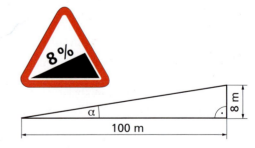

14. Der Flugpionier OTTO LILIENTHAL (1848 bis 1896) brachte es bei einem Flugversuch aus etwa 25 m Höhe auf eine Gleitflugweite von ca. 200 m. Unter welchem Winkel traf er unter der Annahme einer geraden Flugbahn auf die Erde?

4.2 Berechnen von Seitenlängen und Winkelgrößen beliebiger Dreiecke

Da jedes beliebige Dreieck durch eine Höhe in zwei rechtwinklige Dreiecke zerlegt werden kann, können Berechnungen an beliebigen Dreiecken auf Berechnungen rechtwinkliger Dreiecke zurückgeführt werden.

■ Für die Planung einer Brücke soll der Abstand zwischen zwei Punkten A und B ermittelt werden. Ein Punkt C wird so gewählt, dass die Entfernung $\overline{AC}$ gemessen werden kann. Außerdem kann der Punkt B von den Punkten A und C aus angepeilt werden. Somit sind die Winkel α und γ bekannt und damit auch $\beta = 180° - (\alpha + \gamma)$.
△ABC soll **spitzwinklig** sein. Die Höhe h_a zerlegt ABC in die rechtwinkligen Dreiecke △ADC und △ABD.

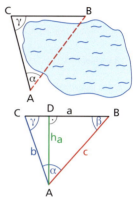

Es gilt: $\dfrac{h_a}{c} = \sin \beta$ $\dfrac{h_a}{b} = \sin \gamma$

$h_a = c \cdot \sin \beta$ $h_a = b \cdot \sin \gamma$

$c \cdot \sin \beta = b \cdot \sin \gamma \;\rightarrow\; c = \dfrac{b \cdot \sin \gamma}{\sin \beta}$

Analoge Betrachtungen gelten auch für stumpfwinklige Dreiecke ABC. Somit lässt sich folgender Zusammenhang für Seiten und Gegenwinkel beliebiger Dreiecke formulieren.

Der Sinussatz

Sinussatz
In jedem Dreieck ist das Verhältnis zweier Seitenlängen gleich dem Verhältnis der Sinuswerte ihrer Gegenwinkel.

Es gilt: $\dfrac{a}{b} = \dfrac{\sin \alpha}{\sin \beta}$; $\dfrac{b}{c} = \dfrac{\sin \beta}{\sin \gamma}$; $\dfrac{a}{c} = \dfrac{\sin \alpha}{\sin \gamma}$

Auch die Verhältnisse aus Seitenlängen und Sinuswerten der gegenüberliegenden Winkel sind gleich groß.

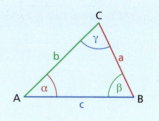

Mit dem Sinussatz können Seitenlängen oder Winkelgrößen von Dreiecken berechnet werden, wenn eine Seite und zwei Winkel (Kongruenzsatz wsw) oder zwei Seiten und der Gegenwinkel einer Seite (Kongruenzsatz SsW) bekannt sind. Liegt, wie bei SsW gefordert, der größere Winkel nicht der größeren Seite gegenüber, kann es zwei Lösungen oder gar keine Lösung geben.

■ *Gesucht:* $\overline{AB}$ *Gegeben:* $\overline{AC} = 44\text{ m}$; α = 70°; γ = 60°

Sinussatz: $\dfrac{b}{\sin \beta} = \dfrac{c}{\sin \gamma}$ $\beta = 180° - (\alpha + \gamma) = 50°$

$c = \dfrac{b \cdot \sin \gamma}{\sin \beta} = \dfrac{44 \text{ m} \cdot 0{,}866}{0{,}766} \approx 49{,}7 \text{ m}$

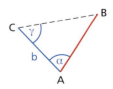

Trigonometrische Berechnungen an Dreiecken

■ Berechne die Länge der dritten Seite vom Dreieck ABC.

$a = 5{,}0$ cm, $b = 3{,}0$ cm, $\alpha = 47°$

Planfigur:

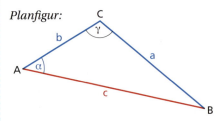

$a = 3{,}0$ cm, $c = 4{,}0$ cm, $\alpha = 16°$

Planfigur:

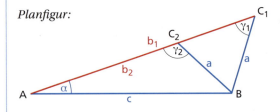

Analyse:

α ist gegeben $\rightarrow a > b \rightarrow$ SsW
$\rightarrow$ Es gibt genau ein Dreieck.

Lösung:
$$\frac{a}{\sin \alpha} = \frac{b}{\sin \beta}$$
$$\sin \beta = \frac{b \cdot \sin \alpha}{a} \qquad \beta = 26°$$
$$\gamma = 180° - 26° - 47° = 107°$$
$$\frac{a}{\sin \alpha} = \frac{c}{\sin \gamma}$$
$$c = \frac{a \cdot \sin \gamma}{\sin \alpha} = \frac{5 \text{ cm} \cdot \sin 107°}{\sin 47°} = 6{,}5 \text{ cm}$$

```
solve( 5/sin(47°) = 3/sin(x) ,x)|0°<x<180°
                                    x=26.0281 or x=153.972
180-47-26.03                                106.97
180-47-153.97                               -20.97
○ Die zweite Lösung entfällt!
solve( 5/sin(47°) = x/sin(106.97°) ,x)   x=6.53895
```

Analyse:

α ist gegeben $\rightarrow a < c \rightarrow$ nicht eindeutig
$\rightarrow$ Es gibt kein Dreieck oder zwei Dreiecke.

Lösung:
$$\frac{a}{\sin \alpha} = \frac{c}{\sin \gamma}$$
$$\sin \gamma = \frac{c \cdot \sin \alpha}{a}$$
$$\sin \gamma = \frac{4 \text{ cm} \cdot \sin 16°}{3 \text{ cm}}$$

① △ ABC₁
$\gamma_1 = 21{,}6°$
$\beta_1 = 180° - 16° - 21{,}6°$
$\beta_1 = 142{,}4°$
$$\frac{a}{\sin \alpha} = \frac{b_1}{\sin \beta_1}$$
$$b_1 = \frac{a \cdot \sin \beta_1}{\sin \alpha} =$$
$$b_1 = \frac{3 \text{ cm} \cdot \sin 142{,}4}{\sin 16°}$$
$b_1 = 6{,}6$ cm

② △ ABC₂
$\gamma_2 = 180° - 21{,}6°$
$\gamma_2 = 158{,}4°$
$\beta_2 = 5{,}6°$
$$\frac{a}{\sin \alpha} = \frac{b_2}{\sin \beta_2}$$
$$b_2 = \frac{a \cdot \sin \beta_2}{\sin \alpha}$$
$$b_2 = \frac{3 \text{ cm} \cdot \sin 5{,}6°}{\sin 16°}$$
$b_2 = 1{,}1$ cm

Es existieren zwei Dreiecke.

Probiere es selbst:

1. Vom Dreieck ABC sind $c = 3{,}0$ cm und $\alpha = 40°$ gegeben. Die Seite a kann folgende Längen haben: $a_1 = 1{,}5$ cm; $a_2 = 2{,}5$ cm; $a_3 = 4{,}0$ cm.
Benutze deinen CAS-Rechner und berechne für jedes Dreieck den fehlenden Innenwinkel γ. Interpretiere die CAS-Rechner-Anzeigen und gehe dabei besonders auf die Frage der Eindeutigkeit der Konstruktion des Dreiecks ein.

2. Berechne die fehlenden Seitenlängen und Winkelgrößen des Dreiecks ABC.
  a) $a = 5{,}6$ cm; $\beta = 84°$; $\alpha = 70°$ b) $c = 121$ m; $\gamma = 101°$; $\beta = 13°$

Der *Sinussatz* ist für Berechnungen *nicht geeignet*, wenn *zwei Seitenlängen* und der *eingeschlossene Winkel* eines Dreiecks geben sind.

Für diesen Fall gilt ein anderer Satz für Berechnungen an beliebigen Dreiecken.

Der Kosinussatz

Zwischen den Punkten B und C soll eine Straße gebaut werden. Die Länge der geplanten Straße kann nicht direkt gemessen werden. Von einem Punkt A werden die Punkte B und C angepeilt, der Winkel α und die Entfernungen $\overline{AB}$ sowie $\overline{AC}$ werden gemessen.

△ABC soll **spitzwinklig** sein mit $\alpha < 90°$.

Es gilt:
$a^2 = h_c^2 + (c-x)^2$ und $h_c^2 = b^2 - x^2$
$a^2 = b^2 - x^2 + c^2 - 2cx + x^2$
$a^2 = b^2 + c^2 - 2cx$ und $x = b \cdot \cos\alpha$
$a^2 = b^2 + c^2 - 2bc \cdot \cos\alpha$

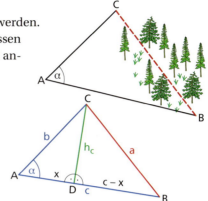

Der im Beispiel gezeigte Zusammen lässt sich auch für $90° < \alpha < 180°$ herleiten. Der Beweis kann analog geführt werden.

Somit lässt sich folgender Zusammenhang zwischen drei Seiten und einem Winkel beliebiger Dreiecke formulieren.

> **Kosinussatz**
> In jedem Dreieck ist das Quadrat einer Seite gleich der Summe der Quadrate der anderen Seiten vermindert um das Doppelte des Produkts aus diesen Seiten und dem Kosinus des von ihnen eingeschlossenen Winkels.
>
> *Es gilt:* $a^2 = b^2 + c^2 - 2bc \cdot \cos\alpha$
> $b^2 = a^2 + c^2 - 2ac \cdot \cos\beta$
> $c^2 = a^2 + b^2 - 2ab \cdot \cos\gamma$

Mit dem Kosinussatz kann von Dreiecken berechnet werden:
- die Länge einer Seite, wenn zwei Seiten und der eingeschlossene Winkel gegeben sind,
- die Größe eines Winkels, wenn die Längen alle drei Seiten gegeben sind.

Gesucht: $\overline{AB}$ *Gegeben:* $\overline{BC} = 7\,\text{cm}$; $\overline{AC} = 6\,\text{cm}$; $\gamma = 75°$

Kosinussatz: $c^2 = a^2 + b^2 - 2ab\cos\gamma$
$c = \sqrt{(7\,\text{cm})^2 + (6\,\text{cm})^2 - 2 \cdot 7\,\text{cm} \cdot 6\,\text{cm} \cdot \cos 75°}$
$c = 7{,}95 \approx 8\,\text{cm}$

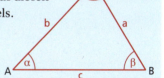

Gesucht: γ *Gegeben:* $\overline{AB} = 6{,}2\,\text{cm}$; $\overline{BC} = 4{,}3\,\text{cm}$; $\overline{AC} = 8{,}1\,\text{cm}$

Kosinussatz: $c^2 = a^2 + b^2 - 2ab\cos\gamma$
$\cos\gamma = \dfrac{a^2 + b^2 - c^2}{2ab} = \dfrac{(4{,}3\,\text{cm})^2 + (8{,}1\,\text{cm})^2 - (6{,}2\,\text{cm})^2}{2 \cdot 4{,}3\,\text{cm} \cdot 8{,}1\,\text{cm}}$
$\cos\gamma = 0{,}655 \quad \rightarrow \gamma = 49{,}0°$

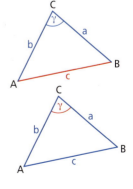

Hinweis: Beim Lösen mit einem CAS-Rechner braucht die Gleichung nicht umgestellt werden.

Methoden

Trigonometrische Berechnungen mit dem TI-Nspire

Einstellungen für Winkelmaße
Beim TI-Nspire können Winkelgrößen u. a. im Grad- oder im Bogenmaß eingestellt werden.
Wird der Kursor auf das Batterie- und Radsymbol oben rechts auf dem Bildschirm bewegt, wird der eingestellte Winkelmodus angezeigt.

Das Winkelmaß lässt sich unter
„(on) – *Einstellungen – Dokumenteinstellungen*" festlegen und mit „*Standard*" bestätigen. Das gilt bis auf Widerruf in allen Dokumenten und im Scratchpad.
Für trigonometrische Berechnungen sind Angaben von Winkelgrößen im Gradmaß sinnvoll.
Beim Berechnen von Winkelgrößen mithilfe des Sinus- oder Kosinussatzes sollte der Definitionsbereich für den gesuchten Winkel x auf den 1. und 2. Quadranten begrenzt werden, damit die Angabe unendlich vieler Lösungen vermieden wird. (siehe Seite 95)

Der „*Bedingungsoperator*" und die „*Ungleichungssymbole*" sind unter (ctrl) (=) zu finden.

Berechnungen mithilfe des Sinussatzes
Gegeben: Dreieck ABC mit c = 2,2 dm; b = 1,7 dm; γ = 25,0°
Gesucht: β
Es gilt: $\frac{c}{\sin \gamma} = \frac{b}{\sin \beta}$
also: $\frac{2{,}2 \text{ dm}}{\sin 25{,}0°} = \frac{1{,}7 \text{ dm}}{\sin \beta}$

Bei Eingabe der Gleichung wird der gesuchte Winkel mit x bezeichnet. Da die Innenwinkel eines Dreiecks zwischen 0° und 180° liegen, wird der Definitionsbereich für x auf diesen Bereich begrenzt.
Rechnerisch ergeben sich zwei Lösungen: β_1 = 19,1° und β_2 = 160,9°
Da in einem Dreieck der größeren Seite immer der größere Winkel gegenüber liegt, entfällt die Lösung β_2. Die Größe des gesuchten Winkels beträgt 19,1°.

Berechnungen mithilfe des Kosinussatzes
Gegeben: Dreieck ABC mit a = 4,3 cm; b = 5,2 cm; c = 6,7 cm
Gesucht: γ
Es gilt: $c^2 = a^2 + b^2 - 2 \cdot a \cdot b \cdot \cos \gamma$
also: $(6{,}7 \text{ cm})^2 = (4{,}3 \text{ cm})^2 + (5{,}2 \text{ cm})^2 - 2 \cdot 4{,}3 \text{ cm} \cdot 5{,}2 \text{ cm} \cdot \cos \gamma$

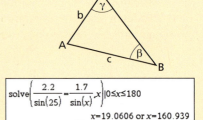

Bei Eingabe der Gleichung wird der gesuchte Winkel mit x bezeichnet und der Definitionsbereich auf Winkel zwischen 0° und 180° eingeschränkt. Auf dem Bildschirm ist die vollständige Eingabe nur durch Scrollen zu erkennen:
solve($6{,}7^2 = 4{,}3^2 + 5{,}2^2 - 2 \cdot 4{,}3 \cdot 5{,}2 \cdot \cos(x), x) | 0 \leq x \leq 180$)
Die Größe des gesuchten Winkels beträgt 89,2°.

Berechnen von Seitenlängen und Winkelgrößen beliebiger Dreiecke

Probiere es selbst:

1. Erläutere und begründe, warum der Satz des Pythagoras ein Spezialfall vom Kosinussatz für rechtwinklige Dreiecke ist.

2. Berechne die fehlende Seitenlänge des Dreiecks ABC.
   a) $a = 6{,}1$ cm; $c = 4{,}7$ cm; $\beta = 63°$
   b) $b = 17{,}2$ cm; $c = 13{,}9$ cm; $\alpha = 74{,}32°$

3. Berechne alle Innenwinkel des Dreiecks ABC.
   a) $a = 6{,}1$ cm; $b = 4{,}5$ cm; $c = 7{,}3$ cm
   b) $a = 3{,}2$ cm; $b = 7{,}3$ cm; $c = 5{,}8$ cm

Erste Schritte

1. Bestimme alle Winkel aus dem Intervall $0° \leq \alpha \leq 180°$, für die folgende Bedingungen gelten:
   a) $\sin \alpha = 0{,}67$ b) $\sin \alpha = 0{,}84$ c) $\sin \alpha = 0$ d) $\sin \alpha = 1$ e) $\sin \alpha = 1{,}25$
   f) $\sin 4\alpha = 0{,}45$ g) $4 \cdot \sin \alpha = 1{,}25$ h) $\sin \alpha = -0{,}27$ i) $\sin \alpha = 0{,}5$ j) $\sin \alpha = \frac{1}{2}\sqrt{2}$

2. Von einem Dreieck ABC sind jeweils drei Stücke gegeben. Berechne (wenn möglich) die fehlenden Seitenlängen und Innenwinkelgrößen mit dem Sinussatz.
   a) $a = 4{,}2$ cm; $\alpha = 72°$; $\beta = 56°$
   b) $c = 4{,}2$ cm; $\alpha = 56°$; $\beta = 72°$
   c) $c = 4{,}2$ cm; $a = 6{,}0$ cm; $\alpha = 76°$
   d) $c = 4{,}2$ cm; $a = 6{,}0$ cm; $\beta = 76°$

3. Von einem Dreieck ABC sind jeweils drei Stücke gegeben. Berechne alle anderen Stücke.
   a) $c = 4{,}2$ cm; $a = 8{,}8$ cm; $\beta = 154°$
   b) $a = 6{,}4$ cm; $b = 4{,}6$ cm; $c = 6{,}4$ cm
   c) $a = 6{,}4$ cm; $b = 4{,}6$ cm; $c = 8{,}4$ cm
   d) $b = 5{,}5$ cm; $c = 6{,}7$ cm; $\alpha = 99°$

Weiterführende Aufgaben

1. Ergänze die angegebenen Beziehungen unter Verwendung des Sinussatzes zu wahren Aussagen.
   a) $x : z$
   b) $\sin \beta : \sin \alpha$
   c) $\frac{\sin \gamma}{x}$
   d) $z : y$
   e) $\sin \beta : \sin \gamma$
   f) $\frac{y}{\sin \alpha}$

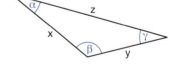

2. Von einem Viereck ABCD sind bekannt:
   $e = 6$ cm, $b = 7{,}5$ cm, $\beta_1 = 35°$, $\delta_1 = 50°$, $\delta_2 = 100°$
   Berechne den Umfang des Vierecks.
   Überprüfe dein Ergebnis durch Konstruktion des Vierecks.

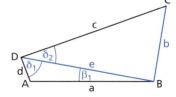

3. Erläutere und begründe, warum der Sinussatz auch für rechtwinklige Dreiecke gilt.

4. Gib jeweils eine Gleichung zur Berechnung der rot eingezeichneten Stücke an. Begründe.
   a)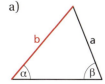
   b)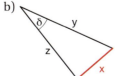
   c)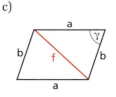
   d)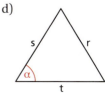

5. Berechne x bzw. die Winkel α und γ.

a)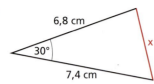

b)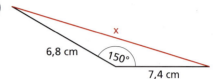

c)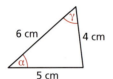

d)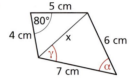

6. Berechne die Größe des Innenwinkels α im nebenstehenden Dreieck. Erläutere deinen Rechenweg.

7. Es seien von einem Parallelogramm ABCD gegeben:
a = c = 8 cm, b = d = 4 cm, α = γ = 40°
Berechne die Längen der Diagonalen.

8. Bestimme alle fehlenden Stücke der Dreiecke.

a)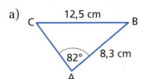

b)

c)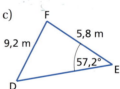

d)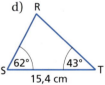

9. Von einem Dreieck ABC seien bekannt: a, b = 2a, γ = 85°.
Gesucht ist c. Jemand berechnet c nach der Formel $c^2 = a^2 + b^2$. Gib den Fehler an.

10. Bei einer Segelregatta wird ein Kurs in Form eines Dreiecks gesegelt. Alle Teilnehmer erhalten eine Skizze.
a) Berechne, wie lang eine Runde des Segelkurses ist.
b) Kontrolliere deine Zwischenergebnisse durch eine maßstabsgetreue Konstruktion. Gib den Maßstab an.

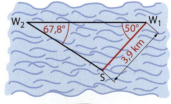

11. Berechne die Winkel, die drei Sendemasten D, E, F jeweils miteinander einschließen, wenn sie in folgenden Entfernungen voneinander aufgestellt sind:
$\overline{DE}$ = 187,6 km, $\overline{EF}$ = 141,3 km, $\overline{DF}$ = 129,7 km

12. Ein Tunnel soll durch ein Bergmassiv gebaut werden (siehe Abbildung). Berechne die Länge der Strecke $\overline{AB}$.

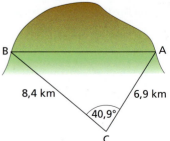

4.3 Berechnen von Flächeninhalten beliebiger Dreiecke

Die Flächeninhaltsformeln für rechtwinklige Dreiecke und für beliebige Dreiecke können aus der Flächeninhaltsformel für Rechtecke abgeleitet werden.

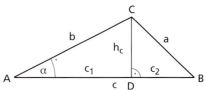

Es gilt: $A = \frac{1}{2} \cdot h_c \cdot c_2$ (für das rechtwinklige Dreieck BCD mit den Katheten h_c und c_2)

$A = \frac{1}{2} \cdot c \cdot h_c$ (für das beliebige Dreiecke ABC mit der Seite c und der zugehörigen Höhe h_c)

Für den Fall, dass h_c nicht bekannt ist, lassen sich diese Formeln erweitern:

Für h_c gilt: $h_c = b \cdot \sin \alpha$ *daraus folgt:* $A = \frac{1}{2} \cdot c \cdot b \cdot \sin \alpha$

Durch Ersetzen von h_b bzw. h_a erhält man analoge Formeln.

> **Flächeninhaltsformel für beliebige Dreiecke**
>
> Der Flächeninhalt eines beliebigen Dreiecks ist gleich dem halben Produkt aus den Längen zweier Seiten und dem Sinus des von diesen Seiten eingeschlossenen Winkels.
>
> $A = \frac{1}{2} \cdot a \cdot b \cdot \sin \gamma = \frac{1}{2} \cdot b \cdot c \cdot \sin \alpha = \frac{1}{2} \cdot a \cdot c \cdot \sin \beta$

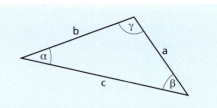

Gesucht: A in m^2 *Gegeben:* a = 92 m; b = 11,5 m; γ = 65°

Lösung: $A = \frac{1}{2} \cdot a \cdot b \cdot \sin \gamma$

$A = \frac{1}{2} \cdot 92 \text{ m} \cdot 11{,}5 \text{ m} \cdot \sin 65° \approx 479{,}4 \text{ m}^2$

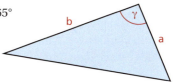

Probiere es selbst:

Berechne den Flächeninhalt des Dreiecks ABC.
a) a = 35,75 m; c = 26,48 m; α = 93,57°   b) b = 4,3 cm; c = 4,6 cm; γ = 20°

Erste Schritte

1. Berechne den Flächeninhalt des Dreiecks ABC.
   a) a = 4,0 cm; b = 6,0 cm; γ = 110°   b) c = 6,0 cm; b = 4,0 cm; α = 70°
   c) a = 6,0 cm; c = 6,0 cm; β = 30°   d) c = 6,0 cm; α = 50°; γ = 60°

2. Berechne den Flächeninhalt des Dreiecks ABC.
   $\overline{BC}$ = 8,7 m; $\overline{AC}$ = 7,1 m; ∢BCA = 44,6°
   $\overline{BC}$ = 52,85 m; $\overline{AB}$ = 75,23 m; ∢ABC = 56,91°
   $\overline{AB}$ = 1,385 m; $\overline{AC}$ = 171,8 cm; ∢BCA = 74,32°
   $\overline{BC}$ = 5,38 m; $\overline{AC}$ = 1,97 m; $\overline{AB}$ = 4,75 m

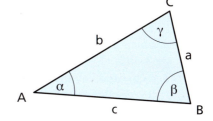

Weiterführende Aufgaben

1. Berechne, wenn möglich, jeweils die Größe vom Winkel α.
   Dreieck ①: b = 4 cm, c = 5 cm, A_1 = 8 cm²   *Dreieck ②*: b = 4 cm, c = 5 cm, A_2 = 12 cm²

2. Entscheide und begründe, ob aus den gegebenen Stücken ein Dreieck ABC eindeutig konstruiert werden kann. Berechne dann für alle möglichen Dreieck ABC jeweils die fehlenden Seitenlängen, die fehlenden Innenwinkel und den Flächeninhalt.
   a) a = 4 cm; b = 6 cm; β = 75°
   b) b = 6 cm; c = 7 cm; a = 10 cm
   c) a = 4 cm; b = 3 cm; γ = 75°
   d) a = 10 cm; α = 75°; γ = 50°

3. Bestätige die Richtigkeit der Formel $A = \frac{1}{2} ab \cdot \sin \gamma$ für γ = 90°.

4. Zeige, dass die Flächeninhaltsformel für ein Dreieck $A = \frac{1}{2} c^2 \cdot \frac{\sin \alpha \cdot \sin \beta}{\sin \gamma}$ für γ = 90° gilt. Gehe von der Formel $A = \frac{1}{2} bc \cdot \sin \alpha$ aus.

5. In der nebenstehenden Abbildung seien c = 4 cm, α = 30° und b = 6 cm. Berechne die Streckenlängen von d und h bzw. die Winkelgrößen von β' und β.
   Das Dreieck ADC ist rechtwinklig.

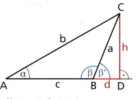

6. Zwei Wandergruppen starteten in A und wollten sich in C wiedertreffen. Eine Gruppe ging von A nach C über B, die andere Gruppe ging von A über D nach C. Welcher Weg war kürzer? Begründe.

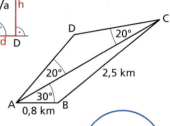

7. Die beiden Diagonalen e und f eines Parallelogramms bilden miteinander den Winkel φ. Zeige, dass für den Flächeninhalt des Parallelogramms die Gleichung $A = \frac{1}{2} ef \cdot \sin \varphi$ gilt.

8. Berechne den Flächeninhalt des Dreiecks $M_1M_2M_3$ für r_1 = 6,5 cm; r_2 = 5,2 cm und r_3 = 3,8 cm.

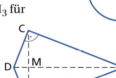

9. Vom Drachenviereck ABCD sind gegeben:
   $\overline{AB}$ = 9 cm; $\overline{AM}$ = 3,6 cm
   Berechne die übrigen Seitenlängen und den Flächeninhalt des Drachenvierecks.

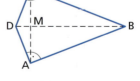

10. Berechne den Durchmesser des Halbkreises und den Flächeninhalt des Dreiecks der nebenstehenden Figur für ∢BCA = 60°.
    a) Wie ändern sich der Durchmesser des Halbkreises und der Flächeninhalt des Dreiecks bei Änderung von ∢BCA in 5°-Schritten.
    b) Prüfe und begründe, bei welcher Größe vom ∢BCA der Flächeninhalt des Halbkreises und der des Dreiecks gleich groß sind.
    c) Berechne das Volumen des Körpers, der bei Rotation des Halbkreises und des Dreiecks um ihre Symmetrieachsen für ∢BCA = 60° entsteht.

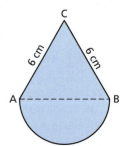

4.4 Probleme modellieren und lösen

Beim Berechnen von Seitenlängen, Innenwinkelgrößen und Flächeninhalten von Vielecken (n-Ecken mit n > 3) mit trigonometrischen Mitteln, sollten diese in Dreiecke *zerlegt* oder durch Dreiecke zu einem Viereck *ergänzt* werden. Hier einige Möglichkeiten:

Ausgangsfigur	Zerlegungsmöglichkeiten			Ergänzungsmöglichkeiten	
	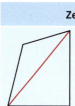	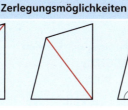	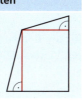	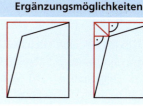	

Die Auswahl einer geeigneten Möglichkeit hängt von den gegebenen und gesuchten Stücken ab.

■ Berechne den Flächeninhalt des Fünfecks ABCDE mit zwei rechten Winkeln bei den Punkten A und D.

Folgende Maße sind gegeben:
a = 7 cm, b = 4,5 cm, c = d, e = 3 cm, β = 60°

Das Fünfeck ABCDE in drei Dreiecke (ABE, EBC, ECD) zerlegt:

Planfigur:

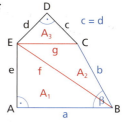

① **Seiten- und Winkelberechnung**

Satz des Pythagoras:

$f = \sqrt{a^2 + e^2}$

$f = \sqrt{(7\,\text{cm})^2 + (3\,\text{cm})^2}$

$f = \sqrt{58}\,\text{cm}$ (7,6 cm)

Sinus im rechtwinkligen Dreieck:

$\sin \sphericalangle ABE = \frac{e}{f}$

$\sin \sphericalangle ABE = \frac{3\,\text{cm}}{\sqrt{58}\,\text{cm}}$

$\sphericalangle ABE = 23{,}2°$

Winkeldifferenz:

$\sphericalangle EBC = β - \sphericalangle ABE$

$\sphericalangle EBC = 60° - 23{,}2°$

$\sphericalangle EBC = 36{,}8°$

Kosinussatz:

$g = \sqrt{f^2 + b^2 - 2fb \cdot \cos 36{,}8°}$

$g = \sqrt{58\,\text{cm}^2 + 20{,}25\,\text{cm}^2 - 54{,}77\,\text{cm}^2}$

$g = 4{,}8\,\text{cm}$

Sinussatz:

$\frac{c}{\sin 45°} = \frac{g}{\sin 90°}$

$c = \frac{g \cdot \sin 45°}{\sin 90°}$

$c = 4{,}8\,\text{cm} \cdot \sin 45° = 3{,}4\,\text{cm}$

Basiswinkel im gleichschenkligen Dreieck: $c = d \rightarrow \sphericalangle DEC = \sphericalangle ECD = 45°$

② **Flächeninhaltsberechnung**

$A = A_1 + A_2 + A_3$

$A_1 = \frac{1}{2} a \cdot e = \frac{1}{2} \cdot 7\,\text{cm} \cdot 3\,\text{cm} = 10{,}5\,\text{cm}^2$

$A_2 = \frac{1}{2} f \cdot b \cdot \sin 36{,}8° = \frac{1}{2} \sqrt{58}\,\text{cm} \cdot 4{,}5\,\text{cm} \cdot \sin 36{,}8° \approx 10{,}3\,\text{cm}^2$

$A_3 = \frac{1}{2} c^2 = \frac{1}{2} (3{,}4\,\text{cm})^2 \approx 5{,}8\,\text{cm}^2$

$A \approx 10{,}5\,\text{cm}^2 + 10{,}3\,\text{cm}^2 + 5{,}8\,\text{cm}^2 \approx 26{,}6\,\text{cm}^2$

Antwort: Das Fünfeck hat einen Flächeninhalt von etwa 27 cm².

4.5 Gemischte Aufgaben

1. Zeichne die Funktionsgraphen g und h in ein Koordinatensystem. Berechne den Winkel α und den Winkel β, den g und h mit der x-Achse einschließen. Berechne den Winkel γ, den g und h einschließen.

   a) g: $y = \frac{1}{2}x + 2$
      h: $y = -\frac{1}{3}x + 2$

   b) g: $y = x + 2$
      h: $y = -x + 4$

   c) g: $y = 2x - 1$
      h: $y = -2x - 1$

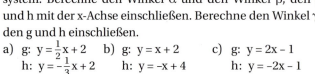

2. Gib jeweils eine Gleichung für die Berechnung der Größen im nebenstehend abgebildeten Viereck ABCD an.

   a) Diagonale e   b) Winkel γ   c) Winkel α

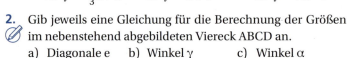

3. Berechne den Flächeninhalt eines Dreiecks ABC mit γ = 90°, α = 40° und a = 6 cm.

4. Berechne von den Dreiecken ABC die in Klammern stehenden Stücke.

   a) A = 30 cm², b = 8 cm, α = 70°   (c)

   b) A = 25 cm², a = 10 cm, γ = 50°   (u)

5. Gesucht sind der Flächeninhalt und der Umfang des Trapezes ABCD ($\overline{AB} \parallel \overline{CD}$) mit folgenden Kenngrößen:
   a = 70 cm; d = 52 cm; e = 59 cm; δ = 112°

6. In einem Dreieck ABC sind a = 5 cm, b = 10 cm und β = 50°.

   a) Berechne den Flächeninhalt des Dreiecks.

   b) Entscheide und begründe, ob folgende Aussage wahr ist:
   „Wäre auch noch der Winkel α gegeben, könnte man einfach die Formel $A = \frac{1}{2}ab \cdot \sin(\alpha + \beta)$ verwenden."

7. Die Abbildung zeigt einen Würfel mit a = $\overline{AB}$ = 14,5 cm. Berechne den Neigungswinkel α der Raumdiagonalen $\overline{HB}$ gegenüber der Seitenfläche ABCD.

8. Die Abbildung rechts zeigt einen geraden Kreiskegel. Der Radius des Grundkreises beträgt r = 5 cm. Der Winkel α zwischen der Höhe h und der Mantellinie s besitzt eine Größe von 30°. Berechne die Länge der Mantellinie s, die Höhe h, das Volumen und den Oberflächeninhalt des Kreiskegels für die angegebenen Werte.

9. Zufahrten zu öffentlichen Tief- und Hochgaragen sollen nicht mehr als 10° geneigt sein.

   a) Gib Steigung bzw. Gefälle in Prozent an.

   b) Wie lang muss die Zufahrt von einem Parkdeck zum nächsten Parkdeck mindestens sein, wenn jedes Parkdeck eine Höhe von 4,00 m besitzt?

   c) Rampen für Rollstuhlfahrer sollten nicht mehr als 6° geneigt sein. Bilde eine analoge Aufgabe.

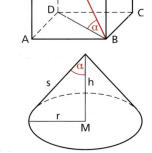

Gemischte Aufgaben

10. Die Längen der Seiten eines Dreiecks ABC stehen im Verhältnis 6 : 7 : 8.
    Berechne den größten Innenwinkel.

11. Die Sparren des Satteldachs eines 10,00 m breiten Hauses haben einen Überstand von 0,50 m.
    a) Berechne die Sparrenlänge für eine Dachneigung von 40°.
    b) Welche Höhe würde bei der Dachneigung von 40° der Dachraum haben?

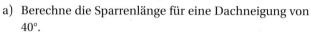

12. Die Breite $\overline{AB}$ eines Flusses soll mithilfe einer Peilung von der Turmspitze T ermittelt werden. Berechne die Flussbreite mithilfe der Maße aus nebenstehender Zeichnung.

13. Die Höhe $\overline{CD}$ eines Turmes soll mithilfe einer Peilung von der „Basisstrecke" $\overline{AB}$ ermittelt werden.
    Berechne die Turmhöhe mithilfe der Maße aus nebenstehender Zeichnung.

14. Die Steigung von Straßenabschnitten wird oft in Prozent angegeben.
    Wenn p Meter Höhendifferenz auf 100 m horizontaler Länge auftreten, dann hat eine Straße eine Steigung von p%.
    Berechne die Winkelgrößen α, β und γ in nebenstehender Zeichnung.

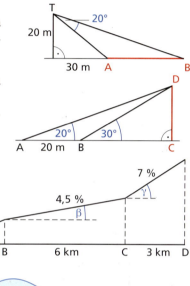

15. Die Strecke $\overline{PQ}$ liegt im unwegsamen Gelände und kann nicht direkt gemessen werden. Mithilfe einer Basisstrecke $\overline{AB}$ und unter Verwendung von Peilwinkeln lässt sich die Länge der Strecke aber berechnen.
    Berechne $\overline{PQ}$ für folgende Maße:
    a) $\overline{AB}$ = 200 m;
       α = 30°; β = 40°; α' = β' = 90°
    b) $\overline{AB}$ = 200 m;
       α = 30°; β = 40°; α' = 80°; β' = 90°

16. Kräfteaddition
    Übernimm die Zeichnung in dein Heft (10 N ≙ 1 cm).
    Ermittle zeichnerisch und rechnerisch die resultierende Gesamtkraft.

a)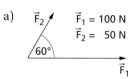
$\vec{F}_1$ = 100 N
$\vec{F}_2$ = 50 N

b)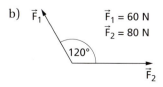
$\vec{F}_1$ = 60 N
$\vec{F}_2$ = 80 N

c)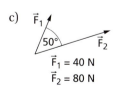
$\vec{F}_1$ = 40 N
$\vec{F}_2$ = 80 N

Teste dich selbst

1. Berechne jeweils die fehlenden Seitenlängen, Winkelgrößen und den Flächeninhalt.

a) 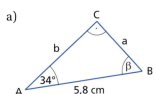   b) 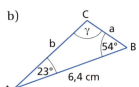   c)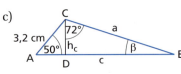

2. Berechne die fehlenden Seitenlängen und Winkelgrößen des Dreiecks ABC.
- a) $a = 5{,}6$ m; $b = 3{,}4$ m; $\alpha = 35°$
- b) $c = 4{,}6$ cm; $\gamma = 90°$; $\beta = 31°$
- c) $a = 2$ cm; $c = 5$ cm; $\beta = 55°$
- d) $a = 4{,}8$ cm; $b = 5{,}2$ cm; $\gamma = 90°$
- e) $b = 32{,}0$ m; $\beta = 48°$; $\gamma = 73°$
- f) $a = 3{,}6$ m; $b = 5{,}3$ m; $\beta = 70°$

3. Berechne jeweils die rot gekennzeichneten Stücke.

a) 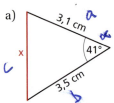   b)   c) 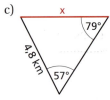   d)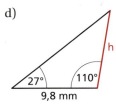

e) 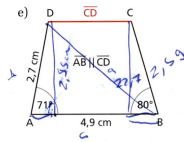   f) 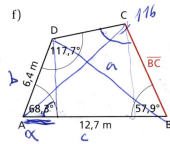   g)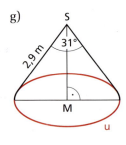

4. Ermittle zeichnerisch und rechnerisch alle fehlenden Seitenlängen und Innenwinkelgrößen sowie den Flächeninhalt der vorgegebenen Dreiecke ABC. Skizziere jeweils die Abfolge deines Vorgehens.
- a) $a = 5{,}4$ cm; $b = 7{,}8$ cm; $\beta = 63°$
- b) $a = 4{,}8$ cm; $b = 3{,}5$ cm; $c = 6{,}2$ cm
- c) $a = 6{,}7$ cm; $c = 5{,}4$ cm; $\beta = 26°$
- d) $a = 3{,}8$ cm; $b = 6{,}6$ cm; $\alpha = 33°$

5. Berechne das Volumen und den Oberflächeninhalt der abgebildeten Körper.

a) $\overline{AB} = \overline{BC} = \overline{CD} = \overline{DA} = 5$ m; $\overline{BS} = 7$ m

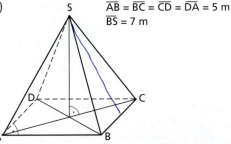

b) $\overline{MS} = 5$ cm

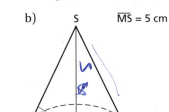

6. Eine Landstraße hat auf einer Strecke von 850 m eine Steigung von 3,7 %.
   a) Um wie viele Höhenmeter steigt die Straße auf dieser Strecke an?
   b) Gib die Steigung (in Prozent) an, wenn es doppelt so viele Höhenmeter sind.

7. Bestimme die Flussbreite.
(Vgl. nebenstehende Abbildung.)

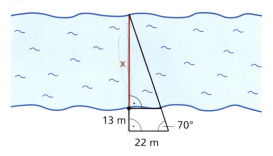

8. Paul lässt einen Drachen steigen, Klara begleitet ihn. Paul sieht den Drachen unter einem Winkel von 16° und Klara unter einem Winkel von 22°, sie stehen in gerader Linie 25 m voneinander entfernt. Beide haben dieselbe Augenhöhe von 1,52 m.
   a) Fertige eine Zeichnung in einem geeigneten Maßstab an und ermittle die Höhe des Drachens durch Messen. Erkläre, ob die Vorgaben eindeutig sind.
   b) Überprüfe dein Messergebnis durch Berechnen der Höhe.

9. Berechne die Fläche des abgebildeten Grundstücks ABCD in Hektar.

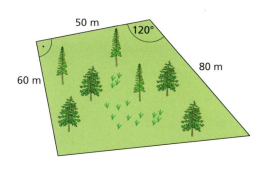

10. Von einem Turm T aus sind die Fährstation A etwa 5,2 km und die Fährstation B etwa 3,8 km entfernt. Wie lang ist die Fährverbindung $\overline{AB}$, wenn $\sphericalangle ATB = 52°$ beträgt?

11. Wie groß ist der Winkel α, den der Funktionsgraph der mit der x-Achse einschließt?
   a) $y = 2x$ b) $y = 4x - 2$ c) $y = -\frac{2}{3}x + 1$ d) $y = \frac{4}{3}x - 3$

12. Gegeben ist ein Quader ABCDEFGH mit den Kantenlängen $a = 12$ cm, $b = 8$ cm, $c = 5$ cm. Durch den Quader wird eine Schnittebene wie in der Abbildung gelegt.
   a) Berechne Seitenlängen und die Größen der Innenwinkel der Schnittfläche.
   b) Gib die Größe der Schnittfläche an.

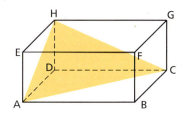

13. Ein Boot fährt vom Punkt A aus mit einer Eigengeschwindigkeit von $5 \frac{km}{h}$, die senkrecht zum Ufer gerichtet ist, über einen 75 m breiten Fluss (siehe Skizze). Da sich das Flusswasser mit $2 \frac{km}{h}$ bewegt, wird das Boot um die Strecke x abgetrieben.

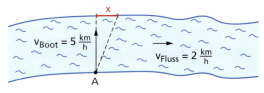

   a) Berechne, wie viele Meter das Boot abgetrieben wird.
   b) Das Boot soll nicht mehr abtreiben, also senkrecht zum Ufer fahren. Berechne, in welche Richtung das Boot bei einer Eigengeschwindigkeit von $5 \frac{km}{h}$ gesteuert werden muss.

Das Wichtigste im Überblick

Trigonometrische Beziehungen an rechtwinkligen Dreiecken

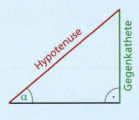 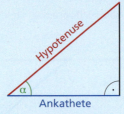 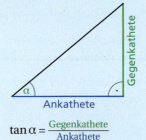

$\sin\alpha = \dfrac{\text{Gegenkathete}}{\text{Hypotenuse}}$ $\qquad$ $\cos\alpha = \dfrac{\text{Ankathete}}{\text{Hypotenuse}}$ $\qquad$ $\tan\alpha = \dfrac{\text{Gegenkathete}}{\text{Ankathete}}$

Beziehungen zwischen Sinus, Kosinus und Tangens eines Winkels

$\sin^2\alpha + \cos^2\alpha = 1$ $\qquad$ $\sin\alpha = \cos\alpha\,(90° - \alpha)$ $\qquad$ $\tan\alpha = \dfrac{\sin\alpha}{\cos\alpha}$

Sinus und Kosinus für stumpfe Winkel

Für $0° \leq \alpha \leq 180°$ gilt:

$\sin(180° - \alpha) = \sin\alpha$

$\cos(180° - \alpha) = -\cos\alpha$

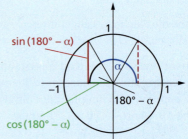

Berechnungen an beliebigen Dreiecken

Sinussatz

In jedem Dreieck ist das Verhältnis der Seitenlänge und des Sinus des gegenüberliegenden Winkels für alle Seiten gleich groß.

$\dfrac{a}{\sin\alpha} = \dfrac{b}{\sin\beta} = \dfrac{c}{\sin\gamma}$

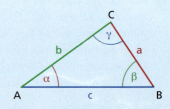

Anwendung des Sinussatzes:

① Gegeben sind *zwei Winkel und die eingeschlossene Seite* des Dreiecks (dritter Winkel wird über den Innenwinkelsatz berechnet) – **wsw**.

② Gegeben sind *zwei Seiten und ein Winkel, der der größeren Seite* des Dreiecks *gegenüberliegt* – **SsW**.
(Hier gibt es eindeutige Lösungen, wenn die größere Seite dem größeren Winkel gegenüberliegt. Sonst, gibt es entweder zwei Lösungen oder keine Lösung.)

Kosinussatz

In jedem Dreieck ist das Quadrat über einer Seite gleich der Summe der Quadrate über den beiden anderen Seiten vermindert um das doppelte Produkt aus diesen Seiten und dem Kosinus des von ihnen eingeschlossenen Winkels.

$a^2 = b^2 + c^2 - 2bc \cdot \cos \alpha$
$b^2 = a^2 + c^2 - 2ac \cdot \cos \beta$
$c^2 = a^2 + b^2 - 2ab \cdot \cos \gamma$

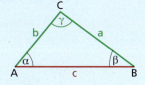

Für $90° < \alpha < 180°$ gilt: $\cos \alpha = -\cos(180° - \alpha)$

Anwendung des Kosinussatzes:
① Gegeben sind zwei Seiten und der eingeschlossene Winkel des Dreiecks – sws.
② Gegeben sind drei Seiten eines Dreiecks – sss.

Ist bei drei gegebenen Seitenlängen ein Innenwinkel zu berechnen, wird der Kosinussatz umgestellt nach: $\quad \cos \alpha = \dfrac{b^2 + c^2 - a^2}{2bc}; \quad \cos \beta = \dfrac{a^2 + c^2 - b^2}{2ac}; \quad \cos \gamma = \dfrac{a^2 + b^2 - c^2}{2ab}$

Flächeninhalt eines beliebigen Dreiecks

Der Flächeninhalt eines Dreiecks ist gleich dem halben Produkt aus zwei Seiten und dem Sinus des eingeschlossenen Winkels.

$A = \dfrac{1}{2} \cdot ab \cdot \sin \gamma = \dfrac{1}{2} \cdot bc \cdot \sin \alpha = \dfrac{1}{2} \cdot ac \cdot \sin \beta$

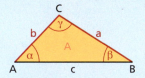

Berechnung von Seitenlängen und Winkelgrößen in Dreiecken

Gesucht	Gegeben		Hilfsmittel
Länge einer Seite	rechtwinkliges Dreieck	Länge von zwei Seiten	Satz des Pythagoras
		Länge einer Seite, Größe eines spitzen Winkels	Sinus, Kosinus, Tangens eines Winkels als Streckenverhältnisse in rechtwinkligen Dreiecken
	beliebiges Dreieck	Länge einer Seite, Größe von zwei Winkeln	Sinussatz
		Länge von zwei Seiten, Größe des eingeschlossenen Winkels	Kosinussatz
Größe eines Winkels	zwei Winkelgrößen		Innenwinkelsumme im Dreieck
	rechtwinkliges Dreieck	Länge zweier Seiten	Sinus, Kosinus, Tangens des Winkels als Streckenverhältnis
	beliebiges Dreieck	Länge zweier Seiten, Größe eines Winkels, der nicht von den gegebenen Seiten eingeschlossen wird	Sinussatz
		Länge aller drei Seiten	Kosinussatz

5 Winkelfunktionen

Periodische Wiederholungen

Viele Vorgänge in der Natur und im täglichen Leben wiederholen sich periodisch, also immer wieder.
Informiert euch im Internet oder in Nachschlagewerken über den Begriff „Periode".
Erläutert diesen Begriff dann an je einem Beispiel aus der Physik, der Astronomie, der Geographie und der Mathematik.

Unglaublich, aber wahr

Der Klang des Sirenensignals eines Krankenwagens ist nicht immer gleich. Er verändert sich ständig, wenn ein Krankenwagen an einer Person vorbei fährt.
Beschreibt, wie die Person das Signal beim Näherkommen bzw. beim Wegfahren des Krankenwagens empfindet.

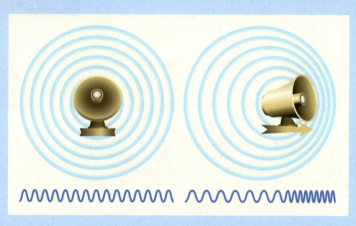

Besondere Kurven

Ein Riesenrad hat einen Durchmesser von 25 m. Die Gondelhöhe hängt vom Drehwinkel ab.
Skizziert in einem Diagramm, in welcher Weise die Gondelhöhe vom Drehwinkel abhängt.
Beschreibt den Verlauf der Kurve mit eigenen Worten.

Start

Periodische Vorgänge untersuchen

In Natur und in Technik gibt es viele Vorgänge, die sich regelmäßig zeitlich wiederholen und **periodische Vorgänge** genannt werden. Alle *Rotations-* bzw. *Kreisbewegungen* können so interpretiert werden. Beispiele dafür sind u. a. Drehbewegungen, die *Räder, Kreisel* und *Karussells* durchführen oder die *Rotation unseres Planeten.* Beim Untersuchen solcher Vorgänge lassen sich Zusammenhänge zwischen Größen erkennen.

Gruppe 1

Ein Wasserrad mit einem Radius von 1,2 m benötigt für einen Umlauf genau 2 min. Betrachtet wird die Befestigung einer Schaufel im Punkt P auf der Höhe des Drehpunktes (Mittelpunkt des Kreises). Der Punkt P hat zum Zeitpunkt t = 0 min die Höhe h = 0 m. Das Wasserrad dreht sich gleichförmig (entgegen dem Uhrzeigersinn) im mathematisch positiven Drehsinn.

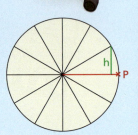

Hinweis:
Höhen des Punktes P sollen mit dem Zeichen „+" versehen werden, wenn er sich oberhalb des Kreismittelpunktes befindet, unterhalb des Kreismittelpunktes erhalten Höhen das Zeichen „–".

1. Welche Höhen hat Punkt P zu den in der Tabelle angegebenen Zeitpunkten?
   Übertragt die Tabelle in eine Tabellenkalkulation und füllt sie aus.

Zeit t in min	0	0,5	1,0	1,5	2,0	2,5	3,0	3,5	4,0
Höhe h in m				–1,2					

2. Stellt den Zusammenhang gafisch dar und begründet, warum die Funktion $y = 1{,}2 \cdot \sin(\pi \cdot t)$ geeignet ist, die Höhe von P in Abhängigkeit von der Zeit zu beschreiben.

3. Erläutert, welche Bedeutung der Funktionswert f(–1,5) in diesem Sachzusammenhang hat.

4. Beschreibt, wie sich Funktionsgleichung und Funktionsgraph für folgende Werte ändern:
   - Der Radius beträgt 2,0 m und ein Umlauf dauert genau eine Minute.
   - Der Radius beträgt 1,8 m und ein Umlauf dauert genau drei Minuten.

Gruppe 2

Das höchste Riesenrad Europas ist das „London Eye". Es steht im Zentrum von London genau an der Themse und hat eine Höhe von 140 m. Modellhaft lässt sich die Bewegung einer Gondel des Riesenrades als Bewegung eines Punktes P darstellen. Dabei liegt der Mittelpunkt des Kreises auf dem Ursprung eines Koordinatensystems.

Es soll die Lage der Gondel in Bezug auf die x-Achse in Abhängigkeit vom Drehwinkel α untersucht werden. Der Drehwinkel soll in mathematisch positivem Drehsinn (entgegen dem Uhrzeigersinn) im Koordinatenursprung an die x-Achse angetragen werden. Handelt arbeitsteilig.
Übertragt die Tabelle in eure Hefte. Zeichnet für verschiedene Radien r (wie in der Skizze) Figuren und tragt die Winkel ein. Ermittelt jeweils die Koordinaten u und v des Punktes P durch Messen. Achtet dabei auf die richtigen Vorzeichen der Koordinaten.

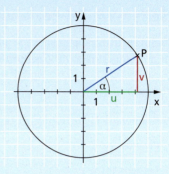

Drehwinkel α in °	0	30	45	60	90	180	225	270	315	360
Ordinate v in cm	0									
Abszisse u in cm					0			0		
Verhältnis v:r als Zahl										
Verhältnis u:r als Zahl										

1. Füllt die Tabelle aus und stellt die Zuordnungen $\alpha \to \frac{v}{r}$ und $\alpha \to \frac{u}{r}$ grafisch dar.
2. Gebt an, für welche Drehwinkel der Punkt P auf halber Höhe liegt.
3. Erläutert, wie man ohne Messen auf die Größe der Quotienten $\frac{v}{r}$ und $\frac{u}{r}$ für die Drehwinkel 120°, 135°, 210° und 330° schließen kann.

Gruppe 3

Im Internet lassen sich Sonnenaufgangs- und Sonnenuntergangszeiten finden.

1. Berechnet die Tageslängen als Zeitspanne von Sonnenaufgang bis Sonnenuntergang. Bestimmt für jeden ersten Tag des Monats die Tagesnummer, wenn man die Tage vom 1. Januar bis zum 1. Dezember durchgehend nummeriert. Erstellt in der Tabellenkalkulation eurer CAS-Rechner eine Tabelle mit den Werten für Tagesnummer und Tageslänge. *(1.2.2013 war der Tag mit der Nummer 32. Die Tageslänge am 1.2.2013 betrug 553 min.)*
2. Stellt den Zusammenhang zwischen der Tagesnummer und der Tageslänge grafisch dar.
3. Bestimmt die Differenz aus Minimum und Maximum der Liste der Werte für die Tageslänge.
4. Eine Funktion $y = f(x) = a \cdot \sin[0{,}017 \cdot (x - c)] + d$ modelliert näherungsweise den Zusammenhang zwischen der Tagesnummer und der Tageslänge. Bestimmt die Parameter a, c und d.

Ilmenau (Jahr 2013)		
Tag	Aufgang	Untergang
1. Jan.	8:18	16:22
1. Feb.	7:52	17:05
1. Mär.	7:00	17:58
1. Apr.	5:52	18:49
1. Mai	4:51	19:37
1. Jun.	4:09	20:20
1. Jul.	4:08	20:32
1. Aug.	4:43	20:01
1. Sep.	5:30	19:01
1. Okt.	6:17	17:54
1. Nov.	7:08	16:51
1. Dez.	7:56	16:14

Rückblick

Seiten-Winkel-Beziehungen für rechtwinklige Dreiecke

Beim rechtwinkligen Dreieck gibt es zwischen den Innenwinkeln, den Katheten und der Hypotenuse folgende Zusammenhänge:

Begriff	Gleichung	
Sinus von α	$\sin \alpha = \frac{a}{c}$	$\left(\frac{\text{Gegenkathete}}{\text{Hypotenuse}}\right)$
Kosinus von α	$\cos \alpha = \frac{b}{c}$	$\left(\frac{\text{Ankathete}}{\text{Hypotenuse}}\right)$
Tangens von α	$\tan \alpha = \frac{a}{b}$	$\left(\frac{\text{Gegenkathete}}{\text{Ankathete}}\right)$
Es gilt:	$\sin \alpha = \cos \beta$ und	$\cos \alpha = \sin \beta$

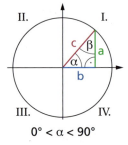

$0° < \alpha < 90°$

Winkelmaße

Winkelgrößen können sowohl im Gradmaß als auch im Bogenmaß angegeben werden:

Winkelmaß	Zusammenhang	
Gradmaß	Der Vollwinkel beträgt 360°.	
Bogenmaß	Der Vollwinkel beträgt 2π.	
Umrechnungen:	$\text{arc}\,\alpha = \alpha \cdot \frac{\pi}{180°}$	$\alpha = 180° \cdot \frac{\text{arc}\,\alpha}{\pi}$

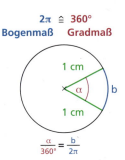

Winkelgrößen, die im Gradmaß gegeben sind, können ins Bogenmaß umgerechnet werden: Wenn α = 217° beträgt, dann ist $\text{arc}\,217° = 217° \cdot \frac{\pi}{180°} \approx 3{,}787$.

Winkelgrößen, die im Bogenmaß gegeben sind, können ins Gradmaß umgerechnet werden. Wenn arc α = 2,129 beträgt, dann ist $\alpha = 180° \cdot \frac{2{,}129}{\pi} \approx 121{,}98°$.

Gradmaß		–90°	45°	90°	135°	180°	270°	360°	540°
Bogenmaß	Vielfache von π	$-\frac{\pi}{2}$	$\frac{\pi}{4}$	$\frac{\pi}{2}$	$\frac{3}{4}\pi$	π	$\frac{3}{2}\pi$	2π	3π
	Zahlenwert (gerundet)	–1,6	0,8	1,6	2,4	3,1	4,7	6,3	9,4

Spezielle Sinus- und Kosinuswerte:

α	0°	30°	45°	60°	90°	120°	135°	180°
sin α	0	$\frac{1}{2}$	$\frac{1}{2}\cdot\sqrt{2}$	$\frac{1}{2}\cdot\sqrt{3}$	1	$\frac{1}{2}\cdot\sqrt{3}$	$\frac{1}{2}\cdot\sqrt{2}$	0
cos α	1	$\frac{1}{2}\cdot\sqrt{3}$	$\frac{1}{2}\cdot\sqrt{2}$	$\frac{1}{2}$	0	$-\frac{1}{2}$	$-\frac{1}{2}\cdot\sqrt{2}$	–1

Funktionen erkennen und beschreiben

In der Mindmap „Funktionen" sind ausgewählte Informationen (Merkmale, Eigenschaften) enthalten, die bei bisher behandelten Funktionen untersucht wurden.
Die unbeschrifteten Äste lassen sich für weitere Funktionsklassen oder Eigenschaften ergänzen.

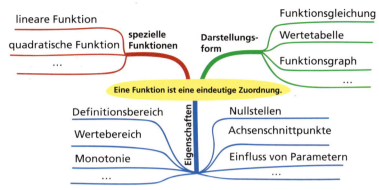

Eine Funktion $y = f(x)$ ist eine eindeutige Zuordnung von Elementen einer Menge X (x-Werte) zu Elementen einer Menge Y (y-Werte). Die Menge X heißt Definitionsbereich, die Menge Y heißt Wertebereich.
Hinweis: Zu einem x-Wert gehört immer genau ein y-Wert.
Zu einem y-Wert können mehrere x-Werte gehören.

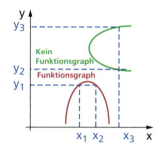

Wichtige Eigenschaften ausgewählter Funktionen

Funktionsklasse	Lineare Funktion	Potenzfunktion ($n \in \mathbb{N}$)	Exponentialfunktion
Gleichung	$y = f(x) = mx + n$	$y = f(x) = x^n$ ($n > 1$)	$y = f(x) = a^x$ ($a > 1$)
Beispiel	$y = f(x) = 0{,}5x - 2$	$y = f(x) = x^2$	$y = f(x) = 2^x$
Definitionsbereich	$x \in \mathbb{R}$	gerade n: $x \in \mathbb{R}$ ungerade n: $x \in \mathbb{R}$	$x \in \mathbb{R}$
Wertebereich	$y \in \mathbb{R}$	gerade n: $y \in \mathbb{R}$; $y \geq 0$ ungerade n: $y \in \mathbb{R}$	$y \in \mathbb{R}$; $y > 0$
Nullstelle x_0	$x_0 = -\frac{n}{m}$	$x_0 = 0$	keine
Achsenschnittpunkte	$S_y(0\,\|\,n)$; $S_x(x_0\,\|\,0)$	$S_y(0\,\|\,0)$, $S_x(0\,\|\,0)$	$S_y(0\,\|\,1)$; kein S_x
Monotonieverhalten	für $m > 0$: steigend für $m < 0$: fallend	gerade n: wechselnd ungerade n: steigend	für alle x steigend
Asymptoten	keine	gerade n: x-Achse ungerade n: keine	x-Achse

Rückblick

Aufgaben

1. Berechne jeweils die fehlenden Seiten und die fehlenden Innenwinkel eines rechtwinkligen Dreiecks ABC mit dem rechten Winkel bei C, für folgende Stücke:
   a) c = 8 cm; b = 5 cm
   b) a = 6 cm; c = 9 cm
   c) α = 40,6°; b = 7 cm
   d) β = 12°; c = 11 cm

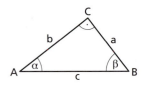

2. Eine Feuerwehrleiter ist vollständig ausgefahren 45 m lang. Der Anstellwinkel zwischen Leiter und Erdboden beträgt 65°.
   a) Berechne die Höhe der Leiter, wenn sie nur 10 m ausgefahren ist.
   b) Entscheide und begründe, in welcher Entfernung zum Haus das Feuerwehrauto mindestens stehen muss, wenn die Leiter zur Hälfte ausgefahren ist.

3. Bestimme alle Winkel α mit 0° ≤ α ≤ 180°, für die folgende Bedingungen gelten:
   a) sin α = 0
   b) sin α = 1
   c) sin α = 0,5
   d) sin α = $\frac{1}{2}\sqrt{2}$
   e) sin α = −0,27
   f) sin α = 1,25
   g) sin 4α = 0,45
   h) 4 · sin α = 1,25

4. Bestimme für die folgenden Winkel im Gradmaß deren Bogenmaße als Vielfache von π:
   a) $\alpha_1 = 0°$
   b) $\alpha_2 = 180°$
   c) $\alpha_3 = 360°$
   d) $\alpha_4 = 30°$
   e) $\alpha_5 = 45°$
   f) $\alpha_6 = 120°$
   g) $\alpha_7 = 150°$
   h) $\alpha_8 = 300°$

5. Bestimme für die folgenden Winkel im Bogenmaß deren Größe im Gradmaß:
   a) $x = \frac{\pi}{2}$
   b) $x = \frac{3}{4}\pi$
   c) $x = -\pi$
   d) $x = \frac{\pi}{3}$
   e) $x = -\frac{\pi}{2}$
   f) $x = \frac{\pi}{18}$
   g) $x = -\frac{\pi}{18}$
   h) $x = \pi$

6. Berechne die Winkel α bzw. β, die die Geraden g und h mit der x-Achse einschließen, und den Winkel γ, den g und h miteinander einschließen.
   a) g: $y = \frac{1}{2}x + 2$ h: $y = -\frac{1}{3}x + 2$
   b) g: y = x + 2   h: y = −x + 4
   c) g: y = 2x − 1   h: y = −2x − 1

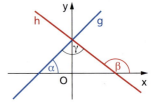

7. Bestimme die Lösungsmengen der Gleichungen im Intervall [0; π]:
   a) $\sin x = \frac{1}{3}$
   b) $\sin x = -\frac{4}{5}$
   c) $\sin x = -\frac{1}{2}\sqrt{2}$
   d) cos x = 0,8
   e) cos x = −0,4
   f) 4 sin x = 3
   g) $\sin^2 x = 1$
   h) $\cos^2 x = 0,2$
   i) $2\sin^2 x = \frac{3}{2}$

8. Von einem Riesenrad sind folgende Daten bekannt:
   Umlaufdauer: 75 s
   maximale Höhe: 55 m
   Entfernung Mittelpunkt-Aufhängepunkt einer Gondel: 26 m
   a) Eine Gondel steht im Punkt B auf der 3-Uhr-Position. Beschreibe die Bewegung der Gondel und stelle diese in einer Skizze in Abhängigkeit vom Drehwinkel dar.
   b) Bestimme mithilfe der Skizze die Höhe der Gondel bezüglich der x-Achse für die Winkelwerte 35°, 90°, 142°, 180°, 257°, 270°, 300° und 360°.

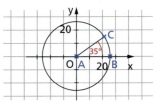

9. Es ist eine lineare Funktion als Wortvorschrift gegeben:
   „Jeder rationalen Zahl x wird ihr Dreifaches vermehrt um eins zugeordnet."
   a) Formuliere die Funktionsgleichung.
   b) Erstelle eine Wertetabelle für das Intervall –4 < x < 4 mit einer Schrittweite von 0,5.
   c) Zeichne den Funktionsgraphen mindestens im Intervall –4 < x < 4.
   d) Berechne die Nullstelle der Funktion und vergleiche diese mit den „Ablesewerten" am Funktionsgraphen.

10. Zeichne jeweils den Funktionsgraphen und schreibe wichtige Eigenschaften der Funktion auf.
    a) $f(x) = 3x - 2$
    b) $f(x) = 1{,}5x^2 + 0{,}5$
    c) $f(x) = -2x^3 + 3$
    d) $f(x) = x^4 + 2$
    e) $f(x) = 2^x - 0{,}6$
    f) $f(x) = -4x^2 - 2$
    g) $f(x) = 10^x + 2$
    h) $f(x) = -x^2 - 1$
    i) $f(x) = \frac{3}{2}x + \frac{1}{2}$
    j) $f(x) = -\frac{1}{2}x^3 - 2$
    k) $f(x) = \frac{5}{3}x - \frac{3}{2}$
    l) $f(x) = -\frac{5}{2}x + \frac{3}{2}$

11. Die abgebildeten Funktionsgraphen gehören zu quadratischen Funktionen der Form $y = f(x) = (x + d)^2 + e$.
    a) Lies die Koordinaten der Scheitelpunkte ab.
    b) Gib die Funktionsgleichungen in der Scheitelpunktsform an.
    c) Ermittle für jede Funktion die Funktionsgleichung in der Normalform.
    d) Berechne die Nullstellen der Funktionen und vergleiche mit den abgelesenen Werten am Graphen.

    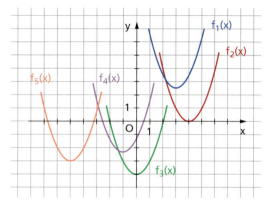

12. Gegeben sind fünf quadratische Funktionen durch ihre Gleichungen:
    ① $y = x^2$ ② $y = (x + 2)^2$ ③ $y = (x - 2)^2 - 1$ ④ $y = x^2 + 2x + 1$ ⑤ $y = x^2 + 4x + 8$
    a) Ermittle von jedem Graphen die Koordinaten des Scheitelpunktes.
    b) Zeichne die Funktionsgraphen in ein und dasselbe Koordinatensystem.
    c) Berechne die Nullstellen der Funktionen und vergleiche sie mit der grafischen Darstellung.
    d) Gib weitere Eigenschaften der quadratischen Funktionen an.

13. Zeichne jeweils den Funktionsgraphen und beschreibe den Verlauf. Erstelle dazu auch Wertetabellen für das Intervall –4 < x < 4 mit einer Schrittweite von 0,5.
    a) $y = f(x) = 2x^2$
    b) $y = f(x) = 0{,}5x^3$
    c) $y = f(x) = -3x^4$
    d) $y = f(x) = -x^5$
    e) $y = f(x) = 2x^3 + 1$
    f) $y = f(x) = 2x^3 - 1$
    g) $y = f(x) = -2x^3 + 1$
    h) $y = f(x) = -2x^3 - 1$

14. Stelle folgende Funktionsgraphen mithilfe eines Tabellenkalkulationsprogramms, eines Funktionsplotters oder eines Programms zur dynamischen Geometrie dar.
    a) $y_1 = 3x + 2$ $y_2 = -x^2 - 2$
    b) $y_1 = x^3 - 3$ $y_2 = -2x^4 + 6$
    c) $y_1 = -2^x + 6$ $y_2 = (x - 5)^2 + 1$
    d) $y_1 = 10^x + 4$ $y_2 = x^2 + 4x$
    e) $y_1 = (x - 1)^2 + 5$ $y_2 = x^2 + 6x + 7$
    f) $y_1 = -x^2 - 3$ $y_2 = (x - 2)^2 - 1$

5.1 Periodische Vorgänge untersuchen

Periodische Funktionen

Funktionale Abhängigkeiten physikalischer Größen von der Zeit treten oft auf. So hängt z. B. die Veränderung der Körpergröße eines Menschen oder die der Anzahl seiner Haare von der Zeit ab, die seit seiner Geburt vergangen ist.
Eine besondere Art solcher Vorgänge sind zeitlich periodische (sich in bestimmten Zeitintervallen regelmäßig wiederholende) Vorgänge, wie etwa der Herzschlag eines Menschen. Sie lassen sich oft modellhaft durch Winkelfunktionen beschreiben.

> Eine Funktion f mit dem Definitionsbereich D heißt **periodisch** mit der **Periode (Periodenlänge) p,** wenn es eine positive Zahl $p \in \mathbb{R}$ gibt, sodass für alle $x \in D$ auch $x + p \in D$ ist, und wenn stets gilt: $f(x) = f(x + p)$

Die Funktionswerte periodischer Funktionen wiederholen sich also periodisch im Abstand p.

- Die Tonhöhe der Sirene eines Kranken- oder Polizeifahrzeugs ist von der Frequenz der Schwingungen abhängig. Je kleiner die Periodenlänge, umso höher ist der Ton.

- Bei Wechselstrom ändern sich periodisch die Stärke und die Richtung des Stroms und der Spannung. Der zeitliche Verlauf kann an Oszillografen veranschaulicht werden.

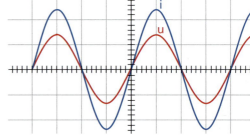

- Gezeiten (Tiden) bei Ebbe und Flut entstehen durch Anziehungskräfte zwischen Mond und Erde. Hoch- und Niedrigwasser wechseln sich dabei etwa alle 6 h ab. Das Diagramm zeigt den Wasserpegel für 3 Tage in Wilhelmshaven. Beim genauen Betrachten erkennt man, dass der Vorgang nicht hundertprozentig periodisch ist.

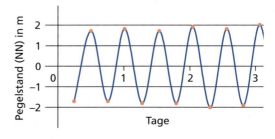

Periodische Vorgänge untersuchen

Aufgaben

1. Entscheide und begründe, ob die Funktionen periodisch sind. Gib bei jeder periodischen Funktion die Periode an und zeichne einen Funktionsgraphen für zwei Periodenlängen.
   a) $f(n) = (-1)^n$; $n \in \mathbb{N}$
   b) $f(x) = [x] = \text{int}(x)$; $x \in \mathbb{R}$; $x \geq 0$; ([x]: ganzzahliger Anteil von x, z. B. [3,7] = 3)
   c) $f(x) = x - [x] = x - \text{int}(x)$; $x \in \mathbb{R}$; $x \geq 0$
   d) $f(x) = (-1)^{[x]}$; $x \in \mathbb{R}$; $x \geq 0$

2. Der Funktionsgraph zeigt die Änderung der Höhe h des Flügelendpunktes P eines Windrades bei gleichmäßiger Rotation.
   a) Beschreibe den Verlauf des Graphen.
   b) Entscheide und begründe, wie sich der Graph bei doppelter (halb so schneller) Drehgeschwindigkeit des Flügels ändern müsste.

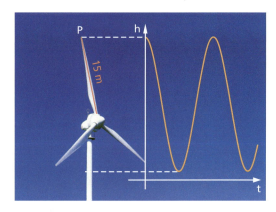

3. Entscheide, welche Vorgänge (zumindest näherungsweise) durch eine periodische Funktion beschrieben werden können. Nenne jeweils Definitions- bzw. Wertebereich und Bedingungen, unter denen dies zutrifft.
   a) Bewegung eines Uhrzeigers
   b) Wasserstand an einem Nordseestrand
   c) sichtbarer Teil des Mondes
   d) Wachstum der Früchte eines Obstbaumes
   e) Menstruationszyklen einer Frau
   f) Erddrehung

4. Die Tabelle enthält Ruftakte einer Telefonanlage. Stelle die Ruftakte grafisch dar.

Art des Anrufs	Folgen von Tonrufen und Pausen
externer Anruf	1 s Ton; 3 s Pause; 1 s Ton; 3 s Pause …
Rückruf	1 s Ton; 1 s Pause; 1 s Ton; 1 s Pause …
interner Anruf	$\frac{1}{3}$ s Ton; $\frac{1}{3}$ s Pause; $\frac{1}{3}$ s Ton; $2\frac{2}{3}$ s Pause; $\frac{1}{3}$ s Ton; $\frac{1}{3}$ s Pause …

5. Ein Punkt P bewege sich mit konstanter Geschwindigkeit v auf dem Rand eines gleichseitigen Dreiecks. Die folgende Abbildung zeigt den Vorgang und den zugehörigen Graphen.

   a) Entscheide und begründe, wie sich eine Vergrößerung (eine Verkleinerung) der Umlaufgeschwindigkeit grafisch äußert.
   b) Skizziere einen entsprechenden Graphen für den Fall, dass sich der Punkt P mit konstanter Geschwindigkeit v auf dem Rand eines Quadrates bewegt.
   c) Stelle die zeitliche Änderung des Abstandes von P zur Geraden g_2 sowohl beim Bewegen von P auf dem Dreieck als auch beim Bewegen von P auf dem Quadrat grafisch dar.

5.2 Die Sinusfunktion und die Kosinusfunktion – Winkelfunktionen

Die am rechtwinkligen Dreieck erklärten Beziehungen Sinus und Kosinus gelten nicht nur für Winkel zwischen 0° und 180°. Beim Untersuchen von Winkeln am Einheitskreis lassen sich Sinus- und Kosinuswerte auch für Winkel größer als 180° angeben. Liegt der Punkt P nicht im ersten Quadranten (0° < α < 90°) können auch Koordinaten mit dem Vorzeichen „–" auftreten:

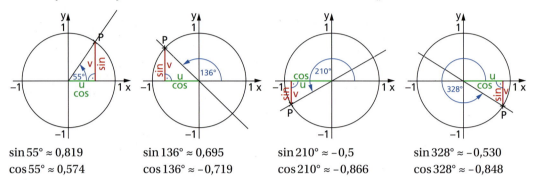

sin 55° ≈ 0,819   sin 136° ≈ 0,695   sin 210° ≈ –0,5   sin 328° ≈ –0,530
cos 55° ≈ 0,574   cos 136° ≈ –0,719   cos 210° ≈ –0,866   cos 328° ≈ –0,848

Beim Untersuchen periodischer Vorgänge können auch beliebige negative Drehwinkel auftreten.

> Ein **Drehwinkel** hat das Vorzeichen „+", wenn ein Strahl s um seinen Anfangspunkt S entgegen dem Uhrzeigersinn gedreht wird. Ein **Drehwinkel** hat das Vorzeichen „–", wenn ein Strahl s um seinen Anfangspunkt S im Uhrzeigersinn gedreht wird.
>
> Eine vollständige Linksdrehung entspricht +360°, eine vollständige Rechtsdrehung entspricht –360°.

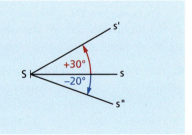

Bei mehreren Umdrehungen entstehen Winkel, deren Größen betragsmäßig größer als 360° sind.

> Bei mehreren Umdrehungen werden zu einem Drehwinkel die entsprechenden Vielfache n von +360° bzw. –360° addiert.

+ 800° = 720° + 80°   (zwei volle Linksdrehungen, dazu eine Linksdrehung um 80°)
– 480° = –360° – 120°   (eine volle Rechtsdrehung, dazu eine Rechtsdrehung um 120°)

Somit ist jedem Drehwinkel α genau ein Sinus- bzw. Kosinuswert zugeordnet. Umgekehrt gibt es zu jedem Sinus- bzw. Kosinuswert unendlich viele Drehwinkel mit diesem Funktionswert. Werden x- und y-Koordinaten eines veränderlichen Punktes P den zugehörigen Drehwinkeln in einem Koordinatensystem zugeordnet, entstehen Graphen der Sinus- bzw. Kosinusfunktion. Diese Funktionsgraphen werden auch als **Sinus**- und **Kosinuskurve** bezeichnet. Beide Kurven gehen wegen cos x = sin (90° – x) durch Verschieben um α = 90° in x-Richtung auseinander hervor.
Die Funktion **y = f(α) = sin α** heißt Sinus-, die Funktion **y = f(α) = cos α** heißt Kosinusfunktion:

Die Sinusfunktion und die Kosinusfunktion – Winkelfunktionen

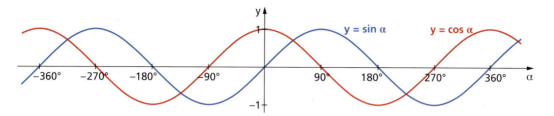

Bei technischen Anwendungen treten häufig Bogenmaße auf:
Sinusfunktion $y = f(x) = \sin x$ und Kosinusfunktion $y = f(x) = \cos x$

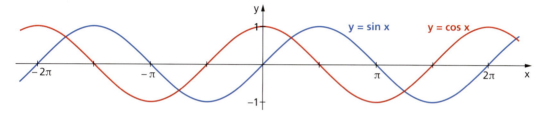

Die Eigenschaften der Sinus- und der Kosinusfunktion können aus ihren Graphen abgelesen werden.

Definitions- und Wertebereich
Für beide Funktionen gilt:

Definitionsbereich: $\quad -\infty < \alpha < +\infty$ $\qquad$ *Wertebereich:* $\quad -1 \leq y \leq 1$
$\qquad\qquad\qquad\qquad\;\; -\infty < x < +\infty \qquad\qquad\qquad\qquad\qquad -1 \leq y \leq 1$

Nullstellen
Sinusfunktion: $\quad \alpha = 0° + k \cdot 180°; \; k \in \mathbb{Z}$ $\qquad$ *Kosinusfunktion:* $\quad \alpha = 90° + k \cdot 180°; \; k \in \mathbb{Z}$
$\qquad\qquad\qquad x = k \cdot \pi; \; k \in \mathbb{Z}$ $\qquad\qquad\qquad\qquad\qquad\qquad x = \frac{\pi}{2} + k \cdot \pi; \; k \in \mathbb{Z}$

Wachstumsverhalten im Intervall von 0° bis 90°
Sinusfunktion: $\qquad\qquad\qquad\qquad\qquad\qquad$ *Kosinusfunktion:*
Die Funktion wächst im gesamten Intervall. $\qquad$ Die Funktion fällt im gesamten Intervall. Die
Etwa bis 30° $\left(\frac{\pi}{6}\right)$ ist der Zuwachs fast gleichmä- $\qquad$ Abnahme ist sehr gering und wird dann größer.
ßig, dann wird er immer geringer. $\qquad\qquad\qquad$ Ab etwa 30° $\left(\frac{\pi}{6}\right)$ fällt die Funktion fast linear.

Periodizität
Die Sinus- und die Kosinusfunktion sind periodisch mit der kleinsten Periode $\alpha = 360°$ $(x = 2\pi)$.

Für alle α gilt:
$\sin \alpha = \sin (\alpha + 360°) \quad$ und $\quad \cos \alpha = \cos (\alpha + 360°)$
$\sin \alpha = \sin (\alpha + k \cdot 360°) \quad$ und $\quad \cos \alpha = \cos (\alpha + k \cdot 360°) \quad$ (für alle ganzen Zahlen k)

Für alle x gilt:
$\sin x = \sin (x + 2\pi) \quad$ und $\quad \cos x = \cos (x + 2\pi)$
$\sin x = \sin (x + k \cdot 2\pi) \quad$ und $\quad \cos x = \cos (x + k \cdot 2\pi) \quad$ (für alle ganzen Zahlen k)

Quadrantenbeziehungen der Sinus- und der Kosinusfunktion

Beim rechnerischen Ermitteln aller zu gleichen Funktionswerten gehörenden Winkelgrößen können folgende **Quadrantenbeziehungen** genutzt werden. Sie ergeben sich aus den Graphen der Winkelfunktionen und lassen sich mit den Definitionen der Funktionen beweisen.

Für $0° \leq \alpha \leq 90°$ gilt:

$\sin \alpha = \sin(180° - \alpha) = -\sin(180° + \alpha)$
$\qquad = -\sin(360° - \alpha)$

$\cos \alpha = -\cos(180° - \alpha) = -\cos(180° + \alpha)$
$\qquad = \cos(360° - \alpha)$

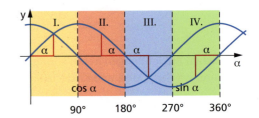

■ Gib alle Winkel α im Intervall von $-360° \leq \alpha \leq 360°$ an, für die gilt: $\sin \alpha = \frac{1}{2}$

Im ersten Quadranten gilt: $\alpha_1 = 30°$

Mit α_1 lässt sich (unter Verwendung der Quadrantenbeziehungen und der Periodizität der Sinusfunktion) auf die anderen gesuchten Winkel im gegebenen Intervall schließen. Dabei kann der Funktionsgraph hilfreich sein.

$\alpha_2 = 180° - 30° = 150°$
$\alpha_3 = 30° - 360° = -330°$
$\alpha_4 = 150° - 360° = -210°$

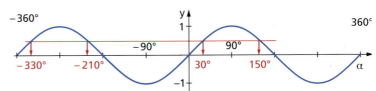

Probiere es selbst:

1. Formuliere die Quadrantenbeziehungen für Winkel im Bogenmaß.
2. Gib alle Winkel α im Intervall von $-270° \leq \alpha \leq 270°$ an, für die gilt: $\cos \alpha = -0{,}5$

Symmetrieeigenschaften der Graphen der Sinus- und der Kosinusfunktion

Für die Sinusfunktion gilt:

Der Graph ist im Intervall $0° \leq \alpha \leq 180°$ *axialsymmetrisch* zu einer Parallelen zur y-Achse durch $\alpha = 90°$.	(Graph: sin-Kurve von 0° bis 180°, Markierungen bei 60°, 120°)	$\sin 60° = \sin 120°$ $\sin 60° = \frac{1}{2}\sqrt{3}$ $\sin 60° = 0{,}866$	$\sin \alpha = \sin(180° - \alpha)$
Der Graph ist *punktsymmetrisch* zum Koordinatenursprung für $-90° \leq \alpha \leq 90°$. Die Funktion ist *ungerade*.	(Graph: sin-Kurve von −90° bis 90°, Markierungen bei −60°, 60°)	$\sin 60° = -\sin(-60°)$ $\sin 60° = \frac{1}{2}\sqrt{3}$	$\sin \alpha = -\sin(-\alpha)$

Für die Kosinusfunktion gilt:

Der Graph ist im Intervall $0° \leq \alpha \leq 360°$ *axialsymmetrisch* zu einer Parallelen zur y-Achse durch $\alpha = 180°$.	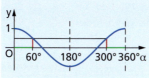	cos 60° = cos 300° cos 60° = 0,5	cos α = cos (360° – α)
Der Graph ist im Intervall $-90° \leq \alpha \leq 90°$ *axialsymmetrisch* zur y-Achse. Die Funktion ist *gerade*.	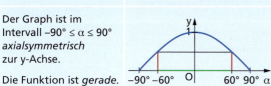	cos 60° = cos (–60°) cos 60° = 0,5	cos α = cos (–α)

Aufgaben

1. Trage an eine 0°-Linie folgende Drehwinkel an.
   a) +70° b) −70° c) +250° d) −270° e) +270° f) −250°

2. Die Größen der Winkel α_1 bis α_5 betragen:
   +200°; −60°; +20°; +120°; −160° (siehe Abbildung rechts)
   Ordne richtig zu.

3. Die Lage der dargestellten (sieben) Punkte P_1 bis P_7 ist durch folgende Winkelgrößen festgelegt:
   +720°; −390°; +510°; −315°; +585°; +810°; −450°
   Welcher Punkt gehört zu welchem Gradmaß?
   Gib für jeden Punkt auch ein Bogenmaß an.

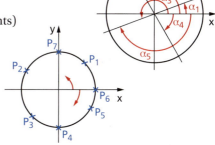

4. Stelle die Graphen der Sinus- und der Kosinusfunktion sowohl mithilfe einer Kurvenschablone als auch mit deinem CAS-Rechner im Intervall $360° \leq \alpha \leq 540°$ dar. (Vgl. Seite 120)

5. a) Stelle für $360° \leq \alpha \leq 540°$ mit 15°-Schritten eine Wertetabelle für die Sinusfunktion auf.
   b) Erläutere, welche Eigenschaften der Sinus- bzw. Kosinusfunktion bewusst genutzt werden können, um ohne Hilfsmittel ihre Graphen möglichst gut skizzieren zu können.

6. Prüfe und veranschauliche die Richtigkeit für: $\alpha_1 = 0°$; $\alpha_2 = 30°$; $\alpha_3 = \frac{\pi}{2}$; $\alpha_4 = -45°$; $\alpha_5 = 120°$
   a) $\sin x = \sin(\pi - x)$ b) $\sin(-\alpha) = -\sin \alpha$ c) $\cos(-\alpha) = \cos \alpha$
   d) $\cos(90° - \alpha) = -\cos(90° + \alpha)$ e) $\cos(\pi - x) = -\cos x$ f) $\sin^2 \alpha + \cos^2 \alpha = 1$

7. Begründe, dass alle Vielfachen von 360° Perioden der Sinus- und der Kosinusfunktion sind.

8. Gib alle Winkelgrößen aus dem Intervall $-180° \leq \alpha \leq 540°$ ($-\pi \leq x \leq 3\pi$) an, für die folgende Gleichungen gelten: a) $\sin \alpha = \frac{1}{2} \cdot \sqrt{2}$ b) $\sin x = -1$ c) $\cos \alpha = 0$ d) $\cos x = 1$

9. Bestimme die Lösungsmengen für positive Winkel bis 360°.
   a) $\sin x = 0$ b) $\cos x = -1$ c) $\cos x = \frac{1}{2} \cdot \sqrt{2}$ d) $|\sin x| = -0,5$
   e) $|\cos \alpha| = 0,5$ f) $\sin \alpha > 0,5$ g) $\cos \alpha < 0,5$ h) $\sin \alpha = \frac{1}{2} \cdot \sqrt{2}$
   i) $\sin x = 1,5$ j) $\cos x = 0$ k) $\cos x = 2$ l) $\sin x = -\frac{1}{2}\sqrt{2}$

Methoden

Darstellen von Winkelfunktionen mit dem TI-Nspire

In den Applikationen „Graphs" und „Geometry" des TI-Nspire kann eingestellt werden, ob Winkel im Grad- oder im Bogenmaß angegeben werden.
Diese Einstellungen gelten dann nur für solche Anwendungen. Somit kann dann z. B. unter „⌂on" – *Einstellungen – Dokumenteinstellungen"* festgelegt werden, dass trigonometrische Berechnungen im Gradmaß erfolgen, obwohl bei grafische Darstellungen das Bogenmaß verwendet wird.

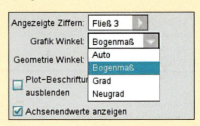

Beim Verwenden des Bogenmaßes ist häufig die Einteilung der x-Achse in Vielfache von π zweckmäßig. Das erfolgt im *„Menü – Fenster – Zoom – Trigonometrie"*.
Wird in der Applikation „Graphs" das Gradmaß eingestellt, so wird bei *„Zoom – Trigonometrie"* die x-Achse in Vielfache von 180° eingeteilt.

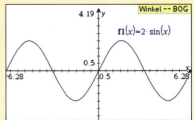

Graphen von Funktionen der Form y = f(x) = sin bx werden u. U. von CAS-Rechnern nicht korrekt dargestellt.
In nebenstehender Darstellung sehen die Graphen der Funktionen y = sin x und y = sin 80x fast gleich aus.
Der Graph von y = sin x wird, wie man an der kleinsten Periode p = 2π ≈ 6,28 erkennen kann, korrekt dargestellt.
Der Graph von y = sin 80x wird nicht korrekt dargestellt, denn diese Funktion hat in Wirklichkeit die kleinste Periode p = $\frac{2\pi}{80}$ ≈ 0,08.

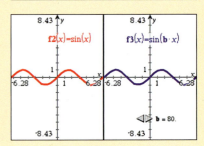

Ursache für solche fehlerhafte Darstellungen liegen im technisch begrenzten Auflösungsvermögen des Grafikfensters bei einer hohen Dichte von Bildpunkten „auf kleinem Raum". Eine korrekte Wiedergabe des Graphen erhält man durch Beachtung der kleinsten Periode p = $\frac{2\pi}{80}$ ≈ 0,08 bei der Einteilung der Fensterparameter für die x-Achse, wie sie in dem nebenstehender Abbildung zu sehen ist.

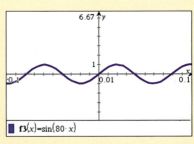

Beim Untersuchen von Winkelfunktionen können im *„Menü – Graph analysieren"* Eigenschaften von Graphen abgelesen werden.

Setzt man den Cursor auf das Symbol in der linken oberen Ecke des Bildschirms, wird eine Hilfe angezeigt.

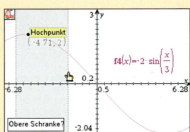

5.3 Einfluss von Parametern auf Eigenschaften von Winkelfunktionen

Zum Beschreiben realer periodischer Vorgänge werden „reinen" Winkelfunktionen $y = \sin x$ oder $y = \cos x$ nur selten verwendet. Es sind Funktionsgleichungen mit Parametern erforderlich.

- Die Auslenkung eines Fadenpendels kann durch die folgende Gleichung beschrieben werden: (Luftwiderstand vernachlässigt)

$y = f(t) = y_{max} \cdot \sin \frac{2\pi}{T} t$

y_{max} (maximale Auslenkung)
T (Schwingungsdauer).

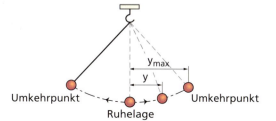

Bei Potenzfunktionen $y = f(x) = a \cdot (x + d)^r + e$ haben die Parameter a, d und e den Verlauf der Funktionsgraphen bezogen auf die Grundform $y = x^r$ beeinflusst. Es soll gezeigt werden, welchen Einfluss Parameter auf Eigenschaften von Winkelfunktionen haben.

Probiere es selbst:

1. Beschreibe den Verlauf des Graphen $y = f(x) = a \cdot (x + d)^r + e$ für $a = -1$; $d = 2$ und $e = 0{,}5$.
2. Untersuche mit deinem CAS-Rechner den Einfluss folgender Parameter:
   a) Parameter a auf den Verlauf der Graphen $\quad y = f(x) = a \cdot \sin x$
   b) Parameter b auf den Verlauf der Graphen $\quad y = f(x) = \sin bx$
   c) Parameter c auf den Verlauf der Graphen $\quad y = f(x) = \sin x + c$
   d) Parameter d auf den Verlauf der Graphen $\quad y = f(x) = \sin (x + d)$

Gleichung	Wirkung des Parameters auf den Funktionsgraphen
$y = f(x) = a \cdot \sin x$	$\|a\| > 1$ Streckung des Funktionsgraphen $y = \sin x$ in y-Richtung $\|a\| < 1$ Stauchung des Funktionsgraphen $y = \sin x$ in y-Richtung $a < 0$ Spiegelung des Funktionsgraphen $y = \sin x$ an der x-Achse (Der Betrag von a gibt den maximalen Funktionswert der Funktion an, er heißt analog zu physikalischen Begriffsbildungen auch Amplitude.)
$y = f(x) = \sin bx$	$\|b\| > 1$ Streckung des Funktionsgraphen $y = \sin x$ in x-Richtung $\|b\| < 1$ Stauchung des Funktionsgraphen $y = \sin x$ in x-Richtung $b < 0$ Spiegelung des Funktionsgraphen $y = \sin x$ an der y-Achse (Die kleinste Periodenlänge beträgt immer $\frac{360°}{b}$ bzw. $\frac{2\pi}{b}$.)
$y = f(x) = \sin x + c$	Verschiebung des Funktionsgraphen $y = \sin x$ um c Einheiten in y-Richtung
$y = f(x) = \sin (x + d)$	$d > 0$ Verschiebung des Funktionsgraphen $y = \sin x$ um $\|d\|$ nach links $d < 0$ Verschiebung des Funktionsgraphen $y = \sin x$ um $\|d\|$ nach rechts (Die Nullstellen sind: $x_k = k \cdot \pi - d$)

Winkelfunktionen

Analoge Aussagen gelten auch für die Kosinusfunktion.

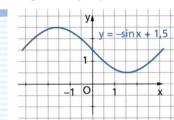 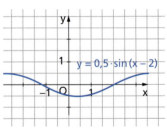

Der Funktionsgraph
$y = -\sin x + 1{,}5$
geht aus dem Graphen
$y = \sin x$ hervor durch:
- Spiegeln an der x-Achse
- Verschieben um
  1,5 Einheiten nach oben

Der Funktionsgraph
$y = 2 \cdot \cos x - 1$
geht aus dem Graphen
$y = \cos x$ hervor durch:
- Strecken mit Faktor 2
- Verschieben um eine
  Einheit nach unten

Der Funktionsgraph
$y = 0{,}5 \cdot \sin(x - 2)$
geht aus dem Graphen
$y = \sin x$ hervor durch:
- Verschieben um
  2 Einheiten nach rechts
- Stauchen mit Faktor 0,5

Probiere es selbst:
Stelle die Funktionen $y = f(x) = -2 \cdot \sin(x + 2) - 1$ und $y = f(x) = \frac{1}{2} \cdot \cos(x - 1) + 2$ grafisch dar.
a) Gib jeweils die größten und kleinsten Funktionswerte an.
b) Berechne jeweils $f_1(0)$; $f_2(\pi)$; $f_3(2\pi)$; $f_4(-\pi)$; $f_5(-1)$; $f_6(2)$
c) Bestimme die Nullstellen jeder Funktion im Intervall von $-2\pi < x < 3\pi$.

Aufgaben

1. Die folgenden Abbildungen zeigen Funktionsgraphen $y = a \cdot \sin bx$. Ermittle a bzw. b und gib die zugehörige Funktionsgleichung an.

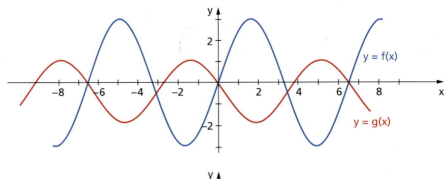

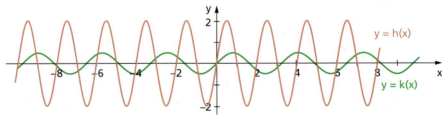

2. In den Abbildungen sind folgende Funktionsgraphen dargestellt:

① $y = \sin(x - 1)$
② $y = \cos(x + 2)$
③ $y = \sin(x + 2)$

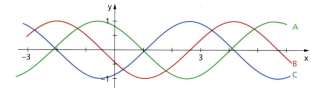

a) Entscheide und begründe, welche Gleichung zu welchem Graphen gehört.
b) Skizziere die Graphen der Funktionen zuerst freihand im Intervall $-\pi \leq x \leq 2\pi$.
Überprüfe dann mit deinem CAS-Rechner:
① $y = \sin(x - 2{,}5)$ ② $y = \sin(x + \pi)$ ③ $y = \cos(x - 1)$
c) Zeichne den Graphen der Funktion $y = \sin\left(x + \frac{\pi}{2}\right)$ im Intervall $-\pi \leq x \leq 2\pi$.
Welche dir bekannte Funktion erhältst du? Formuliere einen Zusammenhang.

3. In folgenden Diagrammen sind Graphen von Funktionen $y = f(x) = a \cdot \sin bx$ dargestellt. Bestimme jeweils die Parameter a und b.

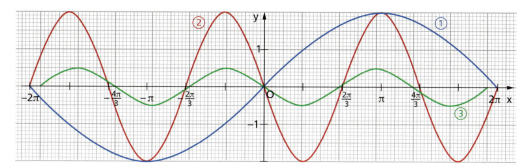

4. Die Abbildung zeigt Funktionsgraphen.
Gib jeweils die zugehörige Funktionsgleichung einmal in der Form $y\,f(x) = a \cdot \sin[b(x + d)]$ und einmal in der Form $y = f(x)\, a \cdot \cos[b(x + d)]$ an.

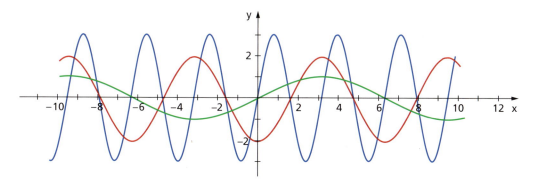

5. Gib von folgenden Funktionen den Wertebereich, die Nullstellen, die Amplitude und die kleinste Periode an. Zeichne jeweils den Funktionsgraphen im Intervall $0 \leq x \leq 2\pi$.

a) $y = 2\cos x$ b) $y = \cos 2x$ c) $y = -\cos x$ d) $y = \cos x + 2$
e) $y = \cos \pi x$ f) $y = 2\cos 2x + 2$ g) $y = 3\cos \pi x$ h) $y = \cos 2x + 2$

Winkelfunktionen

6. Ermittle alle Argumente x im Intervall $0 \leq x \leq 2\pi$ für die gegebenen Funktionswerte y.
- a) $y = \sin\frac{\pi}{4}$
- b) $y = -\sin\frac{\pi}{2}$
- c) $y = \sin\pi$
- d) $y = \cos\frac{\pi}{4}$
- e) $y = -\cos\frac{\pi}{2}$
- f) $y = \cos\pi$
- g) $\sin x = 1$
- h) $\cos = -0{,}4$
- i) $|\sin x| = 0{,}5$
- j) $2\sin x = 1{,}6$
- k) $3\cos x = -3$
- l) $1{,}5\sin x = 1$

7. Gib jeweils die zugehörigen x-Werte im Intervall $-2\pi \leq x \leq 2\pi$ an.
- a) $y = \sin x; y = 0{,}5$
- b) $y = 2\sin x; y = 2$
- c) $y = 0{,}5\sin x; y = -0{,}25$
- d) $y = 5\sin x; y = -5$
- e) $y = 4\sin x; y = 5$
- f) $y = \sqrt{2}\sin x; y = 1$

8. Zeichne die Funktionsgraphen im Intervall $-\pi \leq x \leq 3\pi$ und gib jeweils den Wertebereich an.
- a) $y = -2 \cdot \sin x$
- b) $y = \frac{1}{2} \cdot \cos x$
- c) $y = -\cos x$
- d) $y = 4 \cdot \sin x + 1$

9. Der Graph $y = \sin x$ wird an der x-Achse gespiegelt und der dadurch entstandene Graph mit dem Faktor $\sqrt{2}$ in x-Richtung gestreckt. Gib Gleichungen für die entstandenen Graphen an.

10. Entscheide und begründe, ob folgende Aussage wahr ist:
Den Funktionsgraphen $y = a \cdot \sin x$ für $a < 0$ kann man durch Stauchung oder Streckung und durch anschließende Spiegelung aus dem Graphen von $y = \sin x$ erzeugen.

11. Gib für $y = f(x) = 2 \cdot \cos x$ alle Stellen x aus dem Intervall $-\pi \leq x \leq 3\pi$ an, für die gilt:
- a) $f(x) = 0$
- b) $f(x) = 1$
- c) $f(x) = -2$
- d) $f(x) = -1$

12. Bestimme für $y = f(x) = \sin bx$ die kleinste Periode.
- a) $b = \frac{2}{3}$
- b) $b = \pi$
- c) $b = \frac{\pi}{2}$
- d) $b = 0{,}1$

13. Bestimme für $y = f(x) = \sin bx$ den Wert b bei folgenden kleinsten Periodenlängen p:
- a) $p = 2\pi$
- b) $p = \frac{\pi}{2}$
- c) $p = 2$
- d) $p = \frac{1}{2}$

14. Bestimme die kleinste positive Nullstelle für $y = \sin\frac{x}{6}$.

15. Bestimme für $y = f(x) = \cos bx$ die Anzahl der Nullstellen im Intervall $0 \leq x \leq 2\pi$.
- a) $b = 1$
- b) $b = 3$
- c) $b = \pi$
- d) $b = 1{,}5\pi$

16. Skizziere die Funktionsgraphen im Intervall $-\pi \leq x \leq 2\pi$ zuerst freihand in einem Koordinatensystem und überprüfe die Kurven dann mit deinem CAS-Rechner.
- a) $f(x) = -\sin\frac{x}{2}$
- b) $f(x) = 2 \cdot \cos\frac{x}{4}$
- c) $f(x) = 1{,}5 \cdot \sin\frac{\pi}{2}x$
- d) $f(x) = -3 \cdot \cos 2x$

17. Gegeben sind die Funktionen $y = f(x) = 2\sin x$ und $y = g(x) = x$.
- a) Zeichne die Graphen beider Funktionen im Intervall $-\frac{3}{2}\pi \leq x \leq \frac{3}{2}\pi$ in ein und dasselbe Koordinatensystem.
- b) Gib die Koordinaten der Schnittpunkte beider Funktionsgraphen an.
- c) Gib den Wertebereich beider Funktionen im gegebenen Intervall an.

18. Entscheide und begründe, für welche der Funktionen $y = f_1(x) = \sin x$, $y = f_2(x) = 2\sin x$ und $y = f_3(x) = 0{,}5\sin x$ welche der Aussagen (1), (2) und (3) gilt.

(1) Es gilt: $f(0) = 0$
(2) Die Gleichung $f(x) = 1$ ist nicht lösbar.
(3) Der Wertebereich ist: $-2 \leq y \leq 2$

5.4 Probleme modellieren und lösen

Gleichungen, bei denen das Argument einer Winkelfunktion gesucht ist, heißen **goniometrische Gleichungen** (griech.: *gonia* – Winkel). Sie können nur näherungsweise gelöst werden.

■ Löse die Gleichung $\sin x = 0{,}7$.
Wegen der Quadrantenbeziehung $\sin(\pi - x) = \sin x$
gibt es zwei Lösungen x_1 und x_2 im Intervall $0 \leq x \leq \pi$.
$x_1 \approx 0{,}775$ und $x_2 = \pi - x_1 \approx 2{,}366$

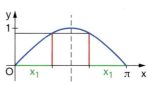

Da die Sinusfunktion periodisch ist, gibt es unendlich
viele Lösungen. Für $k \in \mathbb{Z}$ gilt: $x \approx 0{,}775 + 2k\pi$ und $x_2 \approx 2{,}366 + 2k\pi$

Es gibt verschiedene Möglichkeiten zum Lösen goniometrischer Gleichungen.

① Die Gleichung auf eine der Formen $\sin x = a$, $\cos x = b$ zurückführen.
   Bei Bedarf eine Hilfsvariable (Substitutionsmethode) verwenden.

■ Löse die Gleichung $3 \cdot \sin(2x + 1{,}5) - 2{,}7 = 0 \quad (x \in \mathbb{R})$.

$$\begin{aligned}
3 \cdot \sin(2x + 1{,}5) - 2{,}7 &= 0 \quad | +2{,}7 \\
3 \cdot \sin(2x + 1{,}5) &= 2{,}7 \quad | :3 \\
\sin(2x + 1{,}5) &= 0{,}9 \quad | \text{ Hilfsvariable } z \text{ verwenden} \\
\sin z &= 0{,}9
\end{aligned}$$

$z_1 = 1{,}120 + 2k\pi \quad \rightarrow \quad 2x_1 + 1{,}5 = 1{,}120 + 2k\pi \quad x_1 = -0{,}190 + k\pi$
$z_2 = 2{,}022 + 2k\pi \quad \rightarrow \quad 2x_2 + 1{,}5 = 2{,}022 + 2k\pi \quad x_2 = 0{,}261 + k\pi$

Probe: $3 \cdot \sin(2 \cdot (-0{,}190) + 1{,}5) - 2{,}7 = 0{,}0003 \quad 3 \cdot \sin(2 \cdot 0{,}261 + 1{,}5) - 2{,}7 = -0{,}0002$
Weil Näherungswerte aufgetreten sind, ergeben die Proben nicht genau den Wert 0.

② Beim Auftreten unterschiedlicher trigonometrischer Ausdrücke mit gleichen Argumenten auf eine der Beziehungen $\sin^2 x + \cos^2 x = 1$ oder $\tan x = \frac{\sin x}{\cos x}$ zurückführen. Die Gleichung so umzuformen, dass nur noch eine Winkelfunktion auftritt.

■ Löse die Gleichung $3 \cdot \sin x = 2 \cdot \cos x \quad (x \in \mathbb{R})$.

$3 \cdot \sin x = 2 \cdot \cos x \quad | :\cos x \;(\cos x \neq 0)$
$3 \cdot \frac{\sin x}{\cos x} = 2 \quad | :3$
$\tan x = \frac{2}{3}$
$x = 0{,}5880 + k\pi$

Untersuchung für $\cos x = 0$:
Es gilt:
$\cos x = 0$ für $x = \frac{\pi}{2} + k \cdot \pi$ mit $(k \in \mathbb{Z})$
Für diese Fälle wäre aber die linke Seite der Gleichung niemals 0, denn es gilt:
$3 \cdot \sin\left(\frac{\pi}{2} + k \cdot \pi\right) = 3 \cdot (\pm 1) = \pm 3$
Der Fall $\cos(x) = 0$ liefert also keine weitere Lösung.

Probiere es selbst:
Berechne x im gegebenen Intervall. Veranschauliche die Ergebnisse jeweils am Funktionsgraphen.
a) $\sin x = 0{,}25$ für $-\pi \leq x \leq 2\pi$ \hspace{1em} b) $\cos x = 0{,}7$ für $-1{,}5\pi \leq x \leq 2\pi$
c) $\sin x = -1$ für $-2\pi° \leq x \leq 2\pi$ \hspace{1em} d) $\cos x = -0{,}3$ für $-\pi \leq x \leq 2\pi$
e) $|\sin x| = 0{,}4$ für $-\pi \leq x \leq 1{,}5\pi$ \hspace{1em} f) $|\cos x| = 1$ für $-1{,}5\pi \leq x \leq 2{,}5\pi$

Methoden

Goniometrische Gleichungen mit einem CAS-Rechner lösen

Gleichungen, in denen Winkelfunktionen vorkommen, heißen „goniometrische Gleichungen".

Rechnerisches Lösen mit Zählvariablen
Die Gleichung $\sin x = 1$ hat unendlich viele Lösungen.
Im Gradmaß angegeben, gehören alle Winkel
$x = 90° + k \cdot 360° = 90° \cdot (1 + 4k)$ mit $k \in \mathbb{Z}$ zur Lösungsmenge.

In der Anzeige des TI-Nspire werden nach Anwenden des „solve"-Befehls solche ganzen Zahlen k durch Zählvariablen **n1, n2, n3** usw. wiedergegeben. Mit jedem Lösen einer weiteren goniometrischen Gleichung werden die Nummern dieser Zählvariablen um 1 erhöht.

Im Bogenmaß angegeben, ergibt sich die Lösungsmenge der Gleichung $\sin x = 1$ durch: $x = \frac{\pi}{2} + k \cdot 2\pi$
Grad- bzw. Bogenmaßeinstellungen beim TI-Nspire werden auf Seite 124 beschrieben.

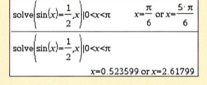

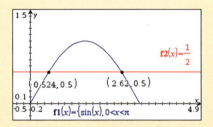

Lösen goniometrischer Gleichungen in Intervallen
Zum Ermitteln der Lösungen von $\sin x = \frac{1}{2}$ im Intervall $0 < x < \pi$ wird das Intervall mithilfe des Bedingungsoperators hinter der schließenden Klammer des „solve"-Befehls hinzugefügt. Lösungen sind:
$x_1 = \frac{\pi}{6} \approx 0{,}52$ und $x_2 = \frac{5}{6}\pi \approx 2{,}62$

Der Bedingungsoperator und die Ungleichungssymbole sind unter ctrl = zu finden.

Grafisches Lösen goniometrischer Gleichungen
Die Lösungen von $\sin x = \frac{1}{2}$ im Intervall $0 < x < \pi$ werden näherungsweise auch durch die Schnittpunktskoordinaten der beiden Funktionen

$y = \sin x$ und $y = \frac{1}{2}$ angegeben.

Beide Funktionen werden grafisch dargestellt.
Mit „Menü – Graph analysieren – Schnittpunkt" werden die Koordinaten der Schnittpunkte ermittelt. Dieses Verfahren kann als Kontrollmöglichkeit dienen.

Warnungen
Warnungen sollten immer ernst genommen werden
Beim „solve"-Befehl werden für das Beispiel nur drei Lösungen angezeigt. Zusätzlich erscheint die Warnung „Weitere Lösungen möglich". Durch Scrollen im „Calculator-Bildschirm" lassen sich für das Beispiel dann sieben Lösungen erkennen. Beim grafischen Lösen sind sogar elf Schnittpunkte erkennbar. Weitere Schnittpunkte kann es aufgrund des Monotonieverhaltens der linearen Funktion nicht geben. Die Gleichung hat also elf Lösungen.

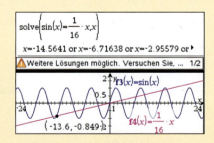

5.5 Gemischte Aufgaben

1. Gegeben sind die Funktionen y = f(x) = 2 sin x – 2 und y = g(x) = x.
   a) Zeichne beide Funktionsgraphen im Intervall $-\frac{3}{2}\pi \leq x \leq \frac{3}{2}\pi$ in ein Koordinatensystem.
   b) Beschreibe den Verlauf der Funktionsgraphen.
   c) Gib die Koordinaten der Schnittpunkte beider Funktionsgraphen an.
   d) Gib den Wertebereich beider Funktionen im gegebenen Intervall an.

2. Skizziere die beiden Funktionsgraphen y = f(x) = 2 sin (x) + 2 und y = g(x) = 2 cos (x) + 2 im Intervall $-3\pi \leq x \leq 3\pi$ in dein Heft.
   a) Vergleiche beide Funktionsgraphen miteinander, erläutere Gemeinsamkeiten und Unterschiede und sprich über das periodische Verhalten beider Funktionen.
   b) Gib für jede Funktion den Wertebereich für das angegebene Intervall an.
      Erläutere, wie du den Wertebereich ermittelt hast.
   c) Sprich über das Monotonieverhalten der beiden Funktionen im Intervall $0 \leq x \leq 3\pi$.
      Gib die kleinste Periodenlänge an.

3. Der Verlauf des Funktionsgraphen y = sin x soll mithilfe von Parametern verändert werden.
   Gib jeweils eine Funktionsgleichung an.
   a) Die kleinste Periode wird verdreifacht.   b) Die Amplitude wird verdoppelt.
   c) Es erfolgt eine Verschiebung in x-Richtung von $\frac{\pi}{3}$.
   d) Es erfolgt eine Verschiebung in x-Richtung von $-\frac{\pi}{2}$.
   e) Bei einer eine Verschiebung in x-Richtung von π und einer Verkleinerung der Amplitude um $\frac{1}{4}$ bleibt die Periode erhalten.

4. Ermittle für jeden Funktionsgraphen die kleinste Periode.

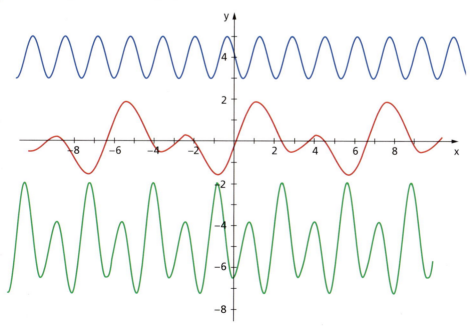

5. Mithilfe eines EKGs (Elektrokardiogramms) lässt sich feststellen, ob ein Herz im normalen Rhythmus schlägt oder ob eine Herzrhythmusstörung vorliegt. Die beim Herzschlag entstehenden elektrischen Spannungen werden in Abhängigkeit von der Zeit aufgezeichnet.

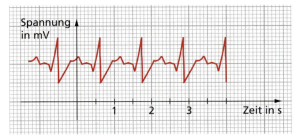

a) Erläutere, woran man den regelmäßigen Herzschlag erkennt.
b) Entnimm der Abbildung, wie viel Sekunden zwischen zwei Herzschlägen liegen und ermittle dann, wie oft das Herz pro Minute schlägt.

6. Im Diagramm ist die Veränderung der Kohlendioxidkonzentration der Atmosphäre auf Hawaii in etwa 3 500 m Höhe dargestellt. Jahreszeitlichen Schwankungen werden u. a. durch biologischen Aktivitäten der Vegetation hervorgerufen.

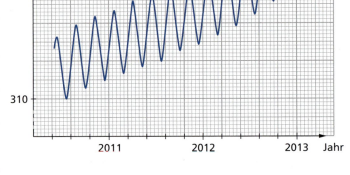

a) Begründe, warum sich die Kurve als Summe aus eines periodischen und eines linearen Funktionsgraphen beschreiben lässt.
b) Bestimme näherungsweise die Periodenlänge und die Amplitude des periodischen Anteils der Funktion. Interpretiere deine Ergebnisse.
c) Bestimme näherungsweise den Anstieg des linearen Anteils der Funktion. Berechne die mittlere Kohlendioxidkonzentration im Jahre 2020 unter der Annahme, dass der Entwicklungstrend gleich bleibt.

7. Zeichne den Graphen der Kosinusfunktion im Intervall $-2\pi \leq x \leq 2\pi$.
Alle weiteren Teilaufgaben beziehen sich auf das angegebene Intervall.
a) Gib den Definitions- und Wertebereich an.
b) Notiere alle Nullstellen im Gradmaß und im Bogenmaß.
c) Wo hat die Funktion im Intervall ihre Hoch- und ihre Tiefpunkte?
d) Markiere in der Zeichnung alle Winkel, deren Kosinuswert 0,5 beträgt. Gib die markierten Winkel im Gradmaß und im Bogenmaß an.

8. Die Spannung in einem Wechselstromkreis kann vereinfacht mit der Gleichung $U(t) = U_{max} \cdot \sin(2\pi f \cdot t)$ beschrieben werden. Das Diagramm zeigt die (idealisierte) Spannungskurve für die in Haushalten übliche Netzspannung ($f = 50$ Hz).

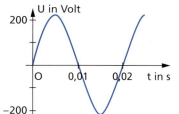

  a) Lies die zugehörigen Werte aus dem Diagramm ab und gib die Gleichung für den Funktionsgraphen an.
  b) Der Effektivwert der Netzspannung berechnet sich nach der Formel $U_{eff} = \frac{1}{\sqrt{2}} \cdot U_{max}$. Berechne den Effektivwert der Netzspannung.

9. Ein Fadenpendel benötigt für 9 Perioden (Schwingungen) etwa 12 Sekunden. Nach 5 Sekunden beträgt die Auslenkung $y = 0{,}35$ m.
Es gilt die Funktionsgleichung $y = f(t) = y_{max} \cdot \sin \frac{2\pi}{T} t$.

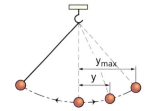

  a) Ermittle die Periodendauer T und die Frequenz f des Pendels.
  b) Ermittle die Amplitude (maximale Auslenkung) des Pendels.

10. Informiere dich im Internet über die Sonnenaufgangs- und Sonnenuntergangszeiten für die einzelnen Wochen des Jahres. Die Angaben sind auch auf Kalendern zu finden. Übertrage die Daten in eine Wertetabelle und stelle sie grafisch dar. Beschreibe die entstandene Punktmenge.

11. Löse die folgenden Gleichungen in den angegebenen Grundbereichen:
  a) $\sin \alpha = -0{,}2$ für $-180° \leq \alpha \leq 270°$
  b) $\sin x = 0{,}8$ für $\pi \leq \alpha \leq 2\pi$
  c) $\sin \alpha = 0{,}4$ für $-90° \leq \alpha \leq 270°$
  d) $\cos x = -\frac{5}{4}$ für $-\pi \leq \alpha \leq 3\pi$
  e) $\cos x = 0{,}6$ für $-\pi \leq \alpha \leq \pi$
  f) $|\sin x| = 0{,}5$ für $-2\pi \leq \alpha \leq 3\pi$
  g) $\cos \alpha = 0{,}5$ für $|\alpha| < 360°$
  h) $|\cos \alpha| = 0{,}5$ für $-360° \leq \alpha \leq 540°$

12. Berechne x im Intervall $-\pi \leq x \leq 4\pi$. Runde das Endergebnis auf eine Dezimalstelle.
  a) $2 \sin x = 0{,}356$
  b) $3 \cos x = 2{,}235$
  c) $5 \sin x = -2{,}5$
  d) $3 \sin x = -0{,}111$
  e) $0{,}5 \sin x = 0{,}485$
  f) $0{,}2 \cos = 0{,}2$
  g) $0{,}3 \cos x = -0{,}3$
  h) $1{,}5 \cos x = 1{,}485$
  i) $0{,}6 \sin x = 0{,}9$

13. Löse die Gleichungen im Grundbereich $\mathbb{R}$.
  a) $\sin(2x) = 0{,}4$
  b) $\cos(3x) = -0{,}63$
  c) $3 \cdot \tan(4x) = -15$
  d) $\sin(x + 2) = \sqrt{2}$
  e) $\cos \frac{x}{5} = 0{,}95$
  f) $3 \cdot \tan \frac{x+1}{2} = 0$

14. Finde alle Lösungen im Intervall $0 \leq x \leq \pi$.
  a) $\sin x = 2 \tan x$
  b) $1 - \sin x \cdot \cos x = 0$
  c) $\sin(2x - 1) = \cos(2x - 1)$
  d) $\sin x + \cos x = 0$
  e) $\sin^2 x = 2 \cdot \cos^2 x$
  f) $\cos x = \tan x$

15. Für welche reellen Zahlen x ist die Gleichung $2 \cdot \cos x = 0{,}2x$ gültig?
  a) Ermittle die Zahlen zeichnerisch.
  b) Ermittle die Zahlen rechnerisch.

16. Erstelle ein Mindmap (eine Gedanken[land]karte) mit Merkmalen und Eigenschaften zum Thema „Winkelfunktionen".

Projekt

Interessante Kurven

In Natur, in Technik und Architektur treten häufig ebene oder räumliche **Spiralkurven** auf, die immer mit *wachsendem Abstand* um einen Punkt oder um eine Achse verlaufen. Spiralkurven sind aber keine **Schraubenlinien,** deren Abstand zu einer Achse immer *gleich* ist. Spiralkurven lassen sich mathematisch durch **Polarkoordinaten** darstellen. Die weiteren Ausführungen beziehen sich auf ebene Kurven.

Beschreiben von Punkten mit Polarkoordinaten

Im ebenen Koordinatensystem lässt sich der Punkt P(x|y) mithilfe trigonometrischer Beziehungen beschreiben:

Es gilt: $\sin \Theta = \frac{y}{r} \rightarrow y = r \cdot \sin \Theta$ und $\cos \Theta = \frac{x}{r} \rightarrow x = r \cdot \cos \Theta$

Die Lage von Punkt P(r|Θ) wird eindeutig durch seinen Abstand r vom Koordinatenursprung, auch Pol genannt, und dem Polarwinkel Θ (Polarwinkel phi), im Bogenmaß angegeben, festgelegt.

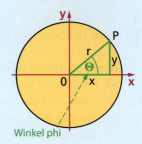

Winkel phi

Die folgenden Beispielkurven wurden mit einem CAS-Rechner erzeugt:

- Anwendung „*Graphs*" öffnen und unter „*Menü-Einstellungen-Bogenmaß*" festlegen,
- im „*Menü – Graph – Eingabe/Bearbeitung – Polar*" als Gleichung r(Θ) sowie gegebenfalls ein Intervall für Θ eingeben
- im „*Menü – Fenster*" die Fenstereinstellungen anpassen.
- Das Zeichen Θ für den Winkel ist zu finden unter:

1. Untersucht, welche Gleichungen zu den obigen Beispielkurven gehören. Experimentiert mit diesen Gleichungen z. B. dadurch, dass ihr andere Bereiche für den Winkel Θ oder andere Zahlen als „3" verwendet. Findet und präsentiert andere Graphen mit Polarkoordinaten.

A	B	C	D	E
$r(\Theta) = \cos^3(\Theta)$	$r(\Theta) = 3$	$r(\Theta) = 3 \cdot \Theta$	$r(\Theta) = \sin(3 \cdot \Theta)$	$r(\Theta) = 3 - \Theta$

2. Die durch $r(\Theta) = 1 + \cos(\Theta)$ erzeugte Kurve heißt „Kardioide". Übertragt die Tabelle in eure Hefte und füllt die aus. Skizziert dann zunächst mit den berechneten Werten die zugehörige Kurve. Überprüft eure Ergebnisse dann mit eurem CAS-Rechner.

Θ	0	$\frac{\pi}{4}$	$\frac{\pi}{2}$	$\frac{3}{4}\pi$	π	$\frac{5}{4}\pi$	$\frac{3}{2}\pi$	$\frac{7}{4}\pi$	2π
r(Θ)	?	?	?	?	?	?	?	?	?

Archimedische Spiralkurven

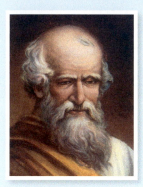

ARCHIMEDES VON SYRAKUS (285 bis 212 v. Chr.) beschäftigte sich mit besonderen spiralförmigen Kurven, die nach ihm „archimedische Spiralen" genannt werden. Bei einer archimedischen Spirale nimmt der *Abstand der Kurve zum Mittelpunkt gleichmäßig zu.* Dabei haben aufeinanderfolgende Windungen immer den gleichen Abstand zueinander. Angenäherte archimedische Spiralen lassen sich mit einem Zirkel zeichnen.

Die Punkte M_1 und M_2 haben einen Abstand von 1 cm. Es werden abwechselnd um M_1 und um M_2 Halbkreise gezeichnet, deren Radien sich immer um 1 cm vergrößern.

Archimedische Spiralkurven durch Parameterdarstellungen beschreiben

Bei Parameterdarstellungen werden die x- und y-Koordinaten von Punkten in Abhängigkeit vom Parameter t beschrieben. Hier soll gelten: $0 \leq t \leq b$

$$x(t) = a \cdot t \cdot \cos t \qquad y(t) = a \cdot t \cdot \sin t$$

a und b sollen geändert werden.
- Beide Gleichungen und das Intervall eingeben.
  „Menü – Graph – Eingabe/Bearbeitung – Parametrisch"
  (Intervallgrenze zunächst: b = 10)
- „Menü – Fenster – Fenstereinstellungen" anpassen.
- Schieberegler für a über „Menü – Aktionen" einfügen.
  (Parameter a zunächst: a = 1)
- Variablen a (Schieberegler) und b (Eingabezeile) verändern (Mit `tab` in die Eingabezeile wechseln.)

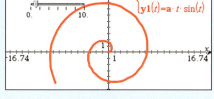

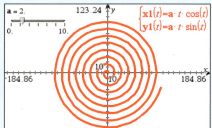

Archimedische Spiralkurven durch Polargleichungen beschreiben

Archimedische Spiralen sind auch durch Polargleichungen $r(\Theta) = a \cdot \Theta$ ($a > 0$; $\Theta > 0$) beschreibbar.

1. Untersucht solche archimedische Spiralen für verschiedene Werte von a und beschreibt deren Gemeinsamkeiten und Unterschiede.

2. Ermittelt, welchen Abstand Punkte voneinander haben, deren Polarwinkel sich um 2π voneinander unterscheiden.

3. Die mit $r(\Theta) = a \cdot b^{\Theta}$ ($a > 0$; $b > 0$) erzeugten Kurven heißen „logarithmische Spiralen".
   a) Erzeugt die logarithmische Spirale $r(\Theta) = 1.05^{\Theta}$ für $0 \leq \Theta \leq 20\pi$.
   b) Beschreibt, wodurch sich diese logarithmische Spirale von der archimedischen Spirale $r(\Theta) = 1.05 \cdot \Theta$ unterscheidet.
   c) Informiert euch im Internet und in Nachschlagewerken über das Vorkommen solcher Spiralen in der Natur. Bereitet zu diesem Thema einen Vortrag vor.

Teste dich selbst

1. Übertrage die Tabelle in dein Heft und fülle sie aus.

a)
Winkel im Gradmaß		30°			150°		270°				540°
Winkel im Bogenmaß	0		$\frac{\pi}{4}$	2π		$\frac{\pi}{18}$		$\frac{\pi}{3}$	4π	$\frac{5}{2}\pi$	

b)
Winkel im Gradmaß	0°		160°	–50°			240°	380°			90°
Winkel im Bogenmaß		2			–3	10			0,7	0,5	

2. a) Skizziere den Funktionsgaphen y = sin x im Intervall $-2\pi \leq x \leq 2\pi$ ohne Hilfsmittel. Ermittle die Nullstellen, die Extrempunkte und den Wertebereich in diesem Intervall. Beschreibe das Symmetrieverhalten des Graphen.
b) Führe alles noch einmal mit y = cos x durch.

3. Entscheide und begründe, für welche nächsten zwei größeren Winkel die Sinusfunktion den gleichen Funktionswert besitzt wie beim angegebene Winkel.
a) α = 25° b) α = 139° c) α = –40°
d) α = –60° e) x = π f) $x = \frac{\pi}{4}$

4. Löse folgende Gleichungen im Intervall 0° ≤ α ≤ 180°:
a) sin α = 0,43 b) cos α = –0,56 c) –4 sin α = –2
d) 1 – cos α = 0,56 e) 3 sin α = 6 f) sin 2α = 0,2

5. Skizziere den Funktionsgaphen im Intervall $-\pi \leq x \leq 2\pi$ ohne Hilfsmittel. Gib den Definitions- und Wertebereich an und beschreibe den Einfluss der Zahlen 3; 0,8 und 4 auf den Verlauf des Graphen.
a) y = 3 · sin x b) y = 0,8 · sin x c) y = 4 · cos x

6. Skizziere den Funktionsgaphen im Intervall $-2\pi \leq x \leq \pi$ ohne Hilfsmittel. Gib den Definitions- und Wertebereich an und beschreibe den Einfluss der Zahlen 2; 0,5 und 1,5 auf den Verlauf des Graphen.
a) y = sin 2x b) y = sin 0,5x c) y = cos 1,5x

7. Ermittle die Funktionsgleichungen folgender Graphen. Begründe deine Entscheidungen.

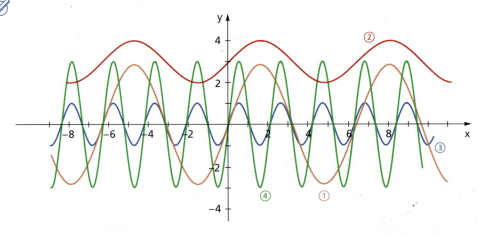

Das Wichtigste im Überblick

Winkelfunktionen

Die Sinusfunktion y = f(x) = sin x

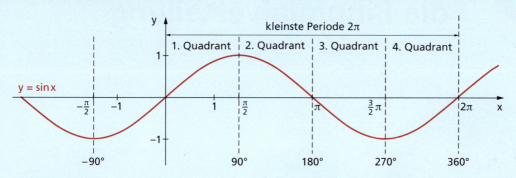

Eigenschaften

Definitionsbereich: $x \in \mathbb{R}$
Nullstellen: $k \cdot \pi \; (k \in \mathbb{Z})$

Wertebereich: $-1 \leq y \leq 1$
kleinste Periode: 2π

Die Kosinusfunktion y = f(x) = cos x

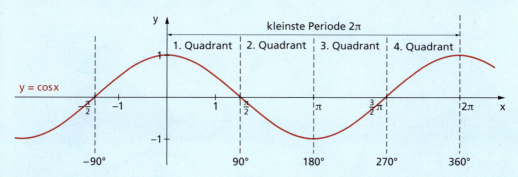

Eigenschaften

Definitionsbereich: $x \in \mathbb{R}$
Nullstellen: $\frac{\pi}{2} + k \cdot \pi \; (k \in \mathbb{Z})$

Wertebereich: $y \in \mathbb{R}; \; -1 \leq y \leq 1$
kleinste Periode: 2π

Einfluss von Parametern auf Funktionsgraphen
$y = f(x) = a \cdot \sin(bx + c) + d$ und $y = f(x) = a \cdot \cos(bx + c) + d$

Die Parameter a, b, c und d bewirken folgenden Veränderungen gegenüber dem Graphen von $y = f(x) = \sin x$ und $y = f(x) = \cos x$:

- |a| > 1 (|a| < 1) Streckung (Stauchung) in y-Richtung
  a < 0 zusätzlich eine Spiegelung an der x-Achse
- b > 1 (0 < b < 1) Verkleinerung (Vergrößerung) der Periode
  (Streckung (Stauchung) in x-Richtung)
- c > 0 (c < 0) Verschiebung nach links (rechts) in x-Richtung
- d Verschiebung um d Einheiten in y-Richtung

6 Stochastische Zusammenhänge – die Binomialverteilung

Besonderheit oder Normalität
Etwa 10 % der Bevölkerung in der BRD schreiben mit der linken Hand.
Mit welcher Wahrscheinlichkeit ist mindestens ein „Linkshänder" in eurer Klasse? Prüft, wie viele Personen in eurer Klasse mit der linken Hand schreiben.

Immer gewinnen
Beim gleichzeitigen Werfen zweier Würfel kann es verschiedene Augensummen geben.
Welche Augensummen können nach einem gleichzeitigen Wurf beider Würfel auftreten? Entscheidet und begründet, ob die Wahrscheinlichkeiten für alle möglichen Augensummen gleich oder unterschiedlich sind.

Große und kleine Chancen
An zwei Mädchen und zwei Jungen sollen zwei Freikarten für ein Konzert verlost werden.
Erläutert an einem Baumdiagramm, wie groß die Wahrscheinlichkeit ist, dass die zweite Karte ein Mädchen bekommt.

Start

Stochastische Experimente

Zu Beginn eines Fußballspiels wird per Münzwurf entschieden, welche Mannschaft in welche Richtung spielt. Die beiden Spielführer entscheiden sich für „Kopf" oder „Zahl", und der Schiedsrichter wirft eine Münze. Es wird angenommen, dass beiden Ergebnisse gleichwahrscheinlich sind.

1. Eine Zufallsgröße X beschreibt die Anzahl der geworfenen „Wappen" beim gleichzeitigen Werfen dreier Münzen. Zeichnet für diesen Zufallsversuch ein Baumdiagramm und gebt die Wahrscheinlichkeitsverteilung der Zufallsgröße X an.

2. Führt das in Aufgabe 1. beschriebene Zufallsexperiment mit drei Münzen in mehreren Gruppen je 20-mal durch. Erfasst die dabei erzielten Werte der Zufallsgröße X tabellarisch. Fasst die Ergebnisse aller Gruppen zusammen und ermittelt die relativen Häufigkeiten der Werte von X. Vergleicht eure Ergebnisse mit den theoretischen Ergebnissen aus Aufgabe 1.

3. Eine Zufallsgröße Y beschreibt die Anzahl der geworfenen „Wappen" beim gleichzeitigen Werfen von vier Münzen. Ermittelt eine Wahrscheinlichkeitsverteilung der Zufallsgröße Y, stellt die Ergebnisse grafisch dar und berechnet die Wahrscheinlichkeiten für die Ereignisse:
   a) $P(Y \geq 2)$ b) $P(Y < 3)$ c) $P(Y \leq 4)$

Funksignale werden durch defekte Bauteile nicht immer fehlerfrei übertragen. Untersuchungen an einer defekten Funkstation haben ergeben, dass die Wahrscheinlichkeit für die fehlerhafte Übertragung eines Signals $\frac{1}{6}$ beträgt. Erfahrung zeigen, dass eine Nachricht nicht mehr zu entschlüsseln, ist wenn mindestens 20 % der Signale gestört sind.

1. Schätzt die Wahrscheinlichkeit für folgendes Ereignis A ein:
   A: *„Eine Nachricht aus zehn Signalen ist nicht mehr zu entschlüsseln."*

2. Führt Simulationen für das Ereignis A durch mehrmaliges Werfen von Zehnerserien mit einem Spielwürfel durch. Ermittelt damit einen Näherungswert für die Wahrscheinlichkeit des Ereignisses A. Führt die Simulation in mehreren Gruppen durch und fasst die Ergebnisse der Gruppen zusammen.

3. Führt Simulationen für das Ereignis A mit euren CAS-Rechnern mehrfach für 500 Zehnerserien durch. Erläutert die verwendeten Befehle. Vergleicht eure Ergebnisse mit denen der Teilaufgabe 2.

4. Vergleicht die Simulationsergebnisse mit euren Schätzungen. Erläutert in einer Präsentation eure Ergebnisse und die Bedeutung der bei der CAS-Simulation verwendeten Befehle.

Ein Galtonbrett besteht aus einer regelmäßigen Anordnung von Stiften in Form eines Dreiecks. In der oberen Reihe ist genau ein Stift angebracht, in jeder weiteren Reihe wird stets ein Stift mehr hinzugefügt. Die Stifte sind so angeordnet, dass eine von oben eingeworfene Kugel jeweils am Stift nach links oder rechts nach unten fallen können. Nach dem Passieren der unteren Reihe werden die Kugeln in Fächern aufgefangen. Das nebenstehende Bild zeigt ein vierstufiges Galtonbrett.

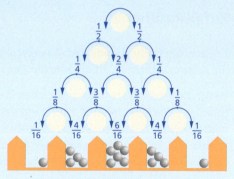

1. Experimentiert mit realen Galtonbrettern oder mit Simulationsprogrammen (aus dem Internet). Zählt die Anzahl der Stufen. Ermittelt die Anzahlen der Kugeln in den Auffangfächern und die zugehörigen relativen Häufigkeiten.
2. Stellt eure Ergebnisse in einer Häufigkeitsverteilung grafisch dar.
3. Um in das Fach mit der Nummer k = 1 zu fallen, muss die Kugel genau einmal nach rechts und dreimal nach links abgelenkt werden. Im Bild ist der Pfad für LRLL eingezeichnet. Gebt alle anderen Wege für k = 1 mithilfe solcher Baumdiagramme in eurem Heft an.

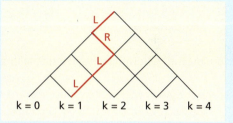

4. Ermittelt die Anzahlen der Wege beim Fallen der Kugel in das Fach k (k ∈ {1; 2; 3; 4}. Verwendet dazu das Zahlenmuster im oben gegebenen Baumdiagramm.

Tippen beim Wetter-LOTTO

Ein Radiosender hat ein „Wetter-LOTTO" durchgeführt, bei dem die amtlichen Höchsttemperaturen für die Tage Montag bis Freitag der nächsten Woche getippt werden sollten. Hätte nur ein einzelner Teilnehmer alle fünf Temperaturen richtig getippt, würde er 5 000 € gewinnen. Bei mehreren richtigen Tipps würden die 5 000 € unter diesen Mitspielern aufgeteilt. Die Gewinnsumme kommt in den Jackpot, wenn es keine richtigen Tipps gibt. Die Temperaturangaben sollten ganze Zahlen sein, also z. B. 24 °C und nicht 24,2 °C.

1. Bei der Online-Variante konnte man für jeden Tag genau einen Wert von 10 °C bis 45 °C auswählen. Ermittelt unter der Voraussetzung, dass diese Wahl zufällig erfolgt, die theoretische Wahrscheinlichkeit dafür, dass alle fünf Vorhersagen für eine Woche richtig sind und begründet, weshalb der auf diese Weise berechnete Wert nicht sehr realistisch ist.
2. Ermittelt die Anzahl aller Möglichkeiten, dass vier (drei) der fünf Tipps richtig sind.
3. Begründet, dass für die Berechnung der Wahrscheinlichkeit drei von fünf Tipps richtig zu haben, der Term $10 \cdot p^3 \cdot (1-p)^2$ verwendet werden kann. Dabei sei p die für jeden der fünf Tage als gleich angenommene Wahrscheinlichkeit, dass die Tagestemperatur richtig getippt wurde.
4. Es sei X die Zufallsgröße, die die Anzahl der Treffer bei fünf Versuchen angibt. Die Wahrscheinlichkeit, in einem Versuch einen Treffer zu landen, sei jedes Mal p. Gebt eine Wahrscheinlichkeitsverteilung von X an.

Rückblick

Zufallsgrößen

Bei der Durchführung von Zufallsversuchen können verschiedene Größen betrachtet werden, z. B. die *Augenzahl* beim Würfeln oder die *Anzahl der Wappen* beim n-maligen Werfen einer Münze.

Wenn eine Größe (bei unter gleichen Bedingungen durchgeführten Versuchen) verschiedene (Zahlen-) Werte annehmen kann, von denen jeder Versuch ein zufälliges Ereignis ist, so spricht man von einer **Zufallsgröße.** Zufallsgrößen werden im Allgemeinen mit großen lateinischen Buchstaben X, Y, Z ... und ihre (Zahlen)Werte mit x_1, x_2, x_3 ... bezeichnet. Die Werte x_1, x_2, x_3 ... einer Zufallsgröße treten mit den Wahrscheinlichkeiten $p_1 = P(x_1)$, $p_2 = P(x_2)$, $p_3 = P(x_3)$ ... auf.

> Die Zahl $E(X) = x_1 \cdot p_1 + x_2 \cdot p_2 + ... + x_n \cdot p_n$ heißt **Erwartungswert E** der Zufallsgröße X.
> Die Zahl $V(X) = (x_1 - E(X))^2 \cdot p_1 + (x_2 - E(X))^2 \cdot p_2 + ... + (x_n - E(X))^2 \cdot p_n$ heißt **Varianz V.**
> (Die Varianz wird als Maß für die Streuung verwendet.)
> Die Zahl $\sigma_X = \sqrt{V(X)} = \sqrt{(x_1 - E(X))^2 \cdot p_1 + (x_2 - E(X))^2 \cdot p_2 + ... + (x_n - E(X))^2 \cdot p_n}$ wird als **Standardabweichung σ_X** bezeichnet.

Im folgenden Beispiel würfelt ein Spieler mit einem Würfel.

- Der Spieler zahlt einen Einsatz von 1,00 €. Wirft er eine „5" oder eine „6", so erhält er 5,00 € ausgezahlt, anderenfalls ist sein Einsatz verloren.
  Für die Zufallsgröße X: *„Gewinn des Spielers"* erhält man mit *„Gewinn = Auszahlung – Einsatz"* den folgenden Zusammenhang:

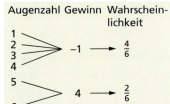

Wahrscheinlichkeitsverteilung:

Gewinn in Euro	–1	4
Wahrscheinlichkeit	$\frac{2}{3}$	$\frac{1}{3}$

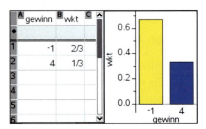

Für den Erwartungswert E(X) der Zufallsgröße X gilt: $E(X) = -1 \cdot \frac{2}{3} + 4 \cdot \frac{1}{3} = \frac{2}{3}$
Pro Spiel gibt es durchschnittlich einen Gewinn von 0,67 €.

Für die Varianz E(X) dieses Gewinnspiels gilt: $V(X) = \left(-1 - \frac{2}{3}\right)^2 \cdot \frac{2}{3} + \left(4 - \frac{2}{3}\right)^2 \cdot \frac{1}{3} = \frac{50}{9} \approx 5{,}56$

Die Standardabweichung ergibt sich durch $\sigma_X = \sqrt{V(X)} \approx 2{,}36$

Ein Spiel wird als „fair" bezeichnet, wenn der Erwartungswert E(X) für den Gewinn gleich 0 ist. Um das Gewinnspiel zu einem fairen Spiel zu machen, kann z. B. die Auszahlung beim Werfen einer „5" bzw. „6" geändert werden.

Für einen Gewinn x und E(X) = 0 gilt: $-1 \cdot \frac{2}{3} + x \cdot \frac{1}{3} = 0 \rightarrow x = 2$

Die Regel für ein „faires Gewinnspiel" könnte lauten:
Jeder Spieler zahlt einen Einsatz von 1,00 €. Wirft er mit dem Spielwürfel eine „5" oder „6", so erhält er 3,00 € ausgezahlt, sonst ist der Einsatz verloren.

Aufgaben

1. Zwei Würfel werden gleichzeitig geworfen. Als Zufallsgröße soll die gewürfelte Augensumme betrachtet werden.
   a) Ordne jedem Wert der Zufallsgröße die dazugehörigen günstigen Ergebnisse zu, z. B. für 4: (1; 3), (2; 2), (3; 1).
   b) Berechne für jeden Wert der Zufallsgröße die dazugehörige Wahrscheinlichkeit.
   c) Beschreibe die Wahrscheinlichkeitsverteilung der Zufallsgröße mithilfe einer Tabelle.
   d) Berechne den Erwartungswert, die Varianz und die Standardabweichung der Zufallsgröße.

2. Drei Würfel werden gleichzeitig geworfen. Als Zufallsgröße soll die gewürfelte Augensumme betrachtet werden.
   a) Ordne jedem Wert der Zufallsgröße die dazugehörigen günstigen Ergebnisse zu, z. B. für 4: (1; 1; 2), (1; 2; 1), (2; 1; 1).
   b) Beschreibe die Wahrscheinlichkeitsverteilung der Zufallsgröße mithilfe einer Tabelle.
   c) Berechne den Erwartungswert, die Varianz und Standardabweichung der Zufallsgröße.

3. In einer Urne liegen zehn mit den Zahlen 1 bis 10 beschriftete Kugeln. Es werden mit verschlossenen Augen gleichzeitig zwei Kugeln gezogen. Ermittle die Wahrscheinlichkeit für das Ziehen folgender Kugeln:
   a) die Kugeln mit den Zahlen 5 bzw. 6
   b) zwei Kugeln mit geraden Zahlen
   c) zwei Kugeln mit ungeraden Zahlen
   d) zwei Kugeln mit aufeinanderfolgenden Zahlen

4. In einer Urne befinden sich vier rote und fünf blaue Kugeln. Ohne Zurücklegen werden zufällig drei Kugeln entnommen. Als Zufallsgröße wird die Anzahl der roten Kugeln betrachtet, die sich unter den gezogenen Kugeln befinden.
   a) Ermittle für jeden Wert der Zufallsgröße die dazugehörigen günstigen Ergebnisse, z. B. für 2 (r; r; b), (r; b; r), (b; r; r).
   b) Berechne für jeden Wert der Zufallsgröße die Wahrscheinlichkeit, die zu dem Ereignis gehört, z. B.: $P(2) = P(r; r; b) + P(r; b; r) + P(b; r; r) = \frac{4}{9} \cdot \frac{3}{8} \cdot \frac{5}{7} + \frac{4}{9} \cdot \frac{5}{8} \cdot \frac{3}{7} + \frac{5}{9} \cdot \frac{4}{8} \cdot \frac{3}{7} = \frac{5}{14}$
   c) Stelle die Wahrscheinlichkeitsverteilung in einem Diagramm dar.
   d) Berechne Erwartungswert, Varianz und Standardabweichung der Zufallsgröße.

5. Mit zwei Maschinen A und B werden Drahtstifte gefertigt, die eine Länge von 6,0 cm haben sollen. Für die tatsächlich erreichten Längen gelten folgende Wahrscheinlichkeitsverteilungen gelten:

Maschine A:	Länge in Zentimeter		5,8	5,9	6,0	6,1	6,2	
	Wahrscheinlichkeit		0,03	0,02	0,90	0,02	0,03	
Maschine B:	Länge in Zentimeter	5,7	5,8	5,9	6,0	6,1	6,2	6,3
	Wahrscheinlichkeit	0,01	0,01	0,03	0,9	0,03	0,01	0,01

Berechne und vergleiche die Erwartungswerte und die Standardabweichungen der Produktion mit den beiden Maschinen A und B.

6.1 Ermitteln von Anzahlen mithilfe von Binomialkoeffizienten

Beim Lottospiel „6 aus 49" gibt es fast 14 Millionen Möglichkeiten, auf 49 Feldern genau 6 Kreuze einzutragen. Hier handelt es sich um einen zufälligen mehrstufigen Vorgang.

Die Anzahl möglicher Fälle bei mehrstufigen Vorgängen lässt sich entweder mit geeigneten Zählregeln oder mit speziellen Formeln ermitteln. Eine Möglichkeit, Anzahlen mithilfe einer Formel zu ermitteln, lässt sich nutzen, wenn eine bestimmte Anzahl von Elemente aus mehreren Objekten (ohne Beachtung der Reihenfolge) auszuwählen sind.

■ Von drei Schülern Arne, Bert und Christian sollen zwei ausgewählt werden.

Wie man dem Baumdiagramm entnehmen kann, ergeben sich zunächst $3 \cdot 2 = 6$ Möglichkeiten. Da es auf die Reihenfolge der beiden Schüler nicht ankommt, wurde jede Möglichkeit doppelt gezählt. Die ermittelte Anzahl muss also noch durch 2 dividiert werden.
Man erhält somit als Ergebnis $\frac{3 \cdot 2}{2} = 3$ Möglichkeiten der Auswahl.

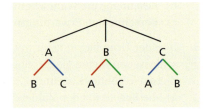

Für die Auswahl von k Elementen aus n verschiedenen Objekten gilt:

Mit Berücksichtigung der Reihenfolge:	*Ohne Berücksichtigung der Reihenfolge:*
Werden k Elemente aus n verschiedenen Objekten mit Berücksichtigung der Reihenfolge ausgewählt, so gibt es dafür $n \cdot (n-1) \cdot (n-2) \cdot \ldots \cdot (n-(k-1))$ Möglichkeiten. *Dabei gilt:* $n, k \in \mathbb{N}; k \leq n; k \neq 0$	Werden k Elemente aus n verschiedenen Objekten ohne Berücksichtigung der Reihenfolge ausgewählt, so gibt es dafür $\frac{n \cdot (n-1) \cdot (n-2) \cdot \ldots \cdot (n-(k-1))}{1 \cdot 2 \cdot 3 \cdot \ldots \cdot k}$ Möglichkeiten. *Dabei gilt:* $n, k \in \mathbb{N}; k \leq n; k \neq 0$

Der Term $\frac{n \cdot (n-1) \cdot (n-2) \cdot \ldots \cdot (n-(k-1))}{1 \cdot 2 \cdot 3 \cdot \ldots \cdot k}$ wird abgekürzt $\binom{n}{k}$ geschrieben und „n über k" gelesen.

$\frac{n \cdot (n-1) \cdot (n-2) \cdot \ldots \cdot (n-(k-1))}{1 \cdot 2 \cdot 3 \cdot \ldots \cdot k} = \binom{n}{k}$ heißt **Binomialkoeffizient.**

Ermittle folgende Binomialkoeffizienten sowohl ohne als auch mit deinem CAS-Rechner:

■ Ohne CAS-Rechner mit der Formel:
$\binom{10}{3} = \frac{10 \cdot 9 \cdot 8}{1 \cdot 2 \cdot 3} = \frac{720}{6} = 120$

$\binom{49}{6} = \frac{49 \cdot 48 \cdot 47 \cdot 46 \cdot 45 \cdot 44}{1 \cdot 2 \cdot 3 \cdot 4 \cdot 5 \cdot 6} = \frac{10\,068\,347\,520}{720} = 13\,983\,816$

Mit CAS-Rechner und dem Befehl „nCr(n,k)": nCr(10,3)   120
  nCr(49,6)   13 983 816

Erste Schritte

1. Berechne folgende Binomialkoeffizienten:
   a) $\binom{5}{2}$ b) $\binom{6}{3}$ c) $\binom{7}{4}$ d) $\binom{7}{3}$ e) $\binom{10}{2}$ f) $\binom{10}{8}$ g) $\binom{2}{3}$

2. Susi will aus 15 Sorten Eis drei verschiedene Kugeln auswählen.
   a) Wie viele Möglichkeiten hat sie, wenn es ihr auch auf die Reihenfolge ankommt?
   b) Wie viele Möglichkeiten verbleiben, wenn ihr die Reihenfolge egal ist?

3. Aus neun Postern sollen fünf ausgewählt und im Mathematikraum ausgehängt werden.
   a) Wie viele Möglichkeiten bei der Auswahl der Poster gibt es?
   b) Wie viele Möglichkeiten gibt es, wenn ein bestimmtes Poster unbedingt dabei sein soll?
   c) Wie viele Möglichkeiten gibt es, die fünf Poster in einer Reihe anzuordnen?

4. Vergleiche die Anzahl der Möglichkeiten zum Ausfüllen eines Tippscheins.
   a) Polen: 5 aus 35   b) Schweden: 7 aus 35   c) Finnland: 7 aus 37
   d) Serbien: 5 aus 36   e) Schweiz: 6 aus 42   f) Niederlande: 6 aus 41

5. Jeden Morgen treffen sich vier Freunde auf dem Weg zur Schule. Jeder gibt jedem die Hand. Wie oft werden Hände geschüttelt?

6. Setzt man in n leeren Kästchen genau k Kreuze, dann bleiben genau n – k Kästchen ohne Kreuz übrig. Begründe mit dieser Überlegung, warum folgende Gleichung gilt: $\binom{n}{k} = \binom{n}{n-k}$

Weiterführende Aufgaben

1. Auf wie viele Arten können sechs Personen an einem Tisch mit sechs Plätzen Platz nehmen?

2. Vier Mathematikbücher, drei Physikbücher und zwei Informatikbücher sollen so nebeneinander gestellt werden, dass alle Bücher des gleichen Unterrichtsfaches nebeneinander stehen. Wie viele Möglichkeiten gibt es?

3. An einem Pferderennen nehmen acht Pferde teil. Wie viele Wettmöglichkeiten gibt es für die ersten drei Plätze?

4. Bei einem Sicherheitsschloss sind drei Einstellungen einer Ziffer von 0 bis 9 möglich. Pro Einstellung benötigt man fünf Sekunden. Wie lange dauert es, bis man alle Einstellungen durchprobiert hat?

6.2 Die Binomialverteilung

Beim Torwandschießen darf fünfmal geschossen werden. Wer fünf Treffer hat, bekommt einen Hauptpreis. Wer keinen Treffer erzielt, erhält einen Trostpreis. Tom, der beste Schütze hat beim Training bei zehn Schüssen durchschnittlich achtmal getroffen. Seine Trefferwahrscheinlichkeit bei einem Schuss ist also etwa 0,8.

Tom hat große Hoffnungen, fünfmal zu treffen, und glaubt nicht, dass er einen Trostpreis bekommt. Tom trifft fünfmal mit einer Wahrscheinlichkeit von $0{,}8^5 = 32{,}8\,\%$ und keinmal mit der Wahrscheinlichkeit von $(1 - 0{,}8)^5 = 0{,}03\,\%$. Seine Hoffnungen sind also nur zum Teil berechtigt.

Bernoulli-Experimente und Bernoulli-Ketten

Der Schweizer Mathematiker JAKOB BERNOULLI (1654 bis 1705) war einer der ersten, der zufällige Erscheinungen untersuchte. Er führte u. a. Experimente zu zufälligen Vorgängen durch, bei denen nur zwei Ergebnisse möglich waren, das Eintreten oder das Nichteintreten. Solche Untersuchungen wurden später **Bernoulli-Experimente** oder **Bernoulli-Versuche** genannt.

Die Wahrscheinlichkeit für das Eintreten der betreffenden Ergebnisse nennt man **Erfolgs- oder Trefferwahrscheinlichkeit**.

Vorgang	Merkmal	Eintreten	Nichteintreten
Schuss auf Torwand	Ball trifft	Treffer	kein Treffer
Werfen eines Würfels	Augenzahl	Es fällt die 6.	Es fällt keine 6.
Wetter im Urlaub	Regenschauer	Es regnet.	Es regnet nicht.
Fußballspiel	Unfallgeschehen	mindestens ein Unfall	kein Unfall
Geräteproduktion	Qualität	Gerät ist fehlerfrei.	Gerät ist fehlerhaft.

Die Erfolgswahrscheinlichkeit eines Bernoulli-Experiments soll mit p, die Misserfolgswahrscheinlichkeit mit q bezeichnet werden.
Dann gilt: $q = 1 - p$

Wird ein Bernoulli-Experiment n-mal unter gleichen Bedingungen wiederholt und ändert sich dabei die Erfolgswahrscheinlichkeit nicht, spricht man von einer **Bernoulli-Kette** der Länge n. Solche Wiederholungen können zeitlich nacheinander oder gleichzeitig erfolgen.

■ Wenn Tom beim Torwandschießen fünf Schüsse nacheinander abgibt, wiederholt er denselben Vorgang fünfmal nacheinander. Geht man davon aus, dass sich seine Trefferwahrscheinlichkeit von p = 0,8 bei den fünf Schüssen nicht ändert, handelt es sich bei der Untersuchung der Anzahl seiner Treffer T um eine Bernoulli-Kette der Länge n = 5 mit der Erfolgswahrscheinlichkeit 0,8.

Die Binomialverteilung

Wird eine Bernoulli-Kette der Länge n als ein Experiment aufgefasst und wird dabei die Anzahl der Erfolge nach n Wiederholungen betrachtet, können für kleine n die Wahrscheinlichkeiten mit einem Baumdiagramm ermittelt werden.

- Würde beim Eingangsbeispiel Tom dreimal nacheinander auf die Torwand schießen und sich seine Trefferwahrscheinlichkeit von 0,8 nicht ändern, kann dies als Bernoulli-Kette der Länge n = 3 aufgefasst werden.

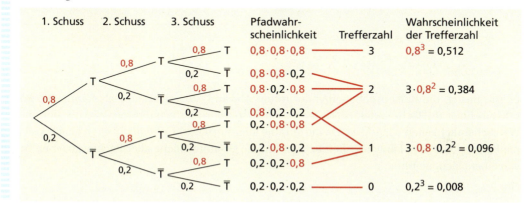

Bei Bernoulli-Ketten größerer Länge kann die Wahrscheinlichkeit für eine bestimmte Zahl von Erfolgen auch durch Formeln ermittelt werden. Bei Bernoulli-Ketten der Länge n beträgt die Wahrscheinlichkeit eines Pfades, der k Erfolge und damit (n – k) Misserfolge enthält:

$P_{Pfad} = p^k \cdot (1-p)^{n-k}$

Die Anzahl A aller Pfade, die genau k Erfolge enthalten, kann mit Binomialkoeffizienten beschrieben werden. Für die Wahrscheinlichkeit P gilt dann:

> Wenn die Zufallsgröße X die Anzahl der Treffer bei einer Bernoulli-Kette mit den Parametern n und p beschreibt, dann gilt für die Wahrscheinlichkeit, genau k Treffer zu erhalten:
>
> $P(X=k) = \binom{n}{k} \cdot p^k \cdot (1-p)^{n-k}$ für k ∈ {1; 2; 3; ... ; n}
>
> Die Wahrscheinlichkeitsverteilung der Zufallsgröße X heißt **Binomialverteilung.**
> Die Zufallsgröße X wird auch als binomialverteilt mit den Parametern n und p bezeichnet.
> (geschrieben: $X \sim B_{n;\,p}$)

Wenn Tom bei einer konstanten Trefferwahrscheinlichkeit von 80 % fünfmal nacheinander auf die Torwand schießt, so liegt eine Bernoulli-Kette der Länge n = 5 mit der Einzelwahrscheinlichkeit p = 0,8 vor.

Für die Wahrscheinlichkeit k, Treffer zu erzielen, gilt:

$P(X=k) = \binom{5}{k} \cdot 0{,}8^k \cdot 0{,}2^{5-k}$

Das folgende Beispiel zeigt eine Binomialverteilung von X mit den Parametern n = 5 und p = 0,8.
gesprochen: X ist binomialverteilt mit den Parametern n = 5 und p = 0,8.
geschrieben: $X \sim B_{5;\,0{,}8}$

Tabellarische Darstellung:

Treffer	Wahrscheinlichkeit P(X = k)
0	$P(X = 0) = \binom{5}{0} \cdot 0{,}8^0 \cdot 0{,}2^{5-0} = 0{,}00032$
1	$P(X = 1) = \binom{5}{1} \cdot 0{,}8^1 \cdot 0{,}2^{5-1} = 0{,}0064$
2	$P(X = 2) = \binom{5}{2} \cdot 0{,}8^2 \cdot 0{,}2^{5-1} = 0{,}0512$
3	$P(X = 3) = \binom{5}{3} \cdot 0{,}8^3 \cdot 0{,}2^{5-3} = 0{,}2048$
4	$P(X = 4) = \binom{5}{4} \cdot 0{,}8^4 \cdot 0{,}2^{5-4} = 0{,}4096$
5	$P(X = 5) = \binom{5}{5} \cdot 0{,}8^5 \cdot 0{,}2^{5-5} = 0{,}3277$

Balkendiagramm:
(Binomialverteilung mit n = 5 und p = 0,8)

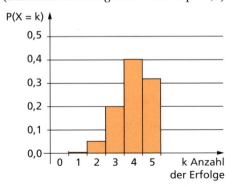

Es ist günstig, die Balken nebeneinander (ohne Abstand) zu zeichnen. Dabei kann die Wahrscheinlichkeit als Fläche gedeutet werden, was insbesondere für die Interpretation von summierten Wahrscheinlichkeiten wichtig ist. Da die Summe aller Einzelwahrscheinlichkeiten gleich 1 ist und die Balkenbreite eine Längeneinheit beträgt, hat die gesamte Fläche aller Rechtecke einen Inhalt von einer Flächeneinheit.

Hinweis:

Mit einem CAS-Rechner können die Wahrscheinlichkeiten mit dem Befehl „binomPdf(n,p,k)" berechnet werden. Verwendet man nur „binomPdf(n,p)", werden die Wahrscheinlichkeiten für alle möglichen Werte von k als Liste ausgegeben.

`binomPdf(5,0.8)`
`{0.00032,0.0064,0.0512,0.2048,0.4096,0.3▸`

Manchmal müssen Wahrscheinlichkeiten für zusammengesetzte Ereignisse berechnet werden.

Berechne die Wahrscheinlichkeit, dass Tom beim Torwandschießen mindestens dreimal trifft, wenn seine Trefferwahrscheinlichkeit konstant bei 0,8 liegt.

$P(X \geq 3) = P(X = 3) + P(X = 4) + P(X = 5) = 0{,}2048 + 0{,}4096 + 0{,}3277 = 0{,}94208$

Hinweis: Berechnung mit einem CAS-Rechner über den Befehl „binomCdf(5, 0.8, 3, 5)"

Der Befehl „binomCdf(n, p, k_1, k_2)" berechnet die Wahrscheinlichkeit $P(k_1 \leq X \leq k_2)$ für mindestens k_1 und höchstens k_2 Treffer für die zu einer Bernoulli-Kette der Länge n mit der Trefferwahrscheinlichkeit p gehörende Zufallsgröße X.

Probiere es selbst:

Beim Biathlon-Sprintwettkampf werden drei Runden absolviert.
Nach der 1. Runde folgt ein Liegendschießen, nach der 2. Runde ein Stehendschießen auf jeweils fünf Scheiben. Jeder Fehlschuss wird mit einer Strafrunde von 150 m geahndet. Biathlet Frank hat beim Stehendschießen bei jedem Schuss eine Trefferwahrscheinlichkeit von 90 %.

Stelle die Ergebnismenge und die zugehörigen Wahrscheinlichkeiten der Zufallsgröße X: „Anzahl der Treffer bei fünf Schuss im Stehendschießen." tabellarisch und im Balkendiagramm dar.

Methoden

Grafisches Darstellen binomialverteilter Zufallsgrößen mit dem TI-Nspire

Als Beispiel dient eine binomialverteilte Zufallsgröße X mit den Parametern n = 20 und p = 0,7.

Öffne die Applikation „*Lists&Spreadsheet*".

In Spalte A von oben beginnend wird eingetragen:
- ein Listenname, z. B. **xk**
- der Befehl zum Erzeugen der natürlichen Zahlen von 0 bis 20 „**=seq(k, k, 0, 20)**":
Das Gleichheitszeichen darf nicht vergessen werden! Allgemein lautet die Syntax für den Befehl „**seq( )**": =**seq**(*Term, Laufvariable, untere Grenze, obere Grenze, [Schrittweite]*)
Durch „seq" wird eine Folge von Zahlen erzeugt, deren Bildungsvorschrift der Term festlegt. Der Term wird in Abhängigkeit von der Laufvariablen angegeben. Dann folgen die Laufvariable, ihr Anfangs- und ihr Endwert. Optional kann auch eine Schrittweite gewählt werden. Lässt man die Schrittweite weg, wird sie automatisch auf den Wert 1 gesetzt.

In Spalte B von oben beginnend wird eingetragen:
- Listenname, z. B. **pk**
- Befehl zur Berechnung der Wahrscheinlichkeiten von X ~ $B_{20;\,0{,}7}$:
= **binompdf***(20, 0.7)*

Im „*Menü – Daten – Ergebnisdiagramm*" können die zugehörigen Achsenvariablen eingetragen werden.

Es kann entschieden werden, ob das Diagramm auf derselben oder auf einer neuen Seite gezeichnet werden soll.

Nach Setzen des Cursors auf das Säulendiagramm und Drücken der Tasten (ctrl) (menu) wird unter „Säuleneinstellungen – gleiche Säulenbreite" die „1" eingetragen, damit alle 20 Säulen gezeichnet werden.
Der Wert –0.5 für Ausrichtung bewirkt, dass die Säulen für die Einzelwahrscheinlichkeiten mittig über dem zugehörigen Wert von k stehen.

Nach Setzen des Cursors auf das Säulendiagramm und Drücken der Tasten (ctrl) (menu) kann unter „*Zoom – Daten*" das Fenster an die Daten angepasst, sowie unter „*Farbe – Füllfarbe*" die Farbe der Säulen festgelegt werden.

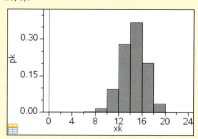

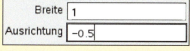
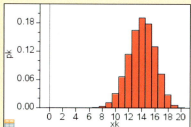

Stochastische Zusammenhänge – die Binomialverteilung

Probiere es selbst:

1. *Berechne* die Intervallwahrscheinlichkeiten für die binomialverteilte Zufallsgröße $X \sim B_{n;\,p}$.
   a) $n = 20$; $p = 0{,}50$; $P(X \leq 10)$ b) $n = 30$; $p = 0{,}45$; $P(X > 20)$

2. *Erstelle* für die binomialverteilte Zufallsgröße $X \sim B_{12;\,0{,}45}$ ein Balkendiagramm für die Intervallwahrscheinlichkeiten $P(X \leq k)$ mit $k = 0; 1; \ldots; 12$.

3. Erfahrungsgemäß gewinnt die Basketballmannschaft eines Sportgymnasiums 65 % ihrer Spiele verglichen mit Teams anderer Gymnasien. *Berechne*, mit welcher Wahrscheinlichkeit p diese Mannschaft von ihren 21 Spielen die folgende Anzahl Spiele gewinnt:
   a) genau 13   b) mehr als 13
   c) höchstens 13 und mehr als 8   d) höchstens 10 oder mindestens 18

Mindestlängen von Bernoulli-Ketten

Bei gegebener Erfolgswahrscheinlichkeit p kann gefragt werden, wie oft das Bernoulli-Experiment mindestens wiederholt werden muss, damit mit einer gegebenen Wahrscheinlichkeit, die übertroffen werden soll, mindestens ein Erfolg eintritt.

Da P(übertroffen oder mindestens erreicht) $= 1 - (1-p)^n$ ist, muss also die Ungleichung $1 - (1-p)^n > p_m$ nach der Variablen n aufgelöst werden, wobei p_m die gegebene Wahrscheinlichkeit ist, die übertroffen werden soll.

Frank trifft beim Torwandschießen mit einer Wahrscheinlichkeit von $p = 0{,}3$. Wie oft muss er mindestens schießen, damit er mit einer Wahrscheinlichkeit von mehr als 90 % mindestens einen Treffer hat?

Es muss gelten: P(mindestens ein Treffer) $= 1 - (1 - 0{,}3)^n > 0{,}9$

$1 - 0{,}7^n > 0{,}9$	$\mid +0{,}7^n;\ -0{,}9$
$0{,}1 > 0{,}7^n$	$\mid$ Logarithmieren und Anwenden von $\lg(x^r) = r \cdot \lg x$
$\lg 0{,}1 > n \cdot \lg 0{,}7$	$\mid :\lg 0{,}7$ (Relationszeichen ändern, da $\lg 0{,}7$ negativ ist.)
$6{,}455 < n$	

Rechnung mit einem CAS-Rechner: $\boxed{\text{solve}(1 - 0{,}7^n > 0{,}9, n) \quad n > 6{,}4557}$

Bei sieben und mehr Schüssen von Frank kann erwartet werden, dass er mit mehr als neunzigprozentiger Wahrscheinlichkeit mindestens einmal trifft.

Probiere es selbst:

1. In einem Abschnitt der Autobahn fahren etwa 10 % der Lkw's zu schnell. Wie viele Lkw-Fahrer müssen mindestens kontrolliert werden, damit die Polizei mit mindestens 90 %-iger Wahrscheinlichkeit mindestens einen zu schnell fahrenden Lkw-Fahrer ertappt.

2. Erfahrungsgemäß gewinnt die Fußballmannschaft FC Holzbein nur etwa 20 % aller Auswärtsspiele. *Ermittle*, wie viele Auswärtsspiele der FC Holzbein mindestens durchführen muss, um mit mindestens 95 %-iger Wahrscheinlichkeit mindestens ein Spiel zu gewinnen?

Methoden

Simulieren binomialverteilter Zufallsgrößen

In einem Sportkurs mit 20 Mitgliedern fehlen aus unterschiedlichsten Gründen (Krankheit, Urlaub, berufliche Verpflichtungen usw.) durchschnittlich 5 Mitglieder pro Veranstaltung. Fehlen mehr als zehn Mitglieder, wird der Kurs nicht durchgeführt.

Als mathematisches Modell kann das Fehlen eines Mitgliedes als binomialverteilte Zufallsgröße X mit n = 20 und p = $\frac{5}{20}$ = 0,25 aufgefasst werden.

Simulation

Simulationen binomialverteilter Zufallsgröße werden durch folgende Anweisungen realisiert:
randbin(n, p) –
gibt eine zufällige Realisierung der binomialverteilten Zufallsgröße $X_{n;\,p}$ an.
randbin(n, p, m) –
gibt eine Liste mit m solcher Zufallszahlen zurück.
countIf(liste, Kriterien) –
gibt die kumulierte Anzahl der Elemente der Liste zurück, die die festgelegten Kriterien erfüllen.

Bezogen auf den „Sportkurs" können Simulationen z. B. folgendermaßen interpretiert werden:

- `randBin(1,0.25,20)`
  `{0,0,0,0,0,0,0,0,1,0,0,0,0,0,0,0,0,0,0,0}`

  Das Mitglied mit der Nummer 9 hat gefehlt.
  Von 20 Teilnehmern hat genau einer gefehlt.

- `randBin(20,0.25,12)`
  `{3,5,3,2,2,5,7,4,3,8,3,6}`

  Bei zwölf Veranstaltungen haben in der ersten Veranstaltung drei, in der zweiten fünf, …, in der elften drei und in der zwölften sechs Teilnehmer gefehlt.

- `countIf(randBin(20,0.25,500),?>10)    3`

  Bei 500 simulierten Veranstaltungen gab es drei, bei denen mehr als zehn Mitglieder fehlten.

- `countIf(randBin(20,0.25,1000),?>10)`
  `1000.              0.002`

  Bei 1 000 simulierten Veranstaltungen lag der Anteil der Kurse mit mehr als zehn fehlenden Mitgliedern bei 0,002.

Diese relative Häufigkeit ist ein Schätzwert für die theoretische Wahrscheinlichkeit, die mit **binomCdf( )** berechnet wird:

`binomCdf(20,0.25,11,20)    0.003942`

Jede Durchführung ein und derselben Simulation ergibt in Abhängigkeit von den Parametern n und p ein anderes zufälliges Ergebnis. Simulationen sind deshalb geeignet, sich den zufälligen Charakter von Zufallsexperimenten zu veranschaulichen.

`RandSeed 20101952          Fertig`
`randBin(20,0.25,12)`
`         {3,5,7,2,5,2,5,8,3,3,3,5}`
`randBin(20,0.25,12)`
`         {4,4,5,5,5,4,5,7,3,1,5,6}`
`randBin(20,0.25,12)`
`         {2,5,2,4,5,2,2,3,3,6,4,4}`

Hinweis:
Der Zufallszahlengenerator kann durch den Befehl **randseed Zahl** in einen anderen Anfangszustand versetzt werden. Dabei kann für „Zahl" eine mehrstellige natürliche Zahl, z. B. das Geburtsdatum der „Lieblingsoma" verwendet werden.

Stochastische Zusammenhänge – die Binomialverteilung

Weiterführende Aufgaben

Bernoulli-Experimente und Bernoulli-Ketten

1. Die folgenden Vorgänge sind zufällig:
   (1) Frau S. kauft in einer Gärtnerei 20 Rosen. Der Gärtner gibt bei fachgerechter Pflanzung eine Garantie von 90 %, dass die Rosen anwachsen.
   (2) Für den Monat Juni wird eine Fahrt für 45 Schüler organisiert. Aus Erfahrung weiß man, dass in dieser Zeit etwa 5 % der Schüler krank sind.
   (3) Von den CD-Rohlingen einer Firma haben erfahrungsgemäß etwa 2 % einen Fehler. Tim kauft eine Packung mit 10 CD-Rohlingen.
   Beantworte für alle drei Sachverhalte folgende Fragen:
   a) Welchen zufälligen Vorgang kann man als Bernoulli-Experiment bezeichnen?
   b) Berechne die entsprechenden Erfolgs- und Misserfolgswahrscheinlichkeiten.
   c) Gib an, unter welchen Bedingungen es sich um eine Bernoulli-Kette handelt und wie groß deren Länge ist.

2. Gib jeweils ein Ereignis so an, dass die Betrachtung dieses Ereignisses ein Bernoulli-Experiment ist. Berechne auch jeweils die Erfolgswahrscheinlichkeit.
   a) Vorgang: Würfeln mit einem Würfel   Merkmal: Augenzahl
   b) Vorgang: Würfeln mit zwei Würfeln   Merkmal: Augensumme
   c) Vorgang: Werfen von drei Münzen   Merkmal: Anzahl der Wappen

3. Fasse die Ergebnisse und die zugeordneten Wahrscheinlichkeiten folgender Vorgänge so zusammen, dass ihre Untersuchung ein Bernoulli-Experiment ist. Formuliere ein entsprechendes Ereignis und gib die Erfolgswahrscheinlichkeit an.
   a) Ein Glücksrad mit 8 gleich großen Einteilungen mit den Zahlen von 1 bis 8 wird gedreht.
   b) Eine Firma stellt Hosen her. Bei der Untersuchung der Qualität der Hosen stellte man über einen längeren Zeitraum fest, dass mit einer Wahrscheinlichkeit von 80 % die Hosen erste Wahl und mit einer Wahrscheinlichkeit von 14 % die Hosen zweite Wahl waren. Die restlichen Hosen waren Ausschuss.

4. Die folgenden Vorgänge sollen jeweils in einem Bernoulli-Experiment untersucht werden. Gib ein Merkmal an, das dazu betrachtet werden könnte.
   Nenne ein Ereignis, dessen Eintreten als „Erfolg"
   angesehen werden kann.
   a) Geburt eines Kindes
   b) Meinungen von Wählern zur Wahl
   c) Wetterverlauf eines Monats an einem Ort
   d) Keimen von Blumensamen

Binomialverteilungen

5. a) Ein T-Shirt hat mit einer Wahrscheinlichkeit von 10 % kleine Fehler. Alle T-Shirts werden immer im Doppelpack abgegeben. Berechne mithilfe eines Baumdiagramms die Wahrscheinlichkeit, dass folgende Aussagen für ein Doppelpack wahr sind.
   (1) beide T-Shirts fehlerfrei   (2) kein T-Shirt fehlerfrei   (3) genau ein T-Shirt fehlerfrei
   b) Eine Firma kauft 5 000 Doppelpackungen. Wie viele fehlerfreie Packungen sind zu erwarten?

Die Binomialverteilung

6. Nach Herstellerangaben wird bei Gemüse-Konservendosen die Mindesteinwaage bei 90 % der Dosen eingehalten. Ein Kontrolleur misst die Masse des Inhalts von 4 Dosen. Ermittle mit einem Baumdiagramm die Wahrscheinlichkeit dafür, dass man bei den 4 Dosen keine, eine, zwei bzw. mehr als zwei Dosen mit zu geringem Inhalt findet.

7. Aus 100 Tulpenzwiebeln entwickeln sich erfahrungsgemäß 50 % gelbe, 25 % rote, 20 % lila und 5 % weiße Tulpen. Als „Erfolg" in einem Bernoulli-Experiment soll das Entstehen einer rot blühenden Tulpe angesehen werden. In einen Topf werden drei Zwiebeln gepflanzt.

   a) Ermittle die Erfolgswahrscheinlichkeit des Experiments sowie die Länge der Bernoulli-Kette. Zeichne dazu das zur Bernoulli-Kette gehörende Baumdiagramm.
   b) Berechne für a) die Varianz, die Standardabweichung und den Erwartungswert.
   c) Berechne die Wahrscheinlichkeit dafür, dass sich in dem Topf aus allen drei Zwiebeln rote Tulpen entwickeln.

8. Zeige dass Folgendes gilt: a) $\binom{n}{n} = 1$ b) $\binom{n}{1} = \binom{n}{n-1} = n$ c) $\binom{n}{k} = \binom{n}{n-k}$

9. Begründe, warum für die Binomialverteilung (bei k Erfolgen in n Versuchen mit der Erfolgswahrscheinlichkeit p) stets folgende Gleichung gilt: $b(n; p; k) = b(n; 1-p; n-k)$

10. Entscheide und begründe, welche der folgenden Aussagen für eine Bernoulli-Kette der Länge n gelten. Berichtige falsche Aussagen.
    a) Es sind 0; 1; 2 ... oder n Erfolge möglich.   b) Es sind nie mehr als n Erfolge möglich.
    c) Es gibt stets n Pfade, die zu n Erfolgen führen.   d) Es gibt nur einen Pfad zu n Erfolgen.

11. Untersuche am Beispiel des Schießens auf eine Torwand die Eigenschaften des Erwartungswertes einer Binomialverteilung, indem du folgende Fragen beantwortest:
    a) Ist der Erwartungswert eine Wahrscheinlichkeit?
    b) Ist der Erwartungswert immer der wahrscheinlichste Wert?
    c) Welche statistische Kenngröße wird mit einem Erwartungswert vorausgesagt, wenn das Bernoulli-Experiment sehr oft durchgeführt wird?

12. Beim einem „Mensch-ärgere-dich-nicht-Spiel" würfeln die drei Mitspieler pro Runde je einmal. Wiederholungen nach einer 6 werden nicht betrachtet. Das Würfeln einer 6 soll als Erfolg angesehen werden. Bestimme anhand eines dreistufigen Baumdiagramms die Wahrscheinlichkeit dafür, dass in einer Runde folgende Spieler eine 6 gewürfelt haben.
    a) kein Spieler   b) mindestens ein Spieler   c) genau ein Spieler
    d) der erste Spieler   e) nur der erste Spieler   f) genau zwei Spieler

13. Zeichne Balkendiagramme für Binomialverteilungen mit n = 5. Begründe, warum der längste Streifen immer weiter nach rechts „wandert". Berechne Erwartungswert und Varianz.
    a) p = 0,2   b) p = 0,4   c) p = 0,5   d) p = 0,6   e) p = 0,8

14. Zeichne ein Balkendiagramm für die Binomialverteilung mit n = 6 und p = $\frac{1}{3}$ und entscheide, zu welchem Vorgang diese Binomialverteilung passen könnte.

15. Ein Balkendiagramm für eine Binomialverteilung kann unterschiedlich aussehen. Untersuche die jeweilige Gestalt des Diagramms in Abhängigkeit von der Trefferwahrscheinlichkeit und von der Anzahl der Versuchsdurchführungen.

6.3 Gemischte Aufgaben

1. Bei einer Umfrage gaben 70 % der Befragten an, den Spitzenpolitiker einer bestimmten Partei zu kennen. Für eine TV-Sendung mit dem Politiker wurden 5 Personen zufällig ausgewählt.
   a) Berechne mithilfe der Binomialverteilung die Wahrscheinlichkeit dafür, dass 0; 1; 2; 3; 4 bzw. 5 dieser Personen den Politiker kennen und stelle die Verteilung grafisch dar.
   b) Simuliere mit deinem CAS-Rechner die Auswahl von fünf Personen 100-mal, indem du jeweils fünf Zufallszahlen im Intervall von 0 bis 99 auswählst.
   Übertrage folgende Tabelle in dein Heft und trage die Simulationsergebnisse ein.
   Vergleiche die relativen Häufigkeiten mit den theoretischen Werten.

	Anzahl der Personen, die Politiker kennen					
	0	1	2	3	4	5
Strichliste						
Absolute Häufigkeit						
Relative Häufigkeit						

2. Ein Telefon-Kundendienst ist über acht Leitungen erreichbar. Es seien p_0; p_1; …; p_8 die Wahrscheinlichkeiten, dass 0; 1; 2; …; 8 Leitungen belegt sind. Beschreibe die Wahrscheinlichkeiten der folgenden Ereignisse durch einen Term, der möglichst wenige der Wahrscheinlichkeiten p_0 bis p_8 enthält:
   a) P(weniger als drei Leitungen sind belegt) b) P(mindestens zwei Leitungen sind belegt)
   c) P(höchstens sechs Leitungen sind belegt) d) P(zwei Leitungen sind frei)
   e) P(mindestens drei Leitungen sind frei)   f) P(weniger als sechs Leitungen sind frei)

3. Die Bezeichnung „Binomialkoeffizient" hängt mit dem binomischen Satz zusammen, der angibt, wie die n-te Potenz des Binoms (a + b) berechnet wird.
   Es gilt: $(a+b)^n = \binom{n}{0}a^n + \binom{n}{1}a^{n-1} \cdot b + \binom{n}{2}a^{n-2} \cdot b^2 + \ldots + \binom{n}{n-1}a \cdot b^{n-1} + \binom{n}{n}b^n$
   a) Zeige, dass die binomische Formel $(a + b)^2 = a^2 + 2ab + b^2$ ein Spezialfall des binomischen Satzes ist.
   b) Gib mithilfe des binomischen Satzes eine Formel für die 3. und 4. Potenz eines Binoms an.

4. Binomialkoeffizienten findet man im pascalschen Dreieck, das nach folgenden Regeln gebildet wird:
   – Die äußeren Zahlen des Dreiecks sind stets 1.
   – Jede innere Zahl ergibt sich als Summe der beiden direkt darüberstehenden Zahlen.
   Berechne nach diesen Regeln die nächste Zeile des pascalschen Dreiecks und vergleiche mit den Werten der Binomialkoeffizienten $\binom{6}{k}$ für k = 0; 1; 2; …; 6.

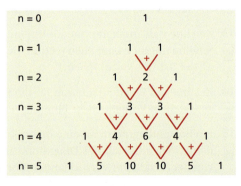

5. Von 320 Fahrradnutzern einer Schule lassen 180 ihr Fahrrad kontrollieren. Dabei wurden an 45 Fahrrädern Mängel festgestellt.
  a) Berechne die Wahrscheinlichkeit dafür, dass ein beliebiges Fahrrad Mängel hatte.
  b) Gib an, wie viele mangelhafte Fahrräder man bei allen Fahrradnutzern der Schule erwarten kann.
  c) In einer Klasse mit 28 Schülern, die alle ein Fahrrad nutzen, werden unter Zugrundelegung der Stichprobenergebnisse folgende Fragen gestellt. Beantworte diese.
     A: Mit welcher Wahrscheinlichkeit gibt es kein verkehrssicheres Fahrrad in der Klasse?
     B: Mit welcher Wahrscheinlichkeit sind alle Fahrräder der Klasse verkehrssicher?
     C: Mit welcher Wahrscheinlichkeit befindet sich in dieser Klasse mindestens ein Schüler, dessen Fahrrad nicht verkehrssicher ist?

6. Ca. 10% der Menschen sind Linkshänder. In einer Klasse sind 20 Schülerinnen und Schüler.
  a) Wie viele Linkshänder sind in ihr zu erwarten? Wie groß ist die Standardabweichung?
  b) Mit welcher Wahrscheinlichkeit ist mindestens ein Linkshänder in der Klasse?
  c) Mit welcher Wahrscheinlichkeit befinden sich höchstens 5 Linkshänder in der Klasse?
  d) Es stellt sich heraus, dass in dieser Klasse niemand mit der linken Hand schreibt oder arbeitet. Entscheide und begründe, ob diese Klasse eine große Ausnahme ist.

7. Bei einem Getränkehersteller werden mit einer automatischen Abfüllanlage Flaschen mit Fruchtsaft gefüllt, die (aus Erfahrung) in 5% aller Fälle zu wenig Fruchtsaft enthalten. Herr Schluck kauft eine Zehnerpackung des Saftes.
  a) Wie viele Flaschen mit weniger Inhalt kann Herr Schluck in der Zehnerpackung erwarten?
  b) Mit welcher Wahrscheinlichkeit sind alle Flaschen normgerecht abgefüllt?

8. Ein bestimmter Autotyp hat zwei voneinander unabhängige Bremskreise. Bei der Endkontrolle funktioniert der erste Bremskreis mit einer Wahrscheinlichkeit von 98%. Der zweite Bremskreis ist mit einer Wahrscheinlichkeit von 3% defekt. Ein Auto wird nur ausgeliefert, wenn beide Bremskreise funktionstüchtig sind.
  a) Erstelle ein Baumdiagramm und ermittle die Wahrscheinlichkeit dafür, dass beide Bremskreise funktionstüchtig sind.
  b) Mit welcher Wahrscheinlichkeit funktioniert mindestens ein Bremskreis?
  c) Mit welcher Wahrscheinlichkeit ist von 20 untersuchten Autos mindestens eins nicht verkehrssicher?
  d) Wie viele Autos muss man mindestens untersuchen, um mit einer Wahrscheinlichkeit von mehr als 90% mindestens ein Auto zu finden, das nicht verkehrssicher ist?

9. Bei einer Verkehrskontrolle wurden 250 Autos mit jugendlichen Fahrern (im Alter bis 27 Jahren) und 750 Autos mit älteren Fahrern untersucht. Bei den jugendlichen Fahrern gab es 50, bei den älteren Fahrern 80 Fahrzeuge mit Mängeln.
  a) Erstelle ein Baumdiagramm und entscheide, ob die Wahrscheinlichkeit für ein mangelhaftes Auto bei dieser Verkehrskontrolle von der Altersgruppen der Fahrer abhängt.
  b) Zeige, dass die Wahrscheinlichkeit, bei dieser Verkehrskontrolle ein Auto mit Mängeln zu entdecken, 0,13 betrug.
  c) Wie viele Autos mit Mängeln sind bei den nächsten 200 Autos zu erwarten?

Mosaik

Das Summenzeichen im Mathematikunterricht

Beim Addieren aller *einstelligen ungeraden Zahlen* erhält man als **Summe** die Zahl 25.
Es gilt: $1 + 3 + 5 + 7 + 9 = 25$
Beim Addieren von Variablen muss deren **Grundbereich** beachtet werden.
Gleichung: $\quad x_1 + x_2 + x_3 + x_4 = x_G \quad$ **Mögliche Grundbereiche für x_k:** Masse, Länge, Zeit, ...

Beispiel:
Auf der Passagierliste eines Flugzeugs stehen 120 Personen.
Vor dem Abflug muss die Gesamtmasse dieser Passagiere ermittelt werden.
Für eine große Anzahl von Summanden sind Abkürzungen erlaubt:

(1) durch „...": $\quad x_1 + x_2 + x_3 + ... + x_{120} = x_G$

(2) durch „Σ": $\quad x_1 + x_2 + x_3 + ... + x_{120} = \sum_{k=1}^{120} x_k$

(gesprochen: Summe xk von k = 1 bis 120)

Als **Summenzeichen** wird der große griechische Buchstabe Σ (gesprochen: Sigma) verwendet. Als **Laufvariable** wurde hier „k" gewählt. Die Angaben über und unter dem Summenzeichen geben die zu verwendenden Grenzen an. Die Angabe unter dem Summenzeichen kennzeichnet den „Anfangswert für k, die Angabe über dem Summenzeichen kennzeichnet den Endwert für k. Es wird immer in Einerschritten weiter gezählt ($k \in \mathbb{N}$).

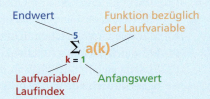

Beispiele:
Bilde die Summe der Quadrate aller einstelligen natürlichen Zahlen.
$$1^2 + 2^2 + 3^2 + 4^2 + 5^2 + 6^2 + 7^2 + 8^2 + 9^2 = \sum_{k=1}^{9} k^2 = 285$$
Bilde die Summe der Quadrate aller natürlichen Zahlen von 1 bis 100.
$$1^2 + 2^2 + 3^2 + 4^2 + ... + 100^2 = \sum_{k=1}^{100} k^2 = 338\,350$$
Bilde die Summe aller ungeraden natürlichen Zahlen von 1 bis 49.
$$1 + 3 + 5 ... + 49 = \sum_{k=1}^{25} (2k - 1) = 625$$

Es können auch andere Laufvariablen verwendet werden. So bezeichnen beispielsweise von $\sum_{k=1}^{25} (2k - 1)$ und von $\sum_{m=1}^{25} (2m - 1)$ ein und dieselbe Summe.

Solche Summen lassen sich einfach mit einem CAS-Rechner zu ermitteln. Das Summenzeichen ist unter ⌘ zu finden.

Beispiele:

$\sum_{k=1}^{25} (2 \cdot k - 1)$	625

$\sum_{m=1}^{25} (2 \cdot m - 1)$	625

$\sum_{k=3}^{5} (2 \cdot k - 1)$	21

$\sum_{k=-2}^{3} (2 \cdot k - 1)$	0

Die folgende Schreibweise zeigt, wie Intervallwahrscheinlichkeiten binomialverteilter Zufallsgrößen beschrieben werden können:

Beispiel:
Beschreibt die Zufallsgröße X eine binomialverteilte Zufallsgröße mit den Parametern n = 5 und p = 0,3, so wird beispielsweise die Wahrscheinlichkeit, höchstens zwei Treffer zu erhalten, berechnet durch:

$$\sum_{k=0}^{2} P(X=k) = P(X=0) + P(X=1) + P(X=2)$$

$$= \binom{5}{0} \cdot 0{,}3^0 \cdot 0{,}7^5 + \binom{5}{1} \cdot 0{,}3^1 \cdot 0{,}7^4 + \binom{5}{2} \cdot 0{,}3^2 \cdot 0{,}7^3$$

$$= \sum_{k=0}^{2} \binom{5}{k} \cdot 0{,}3^k \cdot 0{,}7^{5-k}$$

Das gleiche Ergebnis liefert der Befehl „binomCdf(5,0.3,0,2)" beim CAS-Rechner.

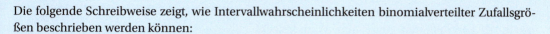

1. Schreibe mit dem Summenzeichen folgende Angaben über Intervallwahrscheinlichkeiten einer Zufallsgröße:
   a) P(höchstens k Erfolge) = P(X ≤ k) = P(X = 0) + P(X = 1) + P(X = 2) +...+ P(X = k)
   b) P(mindestens k Erfolge) = P(X ≥ k) = P(X = k) + P(X = k + 1) + P(X = k +2) +...+ P(X = n)
   c) P(mehr als 2 und weniger als 6 Erfolge)

2. Verwende sowohl die *Bernoulli-Formel* zusammen mit der *Summenschreibweise* als auch die Befehle „binomPdf( )" bzw. „binomCdf( )" zum Berechnen der Intervallwahrscheinlichkeiten für binomialverteilten Zufallsgrößen.
   a) n = 20;   p = 0,50;   P(X ≤ 10)
   b) n = 30;   p = 0,45;   P(X > 20)
   c) n = 42;   p = 0,87;   P(30 ≤ X ≤ 38)
   d) n = 120;   p = $\frac{2}{3}$;   P(61 < X < 80) auf vier Dezimalstellen gerundet

3. Berechne die Intervallwahrscheinlichkeiten für binomialverteilten Zufallsgrößen mit dem Befehl „binomCdf( )" deines CAS-Rechners.
   a) n = 20;   p = 0,25; $\sum_{k=13}^{20} P(X=k)$
   b) n = 120;   p = 0,6; $\sum_{k=32}^{55} P(X=k)$

4. Schreibe folgende Summen ohne Summenzeichen und berechne das Ergebnis, ohne Verwendung eines CAS-Rechners.
   a) $\sum_{k=2}^{4} (2k+1)$
   b) $\sum_{f=2}^{4} (2f) + 1$
   c) $\sum_{i=0}^{3} 2^i$
   d) $\sum_{m=0}^{4} \sin(m \cdot \frac{\pi}{2})$

5. Zeige, dass die Summen von $\sum_{k=1}^{100} k$ und $\sum_{k=2}^{101} (k-1)$ das gleiche Ergebnis haben, ohne die Summen selbst auszurechnen.

Teste dich selbst

1. Bei einer Verkehrskontrolle von 180 Autos fehlte in 15 kontrollierten Autos das Warndreieck, bei 20 kontrollierten Autos wurde eine defekte Lampe gefunden. Zehn der kontrollierten Autos wiesen beide Mängel auf.
   a) Ermittle die Wahrscheinlichkeit dafür, dass ein kontrolliertes Auto mindestens einen Mangel aufweist.
   b) Wie viele mangelhafte Autos können bei der nächsten Kontrolle von 500 Autos erwartet werden, wenn die gleiche Mängelwahrscheinlichkeit vorausgesetzt wird?

2. Löse folgende Aufgabe unter Nutzung eines Baumdiagramms:
   Karin möchte in ihrem Zimmer drei Poster in einer Reihe an die Wand kleben.
   Sie sucht nach einer günstigen Reihenfolge und überlegt, wie viele Möglichkeiten sie für die Reihenfolge insgesamt hat.

3. Autonummern einer Stadt können nach dem Zeichen für die Stadt (ABC) einen Buchstaben und genau drei Ziffern haben.
   a) Wie viele Autos können mit solchen Schildern in dieser Stadt zugelassen werden?
   b) Die Anzahl der Autos in dieser Stadt steigt jährlich so, dass eine weitere Stelle auf dem Nummernschild belegt werden muss.
   Entscheide und begründe, ob du eine weitere Ziffer oder ob du einen weiteren Buchstaben einführen würdest.
   c) Wie viele Autos können zugelassen werden, wenn ein weiterer Buchstabe verwendet wird?

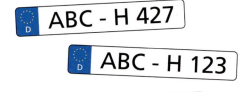

4. Entscheide, bei welchen der folgenden Wiederholungen zufälliger Vorgänge mit den dabei betrachteten Ereignissen es sich unter bestimmten Bedingungen um Bernoulli-Ketten handeln könnte. Gib in diesem Fall die dafür notwendigen Bedingungen an.
   a) Es wird 50-mal gewürfelt und erfasst, ob die Augenzahl größer als 2 ist.
   b) Es werden die „Computergewohnheiten" von 50 Kindern untersucht.
      Sie werden gefragt, ob sie länger als zwei Stunden pro Tag am Computer spielen.
   c) Es werden 50 Sonnenblumenkerne ausgesät. Bei der Ernte wird gemessen, ob die Sonnenblumen größer als 2,00 m geworden sind.

5. In der großen Pause schaffen es 50 Schüler, etwas in der Schulkantine zu kaufen.
   Erfahrungsgemäß nehmen $\frac{2}{5}$ dieser Schüler ein Baguette.
   a) Es wurden für die Pause 20 Baguettes vorbereitet. Berechne, mit welcher Wahrscheinlichkeit genau 20 Schüler ein Baguette kaufen.
   b) Ermittle, mit welcher Wahrscheinlichkeit die 20 Baguettes in einer Pause ausreichen.
   c) Wie viele Baguettes sollten für die Pause mindestens vorbereitet werden, damit sie mit einer Wahrscheinlichkeit von mindestens 95% bzw. von mindestens 99% ausreichen?

Das Wichtigste im Überblick

Zufallsgrößen und ihre Verteilung

Erwartungswert E

$E(X) = x_1 \cdot p_1 + x_2 \cdot p_2 + \ldots + x_k \cdot p_k$

Varianz V

$V(X) = (x_1 - E(X))^2 \cdot p_1 + (x_2 - E(X))^2 \cdot p_2 + \ldots + (x_n - E(X))^2 \cdot p_n$

Standardabweichung σ_X

$\sigma_X = \sqrt{V(X)} = \sqrt{(x_1 - E(X))^2 \cdot p_1 + (x_2 - E(X))^2 \cdot p_2 + \ldots + (x_n - E(X))^2 \cdot p_n}$

Bernoulli-Experiment mit der Erfolgswahrscheinlichkeit p

Bei einem Bernoulli-Experiment, werden nur zwei Ergebnisse betrachtet:
- Erfolg mit der Erfolgswahrscheinlichkeit p
- Misserfolg mit der Wahrscheinlichkeit q = 1 − p

Vorgang	Merkmal	Anzahl der Mengel	Wahrscheinlichkeit	Ereignis	Wahrscheinlichkeit
Herstellung von Modeartikeln		0	0,9	fehlerfrei	0,9
		1	0,03		
		2	0,05	fehlerhaft	0,1
		mahr als 2	0,02		

Produktionsbedingungen

Misserfolg: Das Produkt ist fehlerhaft. Wahrscheinlichkeit p = 0,1
Erfolg: Das Produkt ist fehlerfrei. Wahrscheinlichkeit q = 1 − p = 0,9

Bernoulli-Kette mit der Länge n und mit der Erfolgswahrscheinlichkeit p

n Wiederholungen eines Bernoulli-Experiments, wenn sich dabei die Erfolgswahrscheinlichkeit p nicht ändert.

Binomialverteilung mit den Parametern n und p

Wahrscheinlichkeitsverteilung der Anzahl k der Erfolge in einer Bernoulli-Kette mit der Länge n und der Erfolgswahrscheinlichkeit p.

$P(k \text{ Erfolge}) = \binom{n}{k} p^k \cdot (1-p)^{n-k}$

$P(\text{mindestens ein Erfolg}) = 1 - (1-p)^n$

Erwartungswert: $E(X) = n \cdot p$

Varianz: $s^2 = n \cdot p \cdot q$

Standardabweichung: $s \cdot \sqrt{s^2} = \sqrt{n \cdot p \cdot q}$

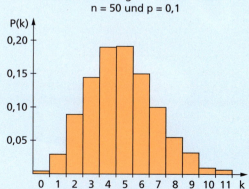

Binomialverteilung mit den Parametern n = 50 und p = 0,1

7 Aufgabenpraktikum

Beziehungen und Veränderungen beschreiben

Funktionen können zum Beschreiben von Zusammenhängen genutzt werden.
Erläutert wichtige Eigenschaften von linearen Funktionen, von quadratischen Funktionen, von Potenzfunktionen, von Exponentialfunktionen und von Winkelfunktionen an Beispielen.

Platonische Körper untersuchen

Ein Würfel ist ein „platonischer Körper" mit 8 Ecken und 12 gleich lange Seitenkanten.
Bereitet einen Vortrag zum Thema „Platonische Körper in der Kunst und in der Natur" vor. Stellt von jedem platonischen Körper ein Modell her.

Statistische Untersuchungen durchführen

CAS-Rechner können als Hilfsmittel bei umfangreichen Rechnungen z. B. beim Berechnen von Kenngrößen einer Zufallsgröße genutzt werden.
Erläutert das Berechnen solcher Kenngrößen mit eurem CAS-Rechner an einem Beispiel.

Methoden

Grenzwerte mit CAS-Rechnern ermitteln

Am Funktionsgraphen $y = \frac{1}{x}$ erkennt man:

Für x gegen $\pm\infty$: $\quad \lim\limits_{x \to \pm\infty} \left(\frac{1}{x}\right) = 0$

Für x gegen 0 von rechts: $\quad \lim\limits_{x \to 0^+} \left(\frac{1}{x}\right) = \infty$

Für x gegen 0 von links: $\quad \lim\limits_{x \to 0^-} \left(\frac{1}{x}\right) = -\infty$

Hinweis:
Für das Annähern an $x_0 = 0$ von rechts wird symbolisch „+", für das Annähern $x_0 = 0$ von links wird symbolisch „–" als „Exponent" verwendet. Die x-Achse und die y-Achse sind „Asymptoten".

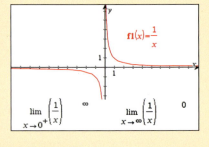

In der Applikation „Calculator" oder im „Scratchpad" wird mit *Menü – Analysis – Limes* die Vorlage zum Berechnen von Grenzwerten aufgerufen.

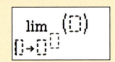

Alternativ findet man die Vorlage unter ⌨️ oder 📖 5. Der Wechsel zwischen den Eingabefeldern in dieser Vorlage erfolgt z. B. mit der Taste `tab`. Das Zeichen für „Unendlich" ist mithilfe der Taste `π▶` zu finden.

Beispiele:
Für $x \to +\infty$ werden die Funktionswerte von $y = 2^x$ unbegrenzt immer größer.

Schreibweise: $\quad \lim\limits_{x \to +\infty} (2^x) = \infty$

Für $x \to -\infty$ erfolgt eine Annäherung der Funktionswerte von $y = 2^x$ von oben an die Zahl 0.

Schreibweise: $\quad \lim\limits_{x \to -\infty} (2^x) = 0$

Die x-Achse ist Asymptote des Funktionsgraphen.

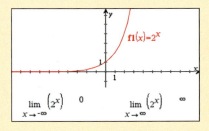

Die Funktion $y = \frac{x^2 - 1}{x + 1}$ ist für alle reellen Zahlen außer für $x = -1$ definiert. An der Stelle $x_0 = -1$ wird der Nenner 0. Der Funktionsgraph ist eine Gerade mit einer „Lücke" bei $x_0 = -1$. Beim Annähern an der Stelle x_0 nähern sich die Funktionswerte (sowohl von links als auch von rechts) der Zahl –2, ohne diese jemals zu erreichen.

Schreibweise: $\quad \lim\limits_{x \to -1} \left(\frac{x^2 - 1}{x + 1}\right) = -2$

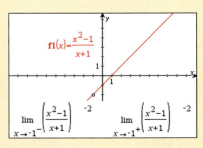

Sind links- und rechtsseitiger Grenzwert unterschiedlich, so existiert kein Grenzwert an dieser Stelle.

Die Funktion $y = \sin x$ besitzt für $x \to \infty$ keinen Grenzwert, weil die Funktionswerte periodisch alle reellen Zahlen zwischen –1 und 1 annehmen.
Ein CAS-Rechner zeigt deshalb als Ergebnis **„undefiniert"** an.

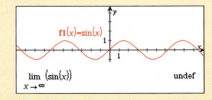

Aufgaben

1. Erläutert sowohl durch inhaltlicher Überlegungen als auch mithilfe der Funktionsgraphen und durch Einsetzen von Zahlen, warum CAS-Rechner die angezeigten Ergebnisse zeigen.

   a)
$\lim\limits_{x \to \infty} (-3 \cdot 2^{-x})$	0
$\lim\limits_{x \to -\infty} (-3 \cdot 2^{-x})$	$-\infty$
$\lim\limits_{x \to 2} (-3 \cdot 2^{-x})$	$-\dfrac{3}{4}$

   b)
$\lim\limits_{x \to 0^+} \left(\dfrac{1}{\sqrt{x}}\right)$	∞
$\lim\limits_{x \to 0^-} \left(\dfrac{1}{\sqrt{x}}\right)$	"Fehler: Nicht-reelles Ergebnis"

   c)
$\lim\limits_{x \to \infty} \left(\dfrac{x \cdot (x^2-4)}{x-2}\right)$	∞
$\lim\limits_{x \to 2^+} \left(\dfrac{x \cdot (x^2-4)}{x-2}\right)$	8

   d)
$\lim\limits_{x \to \infty} \left(\sin\left(\dfrac{1}{x}\right)\right)$	0
$\lim\limits_{x \to 0} \left(\sin\left(\dfrac{1}{x}\right)\right)$	undef

2. Untersucht die Funktion $y = \left(1 + \dfrac{1}{x}\right)^x$ mit $x \in \mathbb{R}$; $x > 0$ auf Grenzwerte für $x \to 0$ und $x \to \infty$. Der Grenzwert für $x \to \infty$ hat eine besondere Bedeutung. Vergleicht dazu die Anmerkungen zum „natürlichen Logarithmus" auf Seite 41.

3. Verwendet man für den Definitionsbereich von Funktionen nur die natürliche Zahlen $n \geq 1$, so entstehen spezielle Funktionen, die man „*Folgen*" oder „*Zahlenfolgen*" nennt. Ihre Graphen sind keine Linien, sondern bestehen aus (diskreten) Punkten. Folgen, die einen Grenzwert besitzen, heißen „*konvergent*". Folgen ohne Grenzwert heißen „*divergent*".
   a) Gebt von jeder der Zahlenfolgen ①, ②, ③ und ④ die ersten drei Glieder an und untersucht die Folgen für $n \to \infty$ auf Konvergenz. Löst die Aufgabe ohne CAS-Rechner, kontrolliert dann mit eurem CAS-Rechner.

   ① $a_n = 1 + \left(\dfrac{1}{3}\right)^n$ ② $b_n = (-1)^n$ ③ $c_n = \dfrac{3n^2 - 1}{n^2}$ ④ $d_n = \dfrac{n}{n+1}$

   b) Findet heraus, wie man Zahlenfolgen mit einem CAS-Rechner darstellen kann.

4. Prüft, ob die Zahlen der Folge 0,9; 0,99; 0,999; ... einen Grenzwert haben.

5. Färbt ein Quadrat wie in der Abbildung. Teilt das Quadrat dazu in vier gleich große Quadrate und färbt eins davon. Wählt eins der drei anderen Quadrate und wiederholt den Vorgang bei diesem Quadrat. Denkt euch diesen Vorgang bis ins Unendliche fortgesetzt. Die farbigen Quadrate bilden eine Folge von immer kleiner werdenden unendlich vielen Quadraten. Untersucht, ob die Summe der Flächeninhalte aller dieser Quadrate einen Grenzwert hat. Überlegt dazu zunächst, wie sich die Folge der Seitenlängen entwickelt. Die Summe der Flächeninhalte und ihr Grenzwert könnt ihr mit eurem CAS-Rechner ermitteln.

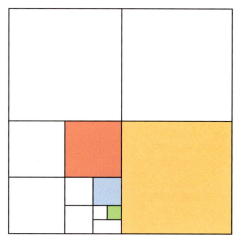

Methoden

Messdaten mit CAS-Rechnern auswerten (Regressionskurven)

Mit CAS-Rechnern können Messwerte in „Lists&Spreadsheets" gespeichert, unter „Data&Statistics" veranschaulicht und mit „Regressionen" analysiert werden. Bei Regressionen werden in Abhängigkeit von der gewählten Art „Ausgleichskurven" mit zugehörigen Gleichungen vorgeschlagen. Die Regressionsart muss nach inhaltlichen Gesichtspunkten gewählt werden.

Das Wachstum einer Bakterienkultur wird *unter gleichbleibenden Wachstumsbedingungen* über einen längeren Zeitraum beobachtet. Zu Beginn der Beobachtung betrug ihre Masse 5,0 mg. Für die Entwicklung des Wachstums gab es folgende Messwerte:

Zeit t in Tagen	0	0,5	1,0	1,5	2,0	2,5	3,0
Masse m in Milligramm	5,0	5,4	6,0	6,7	7,5	8,5	9,8

a) Erstelle ein Diagramm und gib eine Formel für den Zusammenhang zwischen Zeit und Masse an.
c) Berechne die Masse der Bakterien zwei Tage vor Beginn der Beobachtung.
d) Ermittle, wie lange es dauert, bis die Bakterien eine Masse von 20,0 g haben.

① Beginne ein neues Dokument:
Öffne die Anwendung „Lists&Spreadsheets", gib jeder benötigten Spalte einen Namen und trage die Messwerte spaltenweise ein.

② Füge mit `ctrl` `doc▼` eine neue Seite ein. Öffne die Anwendung „Data&Statistics". Nach Drücken von `tab` erscheinen die Namen der Listen. Die Liste „Zeit" wird für die waagerechte Achse, die Liste „Masse" für die senkrechte Achse gewählt. Ein „Streuplot" zeigt die Messwerte.

③ Wähle `menu` „Analysieren–Regression". Für jede Regressionsart bietet der CSA-Rechner eine Ausgleichskurve an. Für das Beispiel sollte die *exponentielle Regression,* gewählt werden, weil diese das natürliches Wachstum unter gleich bleibenden Bedingungen gut beschreibt.

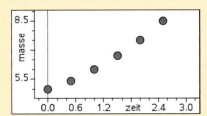

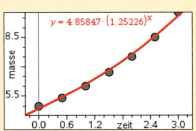

$y = 4.85847 \cdot (1.25226)^x$

④ Die Funktion $y = f(x) = 4{,}68 \cdot 1{,}25^x$ ist ein brauchbares Modell für diesen Sachverhalt.
Für x = –2 (Tage) vor Beobachtungsbeginn beträgt die Masse (der Bakterien) etwa 3,1 g.
Eine Masse von 20,0 g wird ungefähr 6,3 Tage nach Beobachtungsbeginn erreicht.

$f(x):=4.86 \cdot (1.25)^x$	Fertig
$f(-2)$	3.1104
solve($f(x)=20,x$)	x=6.33984

Aufgaben

1. Die Tabelle zeigt elektrische Widerstände von Drähten unterschiedlicher Querschnittsfläche aber aus gleichem Material und gleicher Länge.

Querschnittsfläche A in mm²	0,7	1,5	2,5
Elektrischer Widerstand R in Ω	7,0	3,3	2,0

   a) Stellt die Messwerte grafisch dar.
   b) Ermittelt durch „*Potenz-Regression*" eine Funktion, die die Abhängigkeit des elektrischen Widerstands von der Querschnittsfläche für dieses Material beschreibt.
   c) Begründet, warum die Potenz-Regression hier als mathematisches Modell geeignet ist.
   d) Berechnet den elektrischen Widerstand für eine Querschnittsfläche von 1 mm² (3 mm²).
   e) Ermittelt die Querschnittsfläche bei einem elektrischen Widerstand von 10 Ω.

2. Die Tabelle enthält Werte, die beim Abkühlen von Wasser gemessen wurden. Die Anfangstemperatur betrug 80 °C, die Umgebungstemperatur von 20 °C blieb während der Beobachtung konstant. In der Tabelle und im Diagramm wurde der Zusammenhang zwischen der Zeit und der Differenz von Wasser- und Umgebungstemperatur veranschaulicht.

Zeit in Minuten	0	5	10	15	20
Temperaturdifferenz in Grad	60	48	39	31	25

   Die drei folgenden Regressionen ergeben scheinbar gute Ausgleichskurven:

   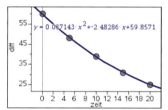 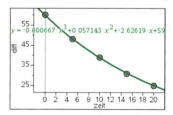 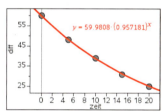

   a) Begründet, warum die beiden Regressionen ① und ② nicht so gut geeignet sind, um Temperaturen außerhalb des Beobachtungszeitraums zu modellieren.
   Erstellt die vorgegeben Regressionen. Vergrößert dann jeweils den Darstellungsbereich.
   b) Begründet, warum hier eine exponentielle Regression genutzt werden sollte.

3. Arbeitet paarweise.
   Lasst einen gut springenden Ball aus 2,00 m Höhe senkrecht nach unten fallen. Fangt ihn auf, nachdem er wieder nach oben gesprungen ist. Messt die dabei erreichte Maximalhöhe. Wiederholt den Versuch mit der gemessenen Maximalhöhe, bis der Messvorgang nicht mehr möglich ist.
   a) Stellt den Zusammenhang zwischen Sprungnummer und Sprunghöhe grafisch dar.
   b) Zeigt, dass die Quotienten zweier aufeinanderfolgender Sprunghöhen annähernd konstant sind. Argumentiert, warum deshalb hier ein exponentieller Zusammenhang vorliegen könnte und ermittelt durch Regression eine passende Gleichung.
   c) Bestimmt mit dieser Gleichung rechnerisch die Sprunghöhe nach dem vierten Aufprall und vergleicht mit dem Messwert.
   d) Bei welcher Sprungnummer erreicht der Ball (theoretisch) erstmals eine Sprunghöhe unter 5,00 cm?
   e) Ermittelt die Sprunghöhe des Balls nach dem ersten Aufprall bei einer Anfangshöhe von 1,70 m sowohl rechnerisch als auch experimentell. Vergleicht beide Lösungen miteinander.

Methoden

Bilder durch Funktionsgraphen mit CAS-Rechnern erzeugen

Bilder (Strichzeichnungen) können an CAS-Rechnern mit abschnittsweise definierten Funktionsgraphen gezeichnet werden. Vorstellungen über Definitionsbereiche, Wertebereiche und über den Verlauf von Funktionsgraphen sind dabei unverzichtbar.

Ein Gespenst geht um ...

Mit einem CAS-Rechner ist ein „Gespenst" zu zeichnen:
Zu Beginn sollte eine Freihandzeichnung (möglichst auf kariertem Papier) erfolgen. Dabei ist zu überlegen, welche Funktionsgraphen zur Umsetzung der Idee geeignet sein könnten. Im Beispiel wurden für die Teile a und b kubische Funktionsgraphen und für die anderen Teile quadratische Funktionsgraphen gewählt. Zum Schluss sollten (wenn erforderlich) geeignete „Verbindungselemente" zwischen den Linien und die Intervalle (Definitionsbereiche) für die Funktionsgraphen festgelegt werden.

Hinweise und Orientierungen:

a: f1(x) entsteht, indem $y = x^3$ um *eine Einheit nach rechts* und um *eine Einheit nach oben* verschoben wird.

b: f2(x) entsteht, indem $y = x^3$ an der *y-Achse gespiegelt*, um *vier Einheiten nach rechts* und *um eine Einheit nach oben* verschoben wird.

c: f3(x) entsteht, indem $y = x^2$ um 2,5 Einheiten nach rechts und um 2,5 Einheiten nach oben verschoben wird. Dann erfolgt eine Spiegelung an der Geraden y = 2,5 mit nachfolgender Streckung mit dem Faktor 2 in y-Richtung.

d: f4(x) entsteht, indem $y = x^2$ um 2 Einheiten nach rechts und um 1,25 Einheiten nach oben verschoben wird. Dann erfolgt eine Spiegelung an der Geraden y = 1,25 mit nachfolgender Streckung mit dem Faktor 3 in y-Richtung.

e: f5(x) entsteht, indem $y = x^2$ um 3 Einheiten nach rechts und um 1,2 Einheiten nach oben verschoben wird. Dann erfolgt eine Spiegelung an der Geraden y = 1,2 mit nachfolgender Streckung mit dem Faktor 3 in y-Richtung.

f: f6(x) entsteht, indem $y = x^2$ um 2,5 Einheiten nach rechts verschoben wird. Dann erfolgt eine Stauchung mit dem Faktor 0,5 in y-Richtung

Mit dem Geometriewerkzeug lassen sich weitere Bildelemente einfügen. Mithilfe von Attributen können Farbe und Ansichten (Achsen ausblenden) bearbeitet werden.

Aufgaben

1. Skizziert im Intervall $0 \leq x \leq 5$ einen Funktionsgraphen, der im gesamten Intervall folgende Eigenschaften hat und gebt mögliche Funktionsgraphen an:
   a) Er ist im gesamten Intervall monoton wachsend und alle Funktionswerte sind größer als 2.
   b) Er ist bis 2,5 monoton wachsend und ab 2,5 monoton fallend.
   c) Er ist bis 2,5 linear und ab 2,5 quadratisch.

2. Beschreibt das Monotieverhalten der Graphen und gebt jeweils Funktionsgleichungen an:

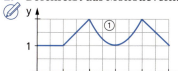 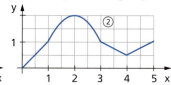 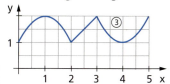

3. Chris hat eine Blüte mithilfe von *Potenzfunktionen* gezeichnet. Zeichnet die Blüte mit eurem CAS-Rechner nach.

4. Anne hat *nur mit Parabeln* einen Seelöwen gezeichnet. Gestaltet mit eurem CAS-Rechner auch einen Seelöwen.

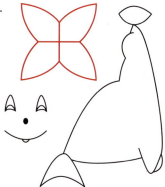

5. Fertigt eine Arbeitsanleitung für die Gestaltung des nebenstehenden Gesichts mit einem CAS-Rechner an.
   a) Führt alle Schritte an eurem CAS-Rechner selbst durch.
   b) Lasst eure Anleitungen von anderen Personen prüfen und Verbesserungsvorschläge erarbeiten. Überarbeitet dann eure Arbeitsanweisung danach.

6. Zeichnet eine Figur nach folgender Anleitung:
   (1) Zeichnet den Funktionsgraphen $y = f(x) = \sin^{-1}(x - 1)$ für $0 < x < \frac{\pi}{2}$.
   (2) Spiegelt den Funktionsgrpahen an der y-Achse.
   (3) Verbindet beide Kurvenstücke durch eine Strecke a zu einer geschlossenen Figur.
   (4) Zeichnet über die Strecke a zwei sich berührende Halbkreise mit jeweils Durchmesser von $\frac{a}{2}$. Beschreibt die entstandene (geschlossene) Figur mit Worten.

7. Zeichnet und beschreibt die Figur, die durch folgende Kurvenstücke entsteht:
   $f_1(x) = |x| + \sqrt{(1 - x^2)}$ für $x \leq 0$ $\qquad$ $f_2(x) = |x| - \sqrt{(1 - x^2)}$ für $x \leq 0$
   $f_3(x)$ wird durch Spiegelung von $f_1(x)$ an der y-Achse erzeugt.
   $f_4(x)$ wird durch Spiegelung von $f_2(x)$ an der y-Achse erzeugt.

8. Erzeugt Funktionsgraphen $y = f_1(x) = \sqrt[3]{|x|} + \sqrt{(a - x^2)}$ und $y = f_1(x) = \sqrt[3]{|x|} - \sqrt{(a - x^2)}$ für $-a \leq x \leq a$. Setzt dann zunächst $a = 2$ und baut einen Schieberegler für a ein. Nehmt die Einstellungen für den Schieberegler so vor, dass a im Intervall von 1 bis 3 mit der Schrittweite 0,5 läuft und animiert die Darstellung.

9. Gestaltet nach eigenen Vorstellungen Bilder mit eurem CAS-Rechner. Beschreibt euer Vorgehen und bereitet eine Präsentation vor. Zieht Schlussfolgerungen und schreibt auf, was ihr künftig beim Zeichnen von Figuren besonders beachten wollt.

Methoden

Hinweise und Orientierungen für Tests, Kontrollen und Prüfungen

1. Beginnt rechtzeitig mit den Vorbereitungen, das verringert Stresssituationen. Plant die Zeit zum Lernen. Teilt euch den Stoff für gut ein. Beginnt mit einfachen Aufgaben und kennzeichnet Erledigtes. Pausen bei längerem Arbeiten erhöhen die Aufmerksamkeit.

2. Passt auf, wenn im Unterricht für Tests, Kontrollen und Prüfungen geübt wird. Merkt euch, welche Themen voraussichtlich geprüft werden. Überdenkt, welche Aufgaben ihr bereits beherrscht und welche noch nicht. Stellt Fragen, wenn ihr etwas nicht verstanden habt.

3. Bereitet euch in Gruppen vor. Wiederholt gemeinsam. Bearbeitet Aufgaben in vorgegebenen Zeiten. Kontrolliert euch gegenseitig. Diskutiert euer Vorgehen und aufgetretene Fehler. Berichtigt eure Fehler.

4. Stellst ihr fest, dass ihr beim Lösen bestimmter Aufgabentypens Probleme habt, sucht euch ähnliche Aufgaben. Beachtet Hinweise und Beispiellösungen.

5. Formuliert Fragen, sucht Beispielaufgaben und löst diese noch einmal selbstständig.

6. Nutzt Mitschriften von anderen und Hinweise aus Lehrbüchern, Nachschlagewerken, Formelsammlungen, Lexika und aus dem Internet.

7. Komprimiert eure Materialien Schritt für Schritt. Wichtige Informationen lassen sich zu Lernkarteien zusammenfassen. Erklärungen können durch Zeichnungen, Skizzen und Beispiele ersetzt werden. Fertigt Merkzettel an. Lernt zum Schluss mit den Merkzetteln und nutzt solche Hilfsmittel, die ihr auch verwenden dürft. Kontrolliert alle Hilfsmittel *vor* einer Kontrolle. Prüft z. B. ob der Rechner-Akku aufgeladen und Schreibmaterial bzw. Papier vorbereitet ist.

Beispiel für Skripte bei mündlichen Tests

1. Sprecht über lineare Gleichungssysteme und zeigt an Beispielen, wie viele Lösungen ein Gleichungssystem haben kann.
2. Erläutert zwei unterschiedliche Lösungsverfahren für Gleichungssysteme.
3. Gebt Gleichungssysteme mit den Variablen x und y an, für die gilt: x = 1 und y = 1

Aufgabe 1:	Aufgabe 2:	Aufgabe 3: (Beispiel)

– Begriff erklären; Anzahl der Gleichungen und Variablen
– Art der Lösung; Wertepaar (x|y)
– Anzahl der Lösungen; (keine; eine; unendlich viele)
– Beispiel: Zahlenrätsel
	– Lösungsverfahren:
	  (1) inhaltlich
	  (2) rechnerisch
	  (3) grafisch
	– Kontrollmöglichkeiten:
	  (1) anderes Verfahren
	  (2) Probe am Text
		– Zwei Geraden, die einander in A(1|1) schneiden.
		– Die Anstiege beider Funktionsgraphen sind (bei einer Lösung) unterschiedlich.
		– Es gibt unendlich viele Möglichkeiten.

Hinweise und Orientierungen zum Lösen von Textaufgaben

Bei Text- und Sachaufgaben muss zu Beginn aus Texten und Zeichnungen ein *„mathematischer Kern"* herausgefiltert werden. Inhalte werden in mathematische Darstellungen „übersetzt". Beachtet dabei:

1. Das Lösen von Text- und Sachaufgaben erfordert Geduld und schrittweises Vorgehen.
2. Fangt nicht unüberlegt zu schreiben und zu rechnen an. Stellt euch zuerst den Sachverhalt vor. Überlegt, worum es geht und was ihr schon darüber wisst. Sucht passende Themenbereiche. Nutzt dazu Nachschlagewerke bzw. das Internet, um unbekannte Begriffe zu klären. Versucht Ergebnisse vorher abzuschätzen.
3. Schreibt Gesuchtes und Gegebenes auf. Nutzt Skizzen, Tabellen und Diagramme. Manchmal führt auch Probieren zum Ziel.
4. Sucht zielgerichtet nach Ideen (Zusammenhänge) für einen Lösungsplan. Dieser Plan kann auch mehrere Schritte (z. B. Gleichungen) umfassen. Geht dabei sowohl vom Gesuchten (Rückwärtsarbeiten) als auch vom Gegebenen (Vorwärtsarbeiten) aus.
5. Beginnt erst zu rechnen, wenn ihr euch über euer Vorgehen im Klaren seid. Arbeitet eure Lösungspläne schrittweise ab. Führt bei komplizierten Rechnungen immer Überschläge durch. Achtet immer auf die verwendeten Einheiten und auf sinnvolle Genauigkeit.
6. Kontrolliert euren Plan und eure Rechnungen. Überprüfe eure Ergebnisse immer am Sachverhalt (Text). Vergleicht mit euren Schätzwerten. Nutzt Kontrollmöglichkeiten. Formuliert Endergebnisse und kennzeichnet diese als solche. Schreibt Antwortsätze und Begründungen.

Beispiel für eine Textanalyse

Eine Tischlerei möchte Tische zu einem Stückpreis von 63 € verkaufen. Die Kosten für die Herstellung eines Tisches betragen 21 €. Das einmalige Einrichten der Maschinen kostet 800 €. Berechnet, wie viele Tische mindestens verkauft werden müssen, damit kein Verlust entsteht.

Überlegungen	Ergebnis
Worum geht es?	Es geht um *Herstellungskosten* und *Verkaufspreise*.
Was ist gesucht?	Anzahl der Tische x, bei der Herstellungskosten K und Erlös E übereinstimmen. („Break-even-Point")
Was ist gegeben?	Herstellungskosten für einen Tisch: $k = 21$ (Euro) Verkaufspreis für einen Tisch: $p = 63$ (Euro) Festkosten: $f = 800$ (Euro)
Welche Formeln lassen sich aufstellen?	$E(x) = p \cdot x = 63 \cdot x \quad K(x) = k \cdot x + f = 21 \cdot x + 800$
Die Herstellungskosten müssen mit dem Erlös übereinstimmen.	*Es gilt:* $\quad 63x = 21x + 800 \quad \vert -21x$ $\qquad\qquad 42x = 800 \quad \vert :42$ $\qquad\qquad x = 19{,}04\ldots$ (gerundet: 20)

7.1 Aufgaben zum Üben

Multiple-Choice-Aufgaben (ohne Hilfsmittel zu lösen)
Es können mehrere Antworten richtig sein. Gebt im Heft den oder die Buchstaben an.

1. Welcher Bruch stellt 0,32 dar?
   A) $\frac{100}{32}$ B) $\frac{8}{25}$ C) $\frac{8}{32}$ D) $\frac{8}{50}$

2. Berechne $\frac{1}{2} \cdot \left(\frac{1}{3} - \frac{1}{4}\right)$.
   A) $\frac{1}{9}$ B) $-\frac{1}{2}$ C) $\frac{1}{24}$ D) $\frac{1}{12}$

3. In einer Kiste sind Kugeln, von denen die Hälfte gelb, ein Viertel grün, ein Sechstel rot und zwei Kugeln blau gefärbt sind. Weitere Kugeln gibt es nicht. Wie viele Kugeln sind in der Kiste?
   A) 12   B) 15   C) 18   D) 24

4. Wie lautet die fehlende Zahl in der Folge?   0, 1, 3, 6, ■, 15, 21
   A) 7   B) 8   C) 10   D) 12

5. Welcher Term entspricht $x^2 + x^2 + x^2 + y^2$?
   A) $3x^2 + y^2$ B) $3 + x^2 + y^2$ C) $3(x^2 + y^2)$ D) $x^6 + y^2$

6. Für welchen Wert von x ist der Term $\frac{4x - 3}{6x + 6}$ nicht definiert?
   A) 2   B) -1 C) -4 D) 3

7. Welche Zahl passt in die Zahlenpyramide?
   A) 18   B) $2 \cdot 3^2$
   C) $3 \cdot 2^3$ D) $3^2 \cdot 2^3$

		3^2	■	$2^2 \cdot 3^2$	
	3^1	$3 \cdot 2^1$	$3 \cdot 2^2$	$3 \cdot 2^3$	
2^0	2^1	2^2	2^3	2^4	

8. Berechnet und gebt das Ergebnis in Zentimeter an: $\frac{3}{4}$ m + 0,2 m − 70 cm + $2 \cdot 10^{-2}$ km
   A) 27 cm   B) 45 cm   C) 225 cm   D) 2025 cm

9. Nach einem Regenguss sammelt sich in einem Behälter mit einer 1 m² großen Grundfläche 1,2 l Wasser. Wie viel Milliliter Wasser sind pro 1 cm² gefallen?
   A) 12 ml   B) 1,2 ml   C) 0,12 ml   D) 1200 ml

10. Es werden drei Quader aus Holz übereinander gestapelt. Der untere Quader ist doppelt so hoch wie der mittlere Quader und der mittlere Quader ist doppelt so hoch wie der oberste Quader. Alle Quader zusammen sind 3,5 m hoch. Die Höhen der drei Quader (unten/Mitte/oben) sind:
    A) 0,5 m / 1 m / 2 m   B) 1 m / 2 m / 0,5 m   C) 0,5 m / 2 m / 1 cm   D) 2 m / 1 m / 0,5 m

11. Jeden Monatsersten wird das Taschengeld von 2 € ausgehend verdoppelt. Der Betrag zu Beginn des sechsten Monats beträgt:
    A) 32 €   B) 64 €   C) 128 €   D) 16 €

12. Die Gleichung $4x^2 - 2x = 0$ hat:
    A) keine Lösung   B) 2 Lösungen   C) 3 Lösungen   D) genau eine Lösung

Aufgaben zum Üben

13. 125 % von 0,02 t sind:
A) < 20 kg   B) = 20 kg   C) > 200 kg   D) = 25 kg

14. Ein Kapital von 5000 € wird für drei Jahre bei einem Zinssatz von 4 % p. a. fest angelegt. Das Guthaben nach den drei Jahren beträgt etwa:
A) 5 200 €   B) 4 800 €   C) 5 600 €   D) 5 000 €

15. Welchen Einfluss hat der Parameter c der Funktion $f(x) = a^x + c$ auf den Graphen der Funktion?
A) Spiegelung an x-Achse
B) Streckung entlang x-Achse
C) Verschiebung entlang y-Achse
D) Spiegelung an y-Achse

16. Der Graph der Funktion $y = a \cdot \sin bx$ hat die Amplitude 2 und die kleinste Periodenlänge π. Die Funktionsgleichung des Graphen ist:
A) $y = 2 \cdot \sin 4x$ B) $y = \frac{1}{2} \cdot \sin 2x$ C) $y = 2 \cdot \sin x$ D) $y = 2 \cdot \sin 2x$

17. Bei einer Umfrage zum Sportler des Jahres wurden 6 200 Personen befragt. 20 % gaben ihre Stimme für den Sportler A ab. Das sind:
A) 1550 Personen   B) 1420 Personen   C) 2140 Personen   D) 1240 Personen

18. Bei einem Zufallsexperiment wurde die Wahrscheinlichkeit für ein Ereignis mit 25 % ermittelt. Wie oft ist das Zufallsexperiment ungefähr duchzuführen, damit man das 225-malige Eintreten des Ereignisses erwarten kann?
A) 180-mal   B) 45-mal   C) 1125-mal   D) 900-mal

19. Welche der Beschriftungen der Dreiecke entspricht nicht der vorgegebenen Gleichung?
A) $\sin \alpha = \frac{a}{b}$ B) $\frac{u}{\sin \alpha} = \frac{v}{\sin \beta}$ C) $r^2 = t^2 - s^2$ D) $x^2 = y^2 + z^2 - 2yz \cdot \cos \alpha$

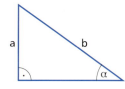
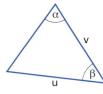

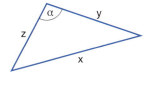

20. Der Graph jeder Funktion $f(x) = a^x$ verläuft durch den Punkt
A) P(1|0)   B) P(0|1)   C) P(a|0)   D) P(0|a)

21. Eine Nullstelle der Funktion $f(x) = \cos\left(x - \frac{\pi}{4}\right)$ befindet sich bei:
A) $\frac{\pi}{2}$ B) $\frac{\pi}{4}$ C) $-\frac{\pi}{2}$ D) $\frac{3\pi}{4}$

22. Ein Sparer legt den Betrag von 5 850,00 € zu einem Festzins von 3,2 % p. a. auf drei Jahre an. Die Auszahlung der Zinsen erfolgt erst nach Ablauf dieser Zeit. Sein Guthaben beträgt dann:
A) 561,60 €   B) 6 411,60 €   C) 7 512,60 €   D) 579,76 €

23. Der Graph einer Potenzfunktion mit negativen Exponenten ist eine:
A) Parabel   B) Hyperbel   C) Asymptote   D) Gerade

Terme und Gleichungen (ohne Hilfsmittel zu lösen)

1. Fasst folgenden Term zusammen: $-3a + 6b - 8a + 3a - 9b - 2a$
   a) Setzt in dem Term Klammern so, dass der Wert des Terms gleich bleibt.
   b) Bestimmt den Wert des Terms für $a = -2$ und $b = 3$.

2. Entscheidet und begründet, welche der folgenden Terme zum Produkt $(2x + 4)(-3x - 2)$ gehören.
   ① $-6x^2 - 8$ ② $-6x - 4x - 12x - 8$ ③ $6x^2 - 16x - 8$

3. Die Seitenlängen eines Dreiecks sind zusammen 24 cm lang. Die Seite a ist 2 cm länger als die Seite b. Die Seite c ist 4 cm länger als die Seite b.
   a) Entscheidet und begründet, welche Gleichung dem Sachverhalt entspricht.
   ① $2x + x + 4 = 24$ ② $3x + 6 = 24$ ③ $3(x + 4) = 24$ ④ $x + x + 2 + x + 4 = 24$
   b) Bestimmt die drei Seitenlängen des Dreiecks. Konstruiert das Dreieck.
   c) Überprüft, ob das Dreieck rechtwinklig ist.

4. a) Gebt einen möglichst einfachen Term an, der den Flächeninhalt des gesamten Rechtecks beschreibt. Gebt auch jeweils einen Term für den Flächeninhalt der beiden gelb gefärbten Rechtecke an.
   b) Bestimmt die Länge und Breite der weißen Fläche ①, wenn diese einen Flächeninhalt von 8 cm² hat.
   c) Beschreibt den Umfang des gesamten Rechtecks mit einem Term.

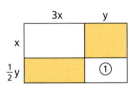

5. Familie Sommer besucht mit zwei Erwachsenen und zwei Kindern eine Kinovorstellung. Sie zahlt zusammen 39 €. Frau Winter besucht die gleiche Vorstellung und zahlt für sich und ihre drei Kinder 27,50 €.
   a) Welche der angegebenen Gleichungssysteme beschreiben den Sachverhalt?
   ① I $2(x + y) = 39$ €
      II $x + 3y = 27{,}50$ €
   ② I $2x + 2y = 39$ €
      II $27{,}50$ € $= x + 3y$
   ③ I $2x + y = 39$ €
      II $x + 3y = 27{,}50$ €
   b) Wofür stehen die Variablen x und y in den Gleichungssystemen?

6. Prüft und begründet, ob die angegebenen Lösungsmengen zu den Gleichungen gehören.
   a) $x^2 + 17x = 0$ $L = \{0; -17\}$
   b) $4x^2 + 8x = 0$ $L = \{0; -8\}$
   c) $(x + 1)^2 + 2 = (x - 2)^2 + 3$ $L = \{1\}$
   d) $3x + 12 = 3(x - 9) + 6$ $L = \{0\}$

7. Hier sind zwei Wege ① und ② zum Lösen der Gleichung $(6a + 1)^2 - 30a^2 = 6a^2 - 11$ vorgegeben. Entscheidet euch für einen Lösungsweg und begründet eure Entscheidung.

   Lösungsweg ①:
   $(6a + 1)^2 - 30a^2 = 6a^2 - 11$
   $36a^2 + 6a + 1 - 30a^2 = 6a^2 - 11$
   $6a^2 + 6a + 1 = 6a^2 - 11$
   $6a = -12$
   $a = 2$

   Lösungsweg ②:
   $(6a + 1)^2 - 30a^2 = 6a^2 - 11$
   $36a^2 + 12a + 1 - 30a^2 = 6a^2 - 11$
   $6a^2 + 12a + 1 = 6a^2 - 11$
   $12a = -12$
   $a = -1$

8. Verlängert man eine Seite eines Quadrats um 3 cm und verkürzt die andere Seite um 5 cm, so erhält man ein Rechteck mit $A = 384$ cm². Gebt die Seitenlänge des Quadrats an.

Aufgaben zum Üben

9. Der Gewinn einer Tippgemeinschaft von 150 000 € soll gerecht verteilt werden. Anna hat sich mit 30 % an dem Kauf des Loses beteiligt, Susanne mit 20 %, Ritchy hat $\frac{1}{4}$ des Kaufpreises gezahlt. Den restlichen Betrag hat Sabine übernommen. Verteilt den Gewinn gerecht.

10. Gesucht werden alle Zahlen, die folgende Bedingungen erfüllen:
    Das Doppelte der einen Zahl vermindert um 8 ergibt das Dreifache der anderen Zahl. Bildet man aber die Differenz aus dem Vierfachen der einen Zahl und der anderen Zahl, so erhält man 26. Bestimme beide Zahlen.

11. Ein geometrischer Körper hat die folgenden Flächen, Ecken und Kanten.
    Um welchen Körper handelt es sich jeweils?
    a) 5 Flächen, 5 Ecken und 8 Kanten   b) 3 Flächen, 0 Ecken und 2 Kanten
    c) 8 Flächen, 12 Ecken und 18 Kanten

12. Am Schüleraustausch mit einer Partnerschule sollen 23 Schülerinnen und Schüler mit einer Begleitperson teilnehmen. Der Leiter dieses Projekts holt verschiedene Angebote für die Busfahrt ein:
    Angebot ①: 10 580 €
    Angebot ②: 11 220 €
    a) Berechnet den Fahrpreis pro Person für jedes Angebot.
    b) Gebt an, wie sich der Fahrpreis pro Person ändert, wenn nur 21 Schülerinnen und Schüler und eine Begleitperson fahren werden.

13. Überprüft folgende Aussagen. Begründet eure Entscheidung.
    a) Wenn der Preis eines MP3-Players (89,90 €) zuerst um 15 % erhöht und danach wieder um 15 % gesenkt wird, dann kostet das Gerät genauso viel Euro wie am Anfang.
    b) Wenn der Preis eines DVD-Players (245 €) um 10 % und dann nochmals um 25 % gesenkt wird, beträgt die Preissenkung insgesamt 35 %.

14. Gebt zur Gleichung I 3x − 2y = 6 jeweils eine Gleichung II so an, dass das Gleichungssystem aus I und II genau eine, unendlich viele oder keine Lösung hat.

15. a) Gegeben sind die Funktionen $y = f_1(x) = x^2$ ($x \in \mathbb{R}$) und $y = f_2(x) = \frac{1}{x}$ ($x \neq 0$).
    Ermittelt den (maximalen) Definitionsbereich von f_2. Zeichnet den Graphen der Funktion f_1 in ein rechtwinkliges Koordinatensystem mindestens im Intervall −2,5 ≤ x ≤ 2,5.

    b) Zur Funktion mit der Gleichung $y = f_2(x) = \frac{1}{x}$ ist die folgende Wertetabelle gegeben:

x	−3		−1		0,5		2
y		−$\frac{1}{2}$		−2		1		$\frac{1}{3}$

    Übernehmt die Tabelle ins Heft und vervollständigt sie.
    Zeichnet den Funktionsgraphen f_2 in das unter a) verwendete Koordinatensystem.

    c) Die Graphen von f_1 und f_2 haben einen Punkt S gemeinsam. Berechnet seine Koordinaten.

Beziehungen und Veränderungen (Hilfsmittel sind erlaubt)

1. Verena entfernt sich mit ihrem Roller von zu Hause, wie in der Abbildung dargestellt.
   a) Beschreibt das Entfernen vom Haus.
   b) Wie weit ist Verena nach 4 s vom Haus entfernt?
   c) Wann ist Verena 26 m von vom Haus entfernt?
   d) Bestimmt die ungefähre Geschwindigkeit von Verena nach 5 s in $\frac{km}{h}$ ($v = \frac{s}{t}$).
   e) Beschreibt die Situation bei gleichmäßiger Beschleunigung mit einer Gleichung.

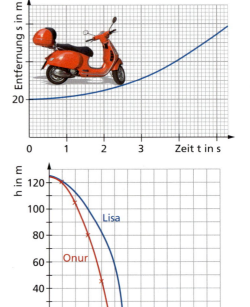

2. Lisa und Onur werfen gleichzeitig aus einer Höhe von 125 m Steine von einer Klippe. Überprüft folgende Behauptungen.
   a) Lisa wirft 15 m weiter als Onur.
   b) Onurs Stein landet 45 m von der Klippe entfernt im Wasser.
   c) Lisas Stein landet später im Wasser als der von Onur.
   d) Onurs Stein benötigt 12 s bei einer Abwurfgeschwindigkeit von $v_0 = 10\,\frac{m}{s}$, bis er im Wasser landet.
   e) Onurs Wurf lässt sich mit der Gleichung $y = -0{,}05x^2 + 125$ beschreiben.
   f) Abwurfgeschwindigkeit und Wurfweite sind zueinander proportional. Wenn Onurs Stein eine Geschwindigkeit von $10\,\frac{m}{s}$ hat, dann hat Lisas Stein eine Geschwindigkeit von $12\,\frac{m}{s}$.

3. Lea möchte sich zum 18. Geburtstag ein gebrauchtes Motorrad kaufen. Sie kann 2 500 € anzahlen. Ihr liegen zwei Angebote vor:
   Händler 1: keine Anzahlung und eine Rate von monatlich 150 € bei einer Laufzeit von sechs Jahren
   Händler 2: 2 500 € Anzahlung und den restlichen Betrag in 48 Monatsraten bei einem Zinssatz von 2,5 % p. a.
   Beratet Lea beim Kauf.

4. Familie Ass möchte für ihren Urlaub einen Caravan mieten. Der Vater holt drei Angebote ein:
   Angebot ①: Gebühr 100 € pro Tag; 3 000 km frei; dann 0,13 € pro gefahrenen Kilometer
   Angebot ②: Gebühr 110 € pro Tag; 5 000 km frei; dann 0,15 € pro gefahrenen Kilometer
   Angebot ③: Gebühr 100 € pro Tag; 4 000 km frei; dann 0,16 € pro gefahrenen Kilometer
   Für welches Angebot soll sich die Familie Ass entscheiden, wenn sie 14 Tage unterwegs ist und 6 000 km fahren wird?

5. Paul (14 Jahre) hat zur Konfirmation insgesamt 1200 € erhalten. Er möchte das Geld so anlegen, dass er seinen Führerschein, der voraussichtlich 1500 € kosten wird, selbst finanzieren kann. Folgende Angebote stehen zur Auswahl:
① 4 % Zinsen p. a. bei einer Laufzeit von vier Jahren
② 5 % Zinsen p. a. auf das Anfangskapital bei einer Laufzeit von vier Jahren
③ steigende Zinssätze: 1. Jahr 3 %; 2. Jahr 4 %; 3. Jahr 5 %; 4. Jahr 6 %
Beratet Paul. Stellt die Entwicklung des Kapitals für die jeweiligen Angebote in geeigneten Diagrammen bzw. im Koordinatensystem dar.

6. Gegeben ist die lineare Funktion $y = f(x) = -2x + 4$.
a) Beschreibt den Verlauf des Funktionsgraphen und bestimmt die Nullstelle.
b) Bestimmt die Gleichungen aller Parabeln, die mit dem Funktionsgraphen f die Schnittpunkte mit den Achsen gemeinsam haben.

7. Ordnet die Gleichungen den in der Abbildung dargestellten Linien zu.
Begründet eure Entscheidung.
① $y = -2x + 4$ ② $y = -\frac{1}{3}x$ ③ $y = 3$
④ $y = x + 1$ ⑤ $y = x^2$ ⑥ $x = 3$

a) Gebt die Schnittpunkte folgender Linien an: b und f, f und a, b und c
b) Beschreibt jede Gleichung aus a) mit Worten.
c) Die Geraden b, c und e schließen ein Dreieck ein. Berechnet den Flächeninhalt dieses Dreiecks.

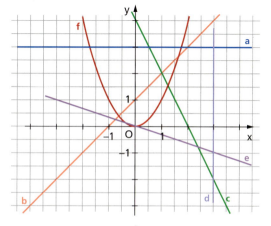

8. a) Zeichnet die Funktionsgraphen $y = f_1(x) = (x - 1)^2 - 4$ und $y = f_2(x) = -x^2 + 2x + 3$ in ein und dasselbe rechtwinkliges Koordinatensystem.
b) Berechnet die Nullstellen der beiden Funktionen.
c) Der Funktionsgraph $f_1(x)$ soll an der y-Achse gespiegelt werden.
Gebt eine Funktionsgleichung an, die das Bild des gespiegelten Funktionsgraphen beschreibt.
d) Die Schnittpunkte mit der x-Achse und die Scheitelpunkte der Graphen der beiden Funktionen $f_1(x)$ und $f_2(x)$ bilden ein Viereck. Um welches Viereck handelt es sich? Begründet eure Entscheidung. Berechnet den Flächeninhalt des Vierecks.

9. Ein Reiseunternehmen bietet eine 5-tägige Reise zu einem Preis von 400 € an.
Die Fahrt erfolgt mit einem Bus, der über 70 Sitzplätze verfügt.
Mit einer Teilnehmerzahl von 40 Personen wirtschaftet das Unternehmen rentabel.
Ein Vierteljahr vor dem geplanten Reisetermin liegen erst 33 Festbuchungen vor. Nun wird damit geworben, dass sich bei einer Teilnehmerzahl über 40 der Reisepreis pro zusätzlicher Person für alle Teilnehmer um 5 € verringert.
a) Ermittelt den Preis pro Person und die Gesamteinnahmen des Unternehmens, wenn 40, 41, 45 bzw. 50 Personen gebucht haben.
b) Entscheidet und begründet, bei welcher Personenzahl man den größten Gewinn erzielt.

Ebene Figuren (Hilfsmittel sind erlaubt)

1. Systematisiert die Vierecksarten nach folgenden Gesichtspunkten:
   a) Welche Vierecke haben gleich lange Seiten?
   b) Bei welchen Vierecken sind die gegenüberliegende Seitenpaare immer gleich lang?
   c) Welche Vierecke haben mindestens eine Diagonale als Symmetrieachse?
   d) Bei welchen Vierecken sind die Diagonalen zueinander senkrecht?
   e) Welche Vierecke erfüllen keine der Eigenschaften a, b, c bzw. d?

2. Für die Maße von Fußballspielfeldern gib es bestimmte Richtlinien:

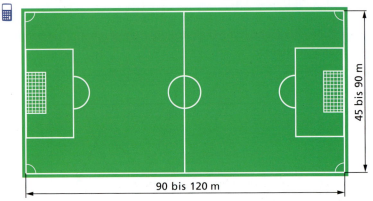

Empfohlene Maße
Breite: 68 bis 70 m
Länge: 106 m

   a) Ermittelt die Gesamtfläche für eines der empfohlenen Maße.
   b) Der Rasen muss regelmäßig gemäht und gepflegt werden. Ein Rasenmäher benötigt 4,5 Stunden für die gesamte Rasenfläche. Wie viel Minuten werden benötigt, wenn auf diesem Feld drei, vier bzw. fünf Rasenmäher eingesetzt werden?
   c) Stellt den in Aufgabe b) beschriebenen Sachverhalt in einem Koordinatensystem dar.

3. Berechnet sowohl den Flächeninhalt A als auch den Umfang u der farbigen Fläche für $r_2 = 3{,}0$ cm und $r_1 = 5{,}0$ cm.

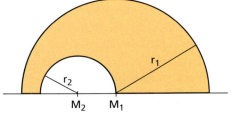

4. Eine Straße hat auf 2,4 km eine durchschnittliche Steigung von 12 %.
   Das bedeutet: Auf 100 m waagerechte Entfernung steigt die Straße um 12 m.
   a) Entscheidet, welcher Höhenunterschied auf der gesamten Strecke überwunden wird.
   b) Berechnet die waagerechte Strecke bei einem Höhenunterschied von 200 m.

5. Das Streckenprofil einer Teilstrecke eines Radrennens ist in der Skizze dargestellt.
   a) Beim Punkt E gibt es ein Büfett. Wie viel Meter beträgt an dieser Stelle der Höhenunterschied zu A?
   b) In F erfolgt eine erste Bergwertung. Wie groß ist der Höhenunterschied von A aus betrachtet?

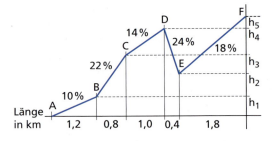

Aufgaben zum Üben

6. In einem Koordinatensystem mit einer Längeneinheit von 1 cm sind folgende Punkte gegeben:
A(0|−2), B(2|−2), C(0|2), D(1|0)
  a) Gebt die Gleichung der Geraden an, die durch die Punkte B und C geht.
  b) Berechnet den Flächeninhalt vom Dreieck ABC.
  c) Streckt das Dreieck ABC mit (D; 2). Gebt die Koordinaten der Punkte A', B' und C' an.
  d) Welchen Flächeninhalt hat das Dreieck A'B'C'?
  e) Gebt die Gleichung der Geraden an, die durch die Punkte B' und C' geht.
  f) Gebt die Koordinaten eines Punkts E so an, dass A, B, C und E ein Parallelogramm bilden. Prüft und begründet, ob es mehrere Möglichkeiten dafür gibt.

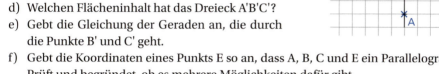

7. In einem rechtwinkligen Koordinatensystem sind die folgenden Punkte gegeben:
A(−3|−2), B(3|0), C(3|4) und D(−1|4)
  a) Entscheidet und begründet, um welches spezielle Viereck es sich bei der Figur ABCD handelt.
  b) Ermittelt die Koordinaten des Diagonalenschnittpunkts S rechnerisch.
  c) Berechnet die Größen aller Innenwinkel des Vierecks ABCD.
  d) Führt die zentrische Streckung (D; 1,5) für das Viereck ABCD aus. Gebt die Koordinaten von A', B', C' und D' an.

8. Berechnet von jeder Figur sowohl den Umfang u als auch den Flächeninhalt A.
  a)
  b)

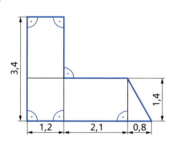

Maßangaben in Meter

9. Eine Schülergruppe misst mit einfachen Mitteln die Höhe eines im Gelände frei stehenden Turms.
  a) Berechnet, welche Höhe der Turm hat.
  b) Stellt euren Rechenweg ausführlich dar.
  c) Vergleicht eure Vorgehensweisen untereinander.

Abbildung nicht maßstäblich

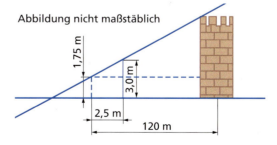

Räumliche Figuren (Hilfsmittel sind erlaubt)

1. Ordnet den Namen der geometrischen Körper folgende Gegenstände zu:
   ① Schuhkarton ② Lampenschirm ③ Bleistiftspitze ④ Buchstütze ⑤ Dose
   (A) Kegelstumpf (B) Zylinder (C) Quader (D) Prisma (E) Kegel

2. Entscheidet und begründe, welche der Aussagen wahr sind.
   Gebt bei falscher Aussage jeweils ein Gegenbeispiel an.
   a) Alle Würfel sind Quader.
   b) Alle Quader sind Prismen.
   c) Prismen haben immer acht Eckpunkte.
   d) Gegenüberliegende Seitenflächen bei Prismen sind zueinander parallel.

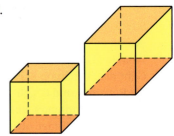

3. Entscheidet und begründet, welcher Körper es sein könnte.
   Versucht mindestens zwei Köper zu finden, für die der formulierte Sachverhalt stimmt.
   „Beim Betrachten eines Körpers seht ihr sowohl von oben als auch von vorn ein Quadrat."

4. Berechnet das Volumen des dargestellten Körpers.
   $\overline{AB} = \overline{CD} = 24{,}0$ cm
   $\overline{BC} = \overline{AD} = 18{,}0$ cm
   $\overline{EF} = 16{,}0$ cm
   $h = 8{,}0$ cm

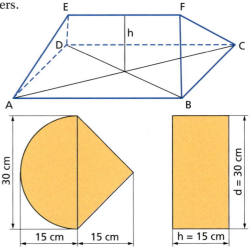

5. Die Abbildung zeigt zwei Werkstücke mit jeweils einer Dichte von $7{,}85\ \frac{g}{cm^3}$.
   Das erste Werkstück besteht aus einer Halbkugel und einem Kegel. Das zweite Werkstück ist zylindrisch.
   Entscheidet und begründet, welches der beiden dargestellten Werkstücke schwerer ist.

6. Ermittelt, um wie viel Prozent sich das Volumen eines Kreiskegels vergrößert, wenn seine Höhe gleich bleibt, aber der Grundkreisradius verdoppelt wird.

7. In welchem Verhältnis stehen die Rauminhalte zweier Kugeln zueinander, deren Radien sich wie 2:1 verhalten? Was lässt sich über das Verhältnis der Oberflächeninhalte der beiden Körper aussagen?

8. Ein zylindrisches Gefäß hat einem Innendurchmesser von 10,0 cm und eine Höhe von 7,5 cm.
   a) Berechnet, wie viel Liter dieses Gefäß fasst.
   b) In welcher Höhe muss ein Eichstrich angebracht werden, an dem die Füllmenge $\frac{1}{4}$ Liter angezeigt wird?

Aufgaben zum Üben

9. Die Abbildungen zeigen die Netze zweier Körper. Ermittelt die Rauminhalte und die Oberflächeninhalte dieser beiden Körper.

a)

b)

Maßangaben in Zentimeter

10. Bestimmt die Kantenlänge eines 1 kg schweren Stahlwürfels mit einer Dichte von $7{,}85 \, \frac{\text{g}}{\text{cm}^3}$.

11. Entscheidet und begründet, wie sich das Volumen und der Oberflächeninhalt eines Würfels ändern, wenn seine Kantenlänge verdoppelt wird.

12. Familie Müller möchte sich einen Swimmingpool kaufen. Sie prüft folgende Angebote:

3,5 m × 2,5 m × 1,5 m
Preis: 350 €

Durchmesser: 4 m; Höhe: 1,2 m
Preis: 415 €

a) Ermittelt den Wasserbedarf für jeden der beiden Pools, wenn sie jeweils zu 90 % gefüllt sind.
b) Berechnet den maximalen Wasserbedarf für beide Pools zusammen.
c) Zeichnet die Füllgraphen für beide Pools unter der Voraussetzung, dass sie gleichmäßig mit Wasser gefüllt werden.
d) Entscheidet, ob die Preise im Vergleich zueinander angemessen sind.
Beratet Familie Müller beim Kauf.

13. Eine Getränkefirma sucht für ihr neues Produkt „Summertime" eine attraktive Verpackung. Die Verpackung soll einen Liter des neuen Getränks enthalten.

a) Entscheidet und begründet, welche Maße die dargestellten Verpackungen haben können.
b) Berechnet den Materialverbrauch für jede Verpackung.
c) Zu welcher Verpackung würdet ihr der Getränkefirma raten? Begründet eure Entscheidung.

Daten und Zufall (Hilfsmittel sind erlaubt)

1. Eine Mädchengruppe einer 10. Klasse notiert die Ergebnisse beim Weitsprung:
   3,30 m; 2,90 m; 5,10 m; 3,50 m; 3,05 m; 2,60 m; 3,15 m; 3,80 m; 3,05 m; 2,90 m; 4,25 m; 4,40 m
   a) Bestimmt das Maximum, das Minimum und die Spannweite der Daten.
   b) Welche Diagrammformen kennt ihr? Gibt es eine, die für die Darstellung der gegebenen Daten besonders geeignet wäre? Begründet eure Wahl und zeichnet das Diagramm.
   c) Bestimmt sowohl das arithmetische Mittel als auch den Median. Welcher Wert erscheint euch geeigneter, um das Leistungsniveau der Gruppe zu beschreiben? Begründet.

2. Hier seht ihr das Ergebnis derselben Mathematikarbeit in zwei Kursen einer Klasse.

   ①
I	II	III	IV	V	VI
2	3	6	4	5	0

   ②
I	II	III	IV	V	VI
0	5	5	6	1	1

   a) Bestimmt jeweils den Zensurendurchschnitt.
   b) Ermittelt jeweils die relativen Häufigkeiten der einzelnen Zensuren in Prozent.
   c) Gebt jeweils die mittlere Abweichung an.
   d) Welche Gruppe hat besser abgeschnitten? Begründet eure Meinung.

3. Ein normaler Spielwürfel wird geworfen.
   a) Wie wahrscheinlich ist es, mindestens eine Zwei zu würfeln?
   b) Wie wahrscheinlich ist es, höchstens eine Drei zu würfeln?
   c) Nennt Ereignisse, die die Wahrscheinlichkeit $\frac{1}{2}$ haben.

4. Ein Glücksrad mit acht gleich großen Sektoren wird gedreht.
   a) Bestimmt die Wahrscheinlichkeiten, mit diesem Glücksrad die einzelnen Farben zu erhalten.
   b) Ermittelt die Wahrscheinlichkeit, nach dem Drehen „nicht Gelb" zu erhalten.
   c) Berechnet die Wahrscheinlichkeit, beim zweimaligen Drehen jeweils das rote Feld zu erreichen.

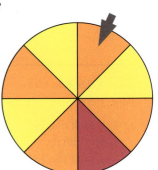

5. Beim Lotto „6 aus 49" wird die erste Zahl gezogen.
   Gebt die Wahrscheinlichkeit für die folgenden Ereignisse an:
   a) Es wird eine gerade Zahl gezogen.
   b) Es wird keine Primzahl gezogen.
   c) Es wird eine Zahl gezogen, die durch drei und durch fünf teilbar ist.
   d) Es wird eine Zahl gezogen, die durch 6 oder durch 10 teilbar ist.
   e) Es wird eine Zahl gezogen, die das Doppelte einer Primzahl ist.
   f) Es wird eine Zahl gezogen, die der Nachfolger einer Primzahl ist und durch drei teilbar ist.

6. In einer Urne befinden sich zwei rote und vier weiße Kugeln gleicher Größe. Es werden nacheinander zwei Kugeln gezogen, ohne dass die erste Kugel wieder in die Urne zurückgelegt wird.
   a) Zeichnet für diese Art der Ziehung ein Baumdiagramm und tragt alle Wahrscheinlichkeiten entlang der Pfade ein.
   b) Bestimmt die Wahrscheinlichkeiten für folgende Ereignisse:
      (A) Beide Kugeln sind weiß.
      (B) Die Kugeln sind verschiedenfarbig.
      (C) Mindestens eine Kugel ist rot.

Aufgaben zum Üben

7. Drei Münzen werden geworfen und es wird notiert, ob Wappen oder Zahl gefallen ist.
  a) Welche Ergebnisse sind möglich? Notiert sie möglichst übersichtlich.
  b) Wie wahrscheinlich ist es, dass genau zweimal Wappen fällt?
  c) Wie wahrscheinlich ist es, dass zwei oder drei Münzen Wappen zeigen?

8. Gewürfelt wird mit einem weißen und einem blauen Würfel.
  a) Wie viele verschiedene Ergebnisse gibt es beim Würfeln mit beiden Würfeln? Notiert sie.
  b) Wie wahrscheinlich ist es, dass keiner der beiden Würfel eine Sechs zeigt?
  c) Wie wahrscheinlich ist es, dass einer der beiden Würfel eine Primzahl zeigt?

9. Ein Glücksrad ist in fünf gleich große Sektoren eingeteilt. Es kommen nur die Farben Rot, Blau und Gelb vor. Zeichnet das Glücksrad so, dass die Wahrscheinlichkeit dafür, dass weder die Farbe Rot noch die Farbe Blau erzielt wird, bei 60 % liegt. Wie groß ist unter dieser Bedingung die maximale Wahrscheinlichkeit für die Farbe Rot? Erläutert eure Antwort.

10. In einer Umfrage zum Thema „Lieblingsessen" wurden 1200 Schüler in der Altersklasse 13 bis 18 Jahre befragt.
Die Ergebnisse wurden gesammelt und in einem Säulendiagramm dargestellt.
  a) Wie viele Schüler haben jeweils für die einzelnen Speisen gestimmt?
  b) Wie viel Prozent sind das jeweils?
  c) Zeichnet ein passendes Kreisdiagramm.

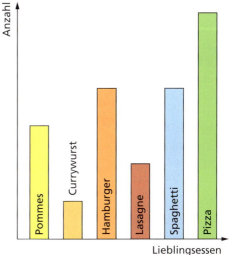

11. Zum Thema „Wandertag" wurde in zwei 10. Klassen die Interessenlage abgefragt. Es war jeweils nur eine Antwort möglich.
12 Schüler waren für einen Museumsbesuch, 15 für einen gemeinsamen Tag im Schwimmbad, 20 für den Besuch einer aktuellen Ausstellung, 8 für einen Zoobesuch und 5 enthielten sich der Stimme.
  a) Gebt die relativen Häufigkeiten als Bruch und in Prozent an.
  b) Stellt das Ergebnis mithilfe eines Balkendiagramms dar.

12. Ihr habt mit einem Würfel dreimal hintereinander eine 2 geworfen. Wie wahrscheinlich ist es, dass ihr beim nächsten Wurf wieder eine 2 werft?

13. Zwei Würfel werden gemeinsam geworfen.
  a) Wie wahrscheinlich ist es, dass die Augensumme 7 auftritt?
  b) Wie wahrscheinlich ist es, dass beide Würfel keine 1 zeigen?
  c) Wie wahrscheinlich ist eine Augensumme unter 2 oder über 11?
  d) Wie wahrscheinlich ist es, dass die Augensumme ungerade ist?
  e) Wie viele verschiedene Möglichkeiten gibt es insgesamt, mit zwei identischen Würfeln die Summen 2 bis 12 zu würfeln?
  f) Nennt eine Augensumme, die eine Wahrscheinlichkeit von $\frac{1}{7}$ besitzt.

Aufgaben (CAS-Rechner sind erlaubt)

1. Für Laborzwecke sollen verschiedene kegelförmige Trichter mit einem einheitlichen Radius von 1,7 cm hergestellt werden. Das Volumen des kleinsten Trichters soll 5 cm^3 betragen, das des größten Trichters 10 cm^3. Die Abstufungen dazwischen betragen jeweils 0,5 cm^3.
   Ermittelt, wie groß die Mantellinien der einzelnen Trichter sind.
   Stellt zur Lösung des Problems eine Kalkulationstabelle auf.

2. Zeichnet die Funktionsgraphen $y = f(x) = 2x^3$ und $y = g(x) = 8x + 5$ in ein und demselben Koordinatensystem und ermittelt näherungsweise die Koordinaten ihrer Schnittpunkte.
   a) Beschreibt, welche Möglichkeiten ein CAS-Rechner bietet, um die Koordinaten der Schnittpunkte der beiden Funktionsgraphen zu ermitteln.
   b) Gebt die Lösungen der Gleichung $2x^3 = 8x + 5$ als Näherungswerte an.

3. Gegeben sind die Funktionen $y = f(x) = -2x^2 + 4$ und $y = g(x) = m \cdot x + 5$. Ermittelt die Anzahl der Schnittpunkte ihrer Graphen in Abhängigkeit von m. Gebt ggf. deren Koordinaten an.

4. Das Wachstum einer Geldanlage ist abhängig vom Zinssatz p und von der Dauer der Anlage. Erstellt für ein Anfangskapital von 1 € eine Tabelle für eine Laufzeit von 0 bis 20 Jahren und jährliche Zinssätze von 0,5 %, 1 %, 2,25 %, 3 % und 3,75 %. Die Zinsen werden dem Kapital jährlich zugeführt und dann mitverzinst.
   Beantwortet die folgenden Fragen unter Nutzung der erstellten Tabelle:
   a) Nach wie vielen Jahren hat sich das Anfangskapital bei einem Zinssatz von 3 % verdoppelt?
   b) Wie hoch muss der Zinssatz mindestens sein, damit sich eine Anlage nach zehn Jahren verdoppelt hat?
   c) Wie hoch war das Anfangskapital, wenn bei einem Zinssatz von 3,75 % nach zwölf Jahren 18 000 € zur Verfügung stehen?

5. Jana bekommt zum 16. Geburtstag einen neu abgeschlossenen Bausparvertrag mit einer Bausparsumme von 1 000 € geschenkt. Dazu zahlen ihre Eltern zu Beginn eines jeden Jahres einen Betrag von 50 € ein. Das Guthaben wird jährlich mit 4 % verzinst, wobei die Zinsen dem Guthaben zugeführt und dann mitverzinst werden. Der Bausparvertrag kann in voller Höhe ausgezahlt werden, wenn 40 % der Bausparsumme angespart sind. (In Höhe der Differenz bis zur vollen Bausparsumme wird ein Bausparkredit gewährt, der in den folgenden Jahren zurückzuzahlen ist.)
   Berechnet, wie lange Jana mindestens warten muss, bis sie den Bausparvertrag zu diesen Bedingungen nutzen kann.

6. Simuliert mithilfe einer Tabellenkalkulation oder mithilfe eines CAS das 10-malige Werfen eines Würfels und ermittelt die relative Häufigkeit für das Würfeln einer „1".

7. Wiederholt die Simulation von Aufgabe 6 für 100 Würfe, 500 Würfe, 1000 Würfe und 3 000 Würfe. Wie hat sich die relative Häufigkeit für das Würfeln einer „1" verändert? Begründet.
   Hinweis bei Verwendung einer Tabellenkalkulation: Erstellt eine Tabelle für 100 Würfe. Wiederholt die Simulationen mehrfach und ermittelt jeweils das arithmetische Mittel der relativen Häufigkeiten.

8. Simuliert mithilfe einer Tabellenkalkulation das 500-malige Werfen einer Münze und ermittelt die relative Häufigkeit für das Werfen von „Wappen".

Aufgaben (CAS-Rechner sind erlaubt)

1. Ermittelt näherungsweise die Lösungen folgender Gleichungen:
   a) $\frac{1}{2}x^4 - 2x = 2$
   b) $\frac{1}{10}x^3 - 2x^2 + 9x + 10 = 0$
   c) $\sqrt{x+2} - 3 = 0$

2. Von einer quadratischen Funktion $f(x) = ax^2 + bx + c$ sind die Nullstellen $x_1 = 1$ und $x_2 = 5$ bekannt. Außerdem schneidet der Funktionsgraph die y-Achse bei $y = 2$. Bestimmt a, b und c und gebt die Funktionsgleichung an.

3. Von einer Funktion der Form $f(x) = ax^3$ ist nebenstehende Wertetabelle bekannt. Wie lautet die Funktionsgleichung?

x	0	1	2	3	4	5
f(x)	0	2,5	20	67,5	160	312,5

4. Erzeugt mit eurem CAS-Rechner die beiden nebenstehenden Abbildungen. Nutzt für den „Kobold" nur lineare und quadratische Funktionen und für die „Blume" Potenzfunktionen. Protokolliert euer Vorgehen.

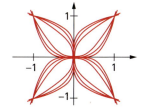

5. Ermittelt die Nullstellen und die Koordinaten der Extrempunkte folgender Funktionen.
   a) $y = x^2 + 3x - 10$
   b) $y = \frac{1}{2}(-x^2 + 3x + 5)$
   c) $y = (x - 0{,}8)^3 + x$

6. Das Volumen V einer Kugel kann als Funktion vom Radius r aufgefasst werden. Stellt eine Funktionsgleichung auf und zeichnet den Funktionsgraphen für $0\text{ cm} \leq r \leq 5\text{ cm}$.

7. Einem halbkugelförmigen Hohlkörper mit dem Radius $r = 6$ cm soll ein Zylinder eingesetzt werden. Wie groß sind Radius und Höhe des Zylinders zu wählen, damit sein Volumen einen größtmöglichen Wert annimmt?
Stellt dazu die Gleichung einer Funktion so auf, dass das Volumen des Zylinders nur von dessen Höhe abhängt, und löst das Problem grafisch.

8. Zeichnet die Funktionsgraphen $y = 2^x$, $y = 3^x$ und $y = 10^x$ leitet daraus Eigenschaften der Funktionen $y = a^x$ ab.

9. Durch Verschieben des Funktionsgraphen von $y = f_1(x) = 2^x$ in x-Richtung bzw. in y-Richtung entstehen die Funktionsgraphen f_2 bis f_5. Ermittelt die zugehörigen Funktionsgleichungen.

10. Überprüft, ob die folgenden Messdaten ein exponentielles Wachstum beschreiben. Stellt die Messpunkte grafisch dar und überprüft durch Rechnung, ob sie zu einer Funktion $y = a \cdot b^t$ gehören.

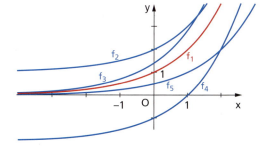

Zeit t	1	3	5	7	8	10	12
Anzahl	1	4	16	64	128	512	2048

11. Stellt die Funktionsgraphen $y = \sin(bx)$ für verschiedene Werte von b dar und tragt Gemeinsamkeiten und Unterschiede zusammen.

12. Durch Addition (Subtraktion, Multiplikation, Division) der Funktionen $f_1(x) = 2\sin x$ und $f_2(x) = \sin(3x)$ entsteht die Funktion f_3. Zeichnet jeweils die Funktionsgraphen im Intervall $-2\pi \leq x \leq 2\pi$ und vergleicht ihre Eigenschaften.

13. Überprüft, welche der folgenden vier Abbildungen eine grafische Darstellung der Funktion $y = x^2 + 0{,}5 \cdot \sin 5x$ sein könnte. Begründet eure Entscheidung.

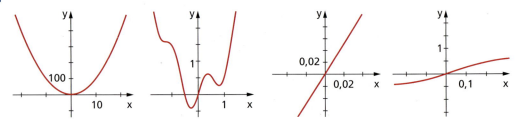

14. Ermittelt näherungsweise die Lösungen folgender Gleichungen:
a) $\cos(x+1) = 0{,}5$, $0 \leq x \leq 2\pi$
b) $\sin\left(\frac{1}{2}x\right) = \tan x$, $0 \leq x \leq \pi$
c) $\sin x = \frac{1}{2}x$, $x \in \mathbb{R}$
d) $\sin x = -0{,}5$, $0 \leq x \leq 2\pi$
e) $\sin x + 2\cos x \sin x = 0$, $0 \leq x \leq 2\pi$

15. In der Zeichnung ist eine Kurvenschar abgebildet.
a) Bestimmt die Gleichung jeder einzelnen dargestellten Funktion.
b) Stellt eine Gleichung der Funktionenschar f_k auf und stellt die Schar mit eurem CAS-Rechner grafisch dar.

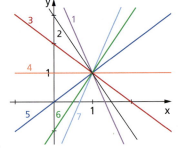

16. Erstellt für folgende Funktionen jeweils eine Übersicht:
a) $f(x, m, n) = mx + n$
b) $f(x, a, b, c) = ax^2 + bx + c$
c) $f(x, n) = x^n$
d) $f(x, b) = b^x$
e) $f(x, a) = \log_a x$
f) $f(x, a, b) = a \cdot \sin bx$

Zeichnet dazu Funktionenscharen und leitet typische Eigenschaften ab.
Wählt für die Darstellung der Ergebnisse geeignete Präsentationsformen.

17. Wird ein Federschwinger aus seiner Ruhelage gebracht, so führt er Schwingungen aus. Kann eine Reibung mit seiner Umgebung vermieden werden, so ist die Schwingung ungedämpft. Die Auslenkung einer solchen harmonischen Schwingung lässt sich durch die Funktion $y(t) = y_{max} \cdot \sin(\omega t)$ beschreiben. (t ist die Zeit, y_{max} die maximale Auslenkung, ω die Kreisfrequenz und f die Frequenz; es gilt $\omega = 2\pi f$)

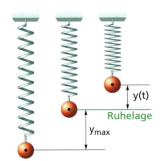

a) Zeichnet den Funktionsgraphen für $f = 0{,}6$ Hz und $y_{max} = 12$ cm.
b) Wie groß ist die Auslenkung nach drei Sekunden?
c) Wie lange dauert es, bis der Schwinger zum dritten Mal den oberen Umkehrpunkt erreicht?

Aufgaben zum Üben

18. Ein Kondensator wird einmalig aufgeladen und dann über einen Widerstand langsam entladen. Die abnehmende Spannung U wird als Funktion der Entladezeit x protokolliert.

Zeit t in s	0	10	20	30	40	50	60
Spannung U in V	200	145	104	75	53	39	27

a) Stellt die Spannung U in Abhängigkeit von der Zeit t grafisch dar.
b) Ermittelt die Gleichung einer Funktion, die diesen Vorgang möglichst gut beschreibt.
c) Begründet, dass der Vorgang weder mit einer geraden noch mit einer ungeraden Potenzfunktion beschrieben werden kann, auch wenn sich für die Wertepaare passende Modelle finden lassen.
d) Gebt die Halbwertszeit an.
e) Nach welcher Zeit ist der Kondensator zu 95 % entladen?
f) Um wie viel Prozent nimmt die Spannung pro Sekunde ab?
g) Welche Spannung ist unter sonst gleichen Bedingungen nach 60 s noch gespeichert, wenn dieser mit 1,5 V aufgeladen wird?

19. Hier ist eine Kette über ein Koordinatensystem gelegt.
Die „Kettenlinie" soll beschrieben werden.
a) Entnehmt der Grafik die Koordinaten von eindeutig identifizierbaren Punkten auf der Mittellinie der Kette.
b) Entwickelt aus den Wertepaaren eine mathematische Modellfunktion für diese Kette.

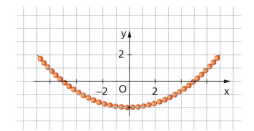

20. In einem Experiment wurden mit einem TI-Nspire und einem Mikrofon Töne aufgenommen, die beim Wischen über den Rand eines Weinglases entstanden sind. In der Tabelle sind Werte des Schalldrucks zu bestimmten Zeitpunkten enthalten. Der Schalldruck wird hier ohne Maßeinheit ausgegeben.

Zeit t in s	0,00246	0,00258	0,00284	0,00322	0,00368	0,00408	0,00428	0,00448	0,00486
Schalldruck	0,11	0,099	0	−0,1	0	0,11	0,086	0,003	−0,107

a) Bestimmt anhand der Messdaten eine Regressionskurve dieser Schwingung und gebt eine Gleichung dafür an.
b) Ermittelt die Frequenz f des Tones. Sie lässt sich als Quotient aus dem Koeffizienten b der allgemeinen Sinusform und 2π berechnen
Gleichungen: $\quad y = f(x) = a \cdot \sin(b \cdot x + c) + d$;
$$f = \frac{b}{2\pi}$$

7.2 Testarbeit

Teil 1

Löst die Aufgaben ohne Hilfsmittel.

1. Berechnet jeweils x.
   a) $8^4 \cdot 4^4 = 2^x$
   b) $\sqrt{\frac{1}{a^{-8}}} = a^x$
   c) $\left(\sin\frac{\pi}{2}\right)^x = 1$
   d) $9 - (x-3)^2 = 9$

2. Ordnet die folgenden Zahlen: $1{,}7$; $\frac{322}{200}$; $-1{,}\overline{8}$; $\sqrt{2}$; $1\frac{3}{4}$ Beginnt mit der kleinsten Zahl.

3. Gebt die Werte der folgenden Terme für x = 2 und y = 4 an:
   a) $3(x-2)$
   b) $4y - (y+1)$
   c) $\frac{x}{5+y}$
   d) $(x+2)(y-4)$

4. Stellt die folgenden Gleichungen nach den angegebenen Variablen um:
   a) $F = m \cdot a$ (nach a)
   b) $v = \frac{s}{t}$ (nach t)
   c) $s = \frac{g}{2} \cdot t^2$ (nach t)
   d) $T = 2\pi \cdot \sqrt{\frac{l}{g}}$ (nach l)

5. Warum kann es kein Dreieck geben, für das gilt: $\overline{AB} = c = 12$ cm; $\overline{AC} = b = 7$ cm; $\sphericalangle ABC = 110°$

6. Welche der folgenden Aussagen ist wahr, welche falsch? Begründet jeweils eure Entscheidung.
   a) Es gibt Dreiecke, die gleichschenklig und gleichzeitig rechtwinklig sind.
   b) Jedes gleichschenklige Dreieck, dessen Basis doppelt so lang ist wie ein Schenkel, ist stumpfwinklig.
   c) Für jedes Dreieck ABC mit $\overline{AB} = \overline{BC} = 3$ cm gilt: 0 cm $< \overline{AC} < 6$ cm

7. Bei einer Fahrzeugkontrolle weisen $\frac{1}{3}$ der Motorräder, 30 % der Pkw und $\frac{3}{8}$ der Lkw Mängel auf. Bei welcher Fahrzeugart gab es die wenigsten Mängel?

8. Eine Landkarte hat den Maßstab 1 : 200 000. Wie viel Kilometern in der Wirklichkeit entspricht 1 cm auf der Karte?

9. Gebt jeweils eine sinnvolle Einheit an.
   a) Grundfläche deines Schulgebäudes
   b) Rauminhalt einer Zahnpastatube

10. Stellt die Funktion $y = f(x) = x^2 - 1$ in einem rechtwinkligen Koordinatensystem grafisch dar und ermittelt die Nullstellen der Funktion auf drei Stellen nach dem Komma.

11. a) Skizziert im Intervall von $0 \leq x \leq 3\pi$ die Funktionen $y = f(x) = 2\sin x$, $y = g(x) = -2\sin x$ und $y = h(x) = \sin 2x$ in ein und dasselbe Koordinatensystem.
    b) Gebt die Nullstellen der Funktion $y = h(x) = \sin 2x$ an.
    c) In welchen Intervallen ist der Graph $y = h(x) = \sin 2x$ monoton steigend?
    d) Gebt jeweils ein a an, für das die Gleichung $a \cdot \sin x = 2$ im Intervall $0 \leq x \leq 3\pi$ die folgenden Lösungen hat:
       (1) genau zwei Lösungen
       (2) genau eine Lösung
       (3) keine Lösung

12. Anna, Ben, Jan und Lea rutschen im Schwimmbad nacheinander auf einer Wasserrutsche in zufälliger Reihenfolge.
    a) Wie viele Möglichkeiten gibt es dafür?
    b) Wie viele Möglichkeiten gibt es dafür, wenn Anna immer zuerst rutscht?
    c) Wie viele Möglichkeiten gibt es dafür, wenn Lea immer zuletzt rutscht?

Teil 2

Zum Lösen der Aufgaben sind Hilfsmittel erlaubt.

1. Die folgende Tabelle zeigt den Wasserverbrauch eines Vier-Personen-Haushaltes in den Jahren 2008 und 2012:

Jahr	Körperpflege	Toilette	Wäsche	Geschirr	Putzen	Sonstiges
2008	106,56 m³	83,52 m³	31,68 m³	28,80 m³	20,16 m³	17,28 m³
2012	91,84 m³	56,00 m³	29,12 m³	17,92 m³	15,68 m³	13,44 m³

   a) Um wie viel Prozent liegt der Wasserverbrauch der Familie im Jahr 2012 unter dem des Jahres 2008?
   b) Vergleicht die Anteile für die Toilettenbenutzung bezüglich des Gesamtverbrauches in den beiden Jahren.
   c) Stelle die Anteile für den Wasserverbauch des Jahres 2012 in einem Diagramm dar.

2. Zwei Lkw-Ladungen mit grobkörnigem Kies wurden zu einem kegelförmigen Haufen mit einer Höhe von 1,40 m und einem Grundkreisdurchmesser von 3,80 m aufgeschüttet.

   a) Wie viel Kubikmeter Kies hatte eine Lkw-Ladung?
   b) Bei einer zweiten Lieferung wurde die Höhe des Kieshaufens um 0,40 m größer. Der Grundflächendurchmesser vergrößert sich ebenfalls entsprechend der Zeichnung.
   Wie viel Kubikmeter Kies sind bei der zweiten Lieferung dazugekommen?
   c) Berechnet die Größe des Winkels α.

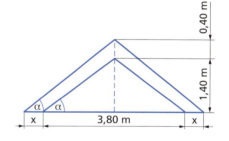

3. a) Zeichnet im Intervall von 0 ≤ x ≤ 5 die Graphen der beiden Funktionen y = f(x) = −x + 2 und y = g(x) = (x − 3)² − 3 in ein und dasselbe Koordinatensystem.
   Die beiden Graphen schneiden einander in den Punkten A und B.
   b) Gebt die Koordinaten der Schnittpunkte beider Graphen an.
   c) Berechnet die Länge der Strecke $\overline{AB}$.

4. Von einem Dreieck ABC sind die folgenden drei Maßangaben bekannt:
   $\overline{AB}$ = 110 m; ∢CAB = 45°; ∢BCA = 67°
   a) Konstruiert das Dreieck ABC in einem geeigneten Maßstab und gebt diesen an.
   b) Berechnet die Länge der Höhe h_a.

5. Das nebenstehende rechtwinklige Dreieck ABC soll zuerst um die Seite $\overline{AB}$ und dann um die Seite $\overline{AC}$ rotieren.
   Berechnet in jedem der beiden Fälle Raum- und Mantelflächeninhalt des Rotationskörpers und vergleicht diese.

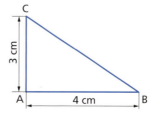

Teil 3

Wählt eine Aufgabe und löst diese.

1. Der Behälter ist innen hohl und soll zur Lagerung von Flüssigkeiten dienen. Er besteht aus einem Würfel, an dem unten eine quadratische Pyramide angesetzt wurde.

   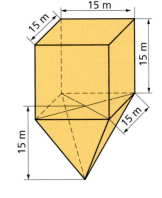

   a) Stellt den Behälter maßstabsgerecht in Vorderansicht und in Draufsicht dar. Gebt den Maßstab an.
   b) Wie viel Hektoliter fasst der Behälter, wenn er bis 0,5 m unter den oberen Rand des Würfels gefüllt wird und die Wanddicke unberücksichtigt bleibt?
   c) Pro Stunde werden 100 m³ in den Behälter gefüllt. Wann ist der untere Teil des Behälters (die Pyramide) vollständig gefüllt?
   d) Wie lange dauert es, bis der gesamte Behälter bis 0,5 m unter den oberen Rand gefüllt ist, wenn pro Stunde 300 m³ eingefüllt werden?
   e) Wie viel Tonnen Öl sind im Behälter, wenn er bis 0,5 m unter den oberen Rand gefüllt ist? Öl hat eine Dichte von $0,8 \frac{g}{cm^3}$.

2. Der Blumengroßhandel liefert Packungen mit Tulpenzwiebeln zu je 480 Stück aus. In jeder Packung sind $\frac{1}{4}$ rot blühend und 30 % gelb blühend. Die restlichen Tulpen sind weiß blühend.
   a) Wie viele Tulpen von jeder Farbe (Rot, Gelb, Weiß) kann man in einer beliebigen Packung erwarten? Stellt die Anteile in einem Diagramm dar.
   b) Die folgende Tabelle zeigt die Verkaufspreise von Packungen mit 50 Tulpen in 10 ausgesuchten Gärtnereien. Gebt das arithmetische Mittel, den Zentralwert, den Modalwert und die Spannweite des Preises an.

Gärtnerei	1	2	3	4	5	6	7	8	9	10
Preis in €	6,89	7,29	8,00	7,99	8,49	7,99	8,29	6,49	6,99	7,99

   c) Beim „Stecken" von drei Tulpen sind verschiedene Farbzusammenstellungen möglich. Welche Möglichkeiten gibt es, wenn man die Reihenfolge der Tulpen unberücksichtigt lässt und alle Tulpen auch gleichfarbig sein können?
   d) Die Keimwahrscheinlichkeit einer Tulpenzwiebel beträgt (unabhängig von der Farbe) 90 %. Mit welcher Wahrscheinlichkeit keimen (1) alle Tulpenzwiebeln, (2) mindestens zwei Tulpenzwiebeln, wenn drei Zwiebeln gesteckt werden?

3. Zwei Radarstationen A und B beobachten zur gleichen Zeit ein Schiff S.

   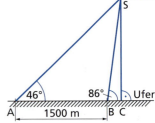

   a) Wie weit ist das Schiff zu diesem Zeitpunkt vom Ufer entfernt?
   b) Das Schiff fährt danach 10 Minuten mit einer konstanten Geschwindigkeit von $15 \frac{m}{s}$ parallel zum Ufer weiter. Unter welchen Winkeln ist das Schiff nach diesen 10 Minuten von den beiden Radarstationen zu orten?
   c) Wie weit ist das Schiff bei der zweiten Messung von der Radarstation B entfernt?

4. Ein Geldinstitut wirbt mit folgenden Angaben für eine Geldanlage:

Was aus 10 000 € werden kann				
Anlage	Zinssatz p. a.	10 Jahre	20 Jahre	30 Jahre
10 000 €	8 %	21 589 €	46 610 €	100 627 €
10 000 €	10 %	24 593 €	67 275 €	174 494 €
10 000 €	12 %	31 058 €	96 463 €	299 599 €

a) Berechnet den absoluten Kapitalzuwachs bei einem Zinssatz von 8 % p. a. nach 20 Jahren.
b) Um wie viel Prozent hat sich das Anfangskapital insgesamt bei dem Zinssatz von 12 % p. a. nach 30 Jahren erhöht?
c) Überprüft, ob der errechnete Zuwachs bei einem Zinssatz von 10 % p. a. und einer Anlagezeit von zehn Jahren stimmt.

5. Fritz hat für eine Firma zwei Verpackungen für Pralinen entworfen und möchte sie der Geschäftsleitung vorstellen. Er hatte eine Vorgabe zu erfüllen. Die Verpackungen sollten unbedingt ein Volumen von mindestens einem Liter haben. Für die Gestaltung der Verpackung wurden keine Vorgaben gemacht.

a = 6 cm
b = 10 cm
c = 20 cm

h = 18 cm
d = 8 cm

a) Überprüft, ob Fritz alles Vorgaben berücksichtigt hat.
b) Falls Fritz die Vorgaben bei einer der beiden Verpackungen nicht berücksichtigt hat, verändert die Maße so, dass das Volumen knapp über 1 l liegt.
c) Berechnet den minimalen Materialverbrauch für die 1-Liter-Verpackungen.

6. Im Koordinatensystem sind die Graphen von zwei linearen Funktionen dargestellt.
   a) Gebt zu jedem Graphen eine passende Gleichung an.
   b) Lest die Koordinaten des Schnittpunkts der Geraden ab.
   c) Überprüft den Schnittpunkt durch Rechnung.
   d) Notiert eine weitere Funktionsgleichung für einen Graphen, der zum Graphen ① parallel ist.
   e) Ermittelt den Flächeninhalt des Dreiecks, das von den Graphen ① und ② und der y-Achse gebildet wird, in FE (Flächeneinheiten).

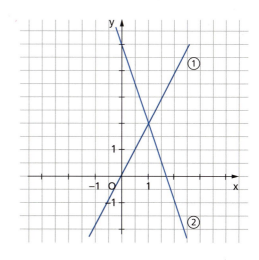

A Anhang

Zum Nachschlagen

Potenzieren – Wurzelziehen – Logarithmieren

	Potenzieren	Wurzelziehen	Logarithmieren
Schreibweise	$a^b = c$	$\sqrt[b]{c} = a$	$\log_a c = b$
Sprechweise	a hoch b ist gleich c	b-te Wurzel aus c ist gleich a	Logarithmus von c zur Basis a ist gleich b
berechnete Größe	Potenzwert	Wurzelwert	Logarithmus
Beispiel	$5^3 = 125$; $(5 \cdot 5 \cdot 5 = 125)$	$\sqrt[3]{125} = 5$; $(5^3 = 125)$	$\log_5 125 = 3$; $(5^3 = 125)$

Rechnen mit Potenzen

Potenzgesetz	$a^m \cdot a^n = a^{m+n}$	$a^m : a^n = a^{m-n}$	$(a^m)^n = a^{m \cdot n}$	$\sqrt[n]{a} = a^{\frac{1}{n}}$; $(a \geq 0)$
Beispiel	$2^2 \cdot 2^3 = 2^5 = 32$	$3^4 : 3^2 = 3^2 = 9$	$(2^2)^3 = 2^6 = 64$	$\sqrt[3]{8} = 8^{\frac{1}{3}} = 2$

Berechnungen an Dreiecken

Innenwinkelsatz	$\alpha + \beta + \gamma = 180°$
Außenwinkelsatz	$\alpha_1 = \beta + \gamma$; $\beta_1 = \alpha + \gamma$; $\gamma_1 = \alpha + \beta$
Dreiecksungleichung	$a + b > c$; $b + c > a$; $a + c > b$
Umfang	$u = a + b + c$
Satz des Pythagoras	$c^2 = a^2 + b^2$ (mit $\gamma = 90°$)
Sinussatz	$\frac{a}{\sin\alpha} = \frac{b}{\sin\beta} = \frac{c}{\sin\gamma}$
Kosinussatz	$c^2 = a^2 + b^2 - 2ab \cdot \cos\gamma$ $a^2 = b^2 + c^2 - 2bc \cdot \cos\alpha$ $b^2 = a^2 + c^2 - 2ac \cdot \cos\beta$
Flächeninhalt	$A = \frac{1}{2}ab \cdot \sin\gamma = \frac{1}{2}ac \cdot \sin\beta = \frac{1}{2}bc \cdot \sin\alpha$

Binomialverteilung mit den Parametern n und p

k Erfolge in einer Bernoulli-Kette (Länge n und Erfolgswahrscheinlichkeit p)

Erwartungswert	Varianz	Standardabweichung
$E(X) = n \cdot p$	$s^2 = n \cdot p \cdot q$	$s \cdot \sqrt{s^2} = \sqrt{n \cdot p \cdot q}$

Lösungen „Fit in Mathe"

Kapiteleinstieg (Seite 7)

Diagonalen in Vielecken

Von jeden Punkt eines n-Ecks gehen (n – 3) *(Sechsecke haben 9 Diagonalen.)*
Diagonalen aus. Die Anzahl d der Diagonalen *(Siebenecke haben 14 Diagonalen.)*
in einem n-Eck, also in einem Vieleck mit der Eckenzahl n, beträgt: $d = \frac{n \cdot (n-3)}{2}$

Abhängigkeiten

Umrechnung der Maßzahlen von Grad Celsius (C) in Grad Fahrenheit (F): $F = 1{,}8 \cdot C + 32$

Umrechnung der Maßzahlen von Grad Fahrenheit (F) in Grad Celsius (C): $C = \frac{(F-32)}{1{,}8}$

Beispiele: 20° Celsius sind 68° Fahrenheit $(F = 1{,}8 \cdot 20 + 32 = 68)$

68° Fahrenheit sind 20° Celsius $(C = \frac{(68-32)}{1{,}8} = 20)$

Archimedische Körper

Kuboktaeder können aus Würfel erzeugt werden. Man verbindet die Kantenmitten des Würfels. Dadurch entstehen an den Würfelecken acht Pyramiden, die man entfernt. Der Restkörper ist dann das Kuboktaeder. Die Oberfläche des so entstehenden Körpers besteht aus 14 Seitenflächen (6 Quadrate und 8 regelmäßigen Dreiecke).

Es gilt: $A_O = 6a^2 + 8 \cdot \frac{a^2}{4}\sqrt{3} = 2a^2(3 + \sqrt{3})$

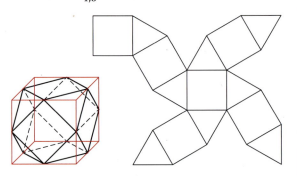

1.1 Fit in Mathematik – ohne Hilfsmittel

Gleichungen und Ungleichungen lösen (Seite 9)

1. a) $x = (12-9) \cdot 4 = 12$ b) $x = \left(\frac{1}{3} - \frac{2}{3}\right) \cdot 3 = -1$ c) $x = \frac{24+4}{5} = \frac{28}{5} = 5{,}6$ d) $x = \frac{-12-8}{2} = -10$
e) $x = \frac{3+15}{9} = 2$ f) $x = -4{,}5 + 2 = -2{,}5$ g) $x = 6 - 3 = 3$ h) $x = \frac{100}{10} = 10$

2. a) $x_1 = 7; x_2 = -4{,}5$ b) $L = \emptyset$ c) $x_1 = 5; x_2 = -5$ d) $x_1 = 15; x_2 = 10$
e) $x_1 = 15; x_2 = -4$ f) $x_1 = -2; x_2 = -2{,}5$ g) $x_1 = 2; x_2 = -3{,}5$ h) $L = \emptyset$ i) $L = \emptyset$

3. a) $2x = 20$ $(x = 10)$ b) $-2x - 8 = 12$ $(x = -10)$ c) $32x = 64$ $(x = 2)$
d) $4x = 12$ $(x = 3)$ e) $4x = 20$ $(x = 5)$ f) $2x + 2 = 3x + 4{,}5$ $(x = -2{,}5)$
g) $3x + 3 = 2x + 6$ $(x = 3)$ h) $9x + 45 = 2x - 52$ $(x = -1)$ i) $10x + 300 = 20x + 200$ $(x = 10)$

4. a) $36 - 9a = 10a + 35$ $\left(a = \frac{1}{19}\right)$ b) $12b - 20 = -6 + 15b$ $\left(b = -\frac{14}{3}\right)$ c) $-3 = 0$ $(L = \emptyset)$
d) $2d + 1 = -2d$ $\left(d = -\frac{1}{4}\right)$ e) $-e - 21 = -34e + 12$ $(e = 1)$ f) $2f = 11$ $(f = 5{,}5)$
g) $12g - 6 = 0$ $\left(g = \frac{1}{2}\right)$ h) $8h + 16 = -2h - 15$ $(h = -3{,}1)$

Lösungen „Fit in Mathe"

5. a) $x < 10$
   b) $x < \frac{9}{5}$ (1,8)
   c) $x < \frac{24}{4}$ (6)
   d) $x < \frac{7,5}{1,5}$ (5)
   e) $x < \frac{7}{7}$ (1)
   f) $x < \frac{6}{4}$ (1,5)
   g) $x < \frac{7,5}{2}$ (3,75)
   h) $x < 20$

6. a) $2x \cdot 2(x+1) = 1224 \rightarrow x^2 + x - 306 = 0$
   $x_1 = -\frac{1}{2} + \frac{35}{2} = 17 \rightarrow a = 34; b = 36$
   $x_2 = -\frac{1}{2} - \frac{35}{2} = -18 \rightarrow a = -36; b = -34$

   b) $x^2 - 9x - 112 = 0$
   $x_{1;2} = 4,5 \pm \sqrt{4,5^2 + 112} = 4,5 \pm 11,5$
   $x_1 = 16; x_2 = -7$

7. a) $x^2 + (x+4)^2 = 20^2 \rightarrow x^2 + 4x - 192 = 0 \rightarrow x_{1;2} = -2 \pm \sqrt{4 + 192} = -2 \pm 14$
   $x_1 = -2 + 14 = 12$ ($x_2 < 0$; keine Lösung) $\rightarrow a = 12$ cm; $b = 16$ cm

   b) $A = \frac{a \cdot b}{2} = \frac{12 \cdot 16}{2} = 96$ cm^2

8. a) Volumen (Zylinder)   b) Flächeninhalt (Trapez)   c) Abbildungsgleichung (Optik)
   $h = \frac{V}{\pi \cdot r^2}$; $r = \sqrt{\frac{V}{\pi \cdot h}}$ $h = \frac{2A}{a+c}$; $c = \frac{2A}{h} - a$ $f = \frac{1}{\frac{1}{g}+\frac{1}{b}} = \frac{bg}{b+g}$; $g = \frac{1}{\frac{1}{f}-\frac{1}{b}} = \frac{bf}{b-f}$

9. $960 = x + 2x + 4x + 0,5x \rightarrow x = \frac{960}{7,5} = 128$

   1. Jahr: 128 €   2. Jahr: 256 €   3. Jahr: 512 €   4. Jahr: 64 €

10. $120x - 30 = 80x \rightarrow x = \frac{40}{30} = \frac{3}{4}$
    Nach einer dreiviertel Stunde treffen sie sich auf dem Parkplatz.
    Herr Schnell ist eine dreiviertel Stunde gefahren.
    Frau Schnell ist eine halbe Stunde gefahren.

Gleichungssysteme lösen (Seite 11)

1. a) $x = 21$; $y = 7$ b) $x = 11$; $y = 7$ c) $x = 4$; $y = 16$ d) $x = -6$; $y = -7$
   e) $x = 2$; $y = 12$ f) $x = 7$; $y = 9$ g) $x = -9$; $y = 10$ h) keine Lösung

2. a) $x = 2$; $y = -1$ b) $x = -8$; $y = -7$ c) $x = 3$; $y = 2$ d) $x = 1$; $y = 2$
   e) $x = -0,5$; $y = -4$ f) $x = 2,5$; $y = 2,5$ g) $x = 1$; $y = -1$ h) $x = 10$; $y = 10$

3. a) $x = 3$; $y = 4$ b) $x = 4$; $y = 3$ c) $x = 2\frac{3}{8}$; $y = 5\frac{1}{4}$ d) $x = 5$; $y = 2$
   e) $x = 0,5$; $y = 1$ f) $x = -4$; $y = 0$ g) $x = 9$; $y = 4$ h) $x = 3,8$; $y = 0,2$

4. a) x = 1; y = -1   b) x = -2,5; y = 5,5   c) x = 0; y = 6   d) x = 3; y = 2
    e) x = -4; y = -3 f) x = 5; y = -9   g) x = -44,2994; y = -27,2866   h) x = 2,4; y = 2,4

5. a) $f_1(x) = x$ b) $f_1(x) = 2x + 1$ c) $f_1(x) = \frac{1}{3}x + 15$
       $f_2(x) = -x + 3$ $f_2(x) = 0,5x - 1$ $f_2(x) = \frac{2}{3}x + 20$
       S(1,5 | 1,5)   S(-1,3 | -1,7)   S(-15 | 10)
       x = 1,5; y = 1,5   x = -1,33; y = 1,67   x = -15; y = 10

6. a) x = -0,5; y = 1,5; S(-0,5 | 1,5)   b) x = 2; y = -2; S(2 | -2)
    c) $x = 5\frac{2}{3}$; $y = \frac{2}{3}$; $S\left(5\frac{2}{3} \mid \frac{2}{3}\right)$ d) $x = -\frac{9}{11} = -0,818$; $y = -\frac{10}{11} = -0,909$; $S\left(-\frac{9}{11} \mid -\frac{10}{11}\right)$
    e) x = 3; y = 5; S(3 | 5)   f) x = -1,5; y = -0,5; S(3 | 5)
    g) x = -4; y = -1,5; S(-4 | -1,5)   h) x = 4; y = 1; S(4 | 1)

7. 32 m = 2·(a + b); b = 2·a → a + 2a = 16 m → 3a = 16 m → $a = 5\frac{1}{3}$ m; $b = 10\frac{2}{3}$ m

Berechnungen an geometrischen Figuren durchführen (Seite 13)

1. a) $m = \varrho \cdot (V_Q - \frac{1}{2}V_Z) \approx 2\,024$ g (2,024 kg)   b)
    c) $A_O = A_{QO} - (2r \cdot h + r^2 \cdot \pi) + \frac{1}{2}A_{ZM} \approx 223{,}13$ cm²

2. Werkstück 1:   Werkstück 2:
    a) $V = r^2\pi \cdot h \approx 84{,}823$ cm³ $V = \frac{2}{3}\pi \cdot r^3 + \frac{1}{3}\pi \cdot r^2 \cdot h \approx 84{,}823$ cm³
       $A_O = 2r\pi(r + h) \approx 113{,}097$ cm² $A_O = 2r^2\pi + \pi r\sqrt{r^2 + h^2} \approx 96{,}535$ cm²
    b) $m = \varrho \cdot V \approx 229{,}02$ g $m = \varrho \cdot V \approx 665{,}86$ g
    c) 1 000 · 665,86 g = 665,86 kg   (Nein, die Kiste ist zu schwer.)
    d) $V_{Zylinder} - V_{Halbkugel} = r^3\pi - \frac{2}{3}r^3\pi = \frac{1}{3}r^3\pi = \frac{1}{3}V_{Zylinder}$ (*Abfall:* 33,3 %)

Maßstab 1 : 4

Seite 14

3. a) $A_O = 2(ab + ac + bc)$ b) $V = \frac{e \cdot f}{2} \cdot h$ c) $A_O = 2\pi \cdot r^2 + 2\pi \cdot r \cdot h$
       $a = \frac{A_O - 2bc}{2(b + c)}$ $e = \frac{2V}{h \cdot f}$ $\pi = \frac{A_O}{2r^2 + 2rh}$
       $c = \frac{A_O - 2ab}{2(a + b)}$ $h = \frac{2V}{e \cdot f}$ $r_{1;2} = -\frac{h}{2} \pm \sqrt{\frac{h^2}{4} + \frac{A_O}{2\pi}}$
    d) $V = \frac{1}{3}\pi \cdot r^2 \cdot h$ e) $V = \frac{1}{2}(a + c) \cdot h_a \cdot h$ f) $V = \frac{4}{3}\pi r^3$
       $h = \frac{3V}{\pi r^2}$ $a = \frac{2V}{h_a h} - c$ $\pi = \frac{3V}{4r^3}$
       $\pi = \frac{3V}{hr^2}$ $h = \frac{2V}{(a + c)h_a}$ $r = \sqrt[3]{\frac{3V}{4\pi}}$

Lösungen „Fit in Mathe"

4. a) Werkstück 1: $A_O = 80\text{ cm}^2$ Werkstück 2: $A_O \approx 10{,}314\text{ cm}^2$
    b) Maßstab 1:2   Maßstab 1:1

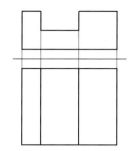

5. a) Das Volumen des Kegels (Kreiszylinders) verdoppelt sich.
    b) Das Volumen des Kegels (Kreiszylinders) viertelt sich.

6. $A_{O\,Kugel} = \pi d^2$; $A_{M\,Zylinder} = 2r\pi h$ → $A_{M\,Zylinder} = \pi d^2$ (für $h = d$)
    z. B.: $h = d = 1\text{ cm}$ → $A_{O\,Kugel} = A_{M\,Zylinder} = \pi d^2 \approx 3{,}14\text{ cm}^2$

7. $V_{Zylinder} = (10\text{ cm})^2 \pi \cdot h$; $V_{Kegel} = \frac{1}{3}(10\text{ cm})^2 \pi \cdot 20$
    $V_{Zylinder} = V_{Kegel}$ → $(10\text{ cm})^2 \pi \cdot h = \frac{1}{3}(10\text{ cm})^2 \pi \cdot (20\text{ cm})$, $h = \frac{1}{3} \cdot 20\text{ cm} = 6\frac{2}{3}\text{ cm}$

8. a) Quadrat: $u = 10\text{ cm} = 4a$, → $a = 2{,}5\text{ cm}$; $A = a^2 = (2{,}5\text{ cm})^2 = 6{,}25\text{ cm}^2$
    Kreis: $u = 10\text{ cm} = 2r\pi$, → $r = \frac{5}{\pi}\text{ cm}$; $A = r^2\pi = \left(\frac{5}{\pi}\right)^2 \pi\text{ cm}^2 = \frac{25}{\pi} = 7{,}96\text{ cm}^2$
    Bei gleichem Umfang $u = 10\text{ cm}$ gilt:
    $A_{Quadrat} < A_{Kreis}$

    b) Würfel: $A_O = 1\text{ cm}^2 = 6a^2$, → $a = \frac{1}{\sqrt{6}}\text{ cm}$; $V = a^3 \approx 0{,}068\text{ cm}^3$
    Kugel: $A_O = 1\text{ cm}^2 = \pi d^2$, → $d = \frac{1}{\sqrt{\pi}}\text{ cm}$; $V = \frac{\pi}{6}d^3 \approx 0{,}094\text{ cm}^3$
    Bei gleichem Oberflächeninhalt $A_O = 1\text{ cm}^2$ gilt:
    $V_{Würfel} < V_{Kugel}$

9. $V_{Dach} = 2 \cdot \frac{1}{2} V_{Pyramide} + V_{Prisma} = 64\text{ m}^3 + 49\text{ m}^3 = 113\text{ m}^3 < 150\text{ m}^3$
    $V_{Pyramide} = \frac{1}{3} A_G \cdot h = 64\text{ m}^3$
    $V_{Prisma} = A_G \cdot h = 49\text{ m}^3$

10. a) $V_{Werkstück} = V_{Quader} - 2 \cdot V_{Zylinder} \approx 93{,}73\text{ cm}^3$
    $V_{Quader} = abc = 144\text{ cm}^3$; $V_{Zylinder} = r^2\pi \cdot h \approx 25{,}1327\text{ cm}^3$
    Abfall $x\%$: $x = \frac{100 \cdot 2 \cdot V_{Zylinder}}{V_{Quader}} \approx 34{,}91\%$
    b) $m = \varrho_{Stahl} \cdot V_{Werkstück} \approx 731{,}10\text{ g}$
    c) $A_O = A_{O\,Quader} - 4 \cdot A_{G\,Zylinder} + 2 \cdot A_{M\,Zylinder}$
    $A_O = 2(ab + bc + bc) - 4 \cdot r^2\pi + 2 \cdot 2\pi rh \approx 108\text{ cm}^2$

Lineare und quadratische Funktionen untersuchen (Seite 16)

1. a)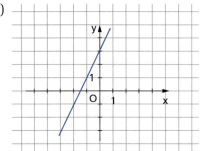

$y = 2x + 3 \quad D = \mathbb{R}; W = \mathbb{R}; x_0 = -1{,}5$

b)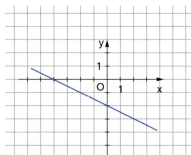

$y = -\frac{1}{2}x - 2 \quad D = \mathbb{R}; W = \mathbb{R}; x_0 = -4$

c)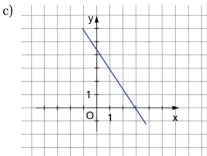

$y = -\frac{3}{2}x + \frac{9}{2} \quad D = \mathbb{R}; W = \mathbb{R}; x_0 = 3$

d)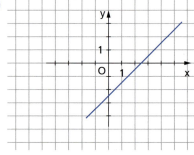

$y = x - \frac{5}{2} \quad D = \mathbb{R}; W = \mathbb{R}; x_0 = 2{,}5$

2. a)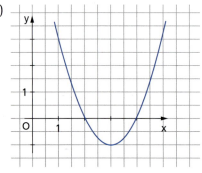

$y = (x - 3)^2 - 1; \quad S(3\,|\,-1)$
$D = \mathbb{R}; \quad W = \mathbb{R}, y \geq -1;$
$x_1 = 2; \quad x_2 = 4$

b)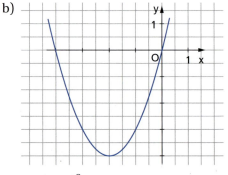

$y = (x + 2)^2 - 4; \quad S(-2\,|\,-4)$
$D = \mathbb{R}; \quad W = \mathbb{R}, y \geq -4;$
$x_1 = -4; \quad x_2 = 0$

Lösungen „Fit in Mathe"

2. c)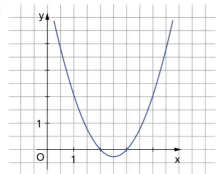
$y = (x - 2{,}5)^2 - \frac{1}{4}$; $S\left(2{,}5 \mid -\frac{1}{4}\right)$
$D = \mathbb{R}$; $W = \mathbb{R}, y \geq -\frac{1}{4}$; $x_1 = 2$; $x_2 = 3$

d)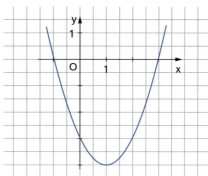
$y = x^2 - 2x - 3 = (x - 1)^2 - 4$; $S(1 \mid -4)$
$D = \mathbb{R}$; $W = \mathbb{R}, y \geq -4$; $x_1 = -1$; $x_2 = 3$

e)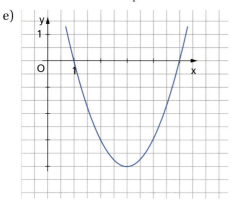
$y = x^2 - 6x + 5 = (x - 3)^2 - 4$; $S(3 \mid -4)$
$D = \mathbb{R}$; $W = \mathbb{R}, y \geq -4$; $x_1 = 1$; $x_2 = 5$

f)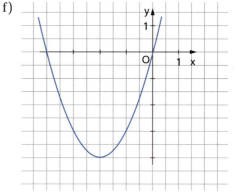
$y = x^2 + 4x = (x + 4) \cdot x$; $S(-2 \mid -4))$
$D = \mathbb{R}$; $W = \mathbb{R}, y \geq -4$; $x_1 = -4$; $x_2 = 0$

g)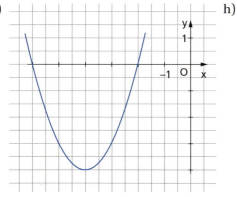
$y = x^2 + 8x + 12 = (x + 4)^2 - 4$;
$S(-4 \mid -4)$; $D = \mathbb{R}$; $W = \mathbb{R}, y \geq -4$;
$x_1 = -6$; $x_2 = -2$

h)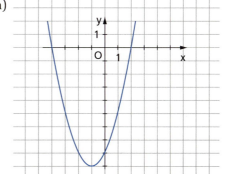
$y = x^2 + 2x - 8 = (x + 1)^2 - 9$; $S(-1 \mid -9)$
$D = \mathbb{R}$; $W = \mathbb{R}, y \geq -9$; $x_1 = -4$; $x_2 = 2$

3. Ausgangsfunktion: $y = \frac{1}{2}x - 3$

   a) $y = \frac{1}{2}x - 2$ b) $y = \frac{1}{3}x - 3$ c) $y = \frac{1}{3}x - 2$ d) $y = \frac{1}{2}x - 5{,}5$

Seite 17

4. Ausgangsfunktionen: $y = f(x) = 2x - 2$; $y = g(x) = \frac{1}{2}x - 1$

   a) $f^*(x) = -2x - 2$ b) $f^*(x) = -2x + 2$ c) $f^*(x) = \frac{1}{2}x + 1$ d) $f^*(x) = g(x) = \frac{1}{2}x - 1$

   $g^*(x) = -\frac{1}{2}x - 1$ $g^*(x) = -\frac{1}{2}x + 1$ $g^*(x) = 2x + 2$ $g^*(x) = f(x) = 2x - 2$

5. $f(x) = (x + d)^2 + e$; $S(-d \mid e)$ $\qquad g(x) = x^2 + px + q$; $S\left(-\frac{p}{2} \mid -\frac{p^2}{4} + q\right)$

   a) $f(x) = (x + 4)^2 - 1$ b) $f(x) = (x - 3)^2$ c) $f(x) = (x - 2{,}5)^2 + 4$ d) $f(x) = (x + 1)^2 + 5$

   $g(x) = x^2 + 8x - 17$ $g(x) = x^2 - 6x + 9$ $g(x) = x^2 - 5x + 10{,}25$ $g(x) = x^2 + 2x + 6$

6. a) 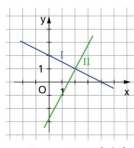   b) 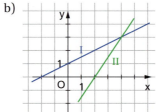   c)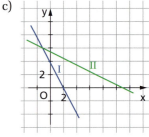

   $x_1 = 4$; $x_2 = 1{,}5$; $S(2 \mid 1)$ $\qquad x_1 = -2$; $x_2 = 2$; $S(4 \mid 3)$ $\qquad x_1 = 2$; $x_2 = 11$; $S(-1 \mid 6)$

7. a) $y = (x + 3)(x - 1) = x^2 + 2x - 3$ c)

   b) $y = (x + 3)(x - 1) \rightarrow x_1 = -3$; $x_2 = 1$

   $y = x^2 + 2x - 3 = (x + 1)^2 - 4 \rightarrow S(-1 \mid -4)$

   d) $y = f(x) = (x + 3)(x - 1)$

   $f(-4) = (-4 + 3)(-4 - 1) = 5$

   $f(2) = (2 + 3)(2 - 1) = 5$

8. a) $y_1 = f(12) = 3 \cdot 12 - 4 = 32$

   b) $y_2 = f(-5) = 3 \cdot (-5) - 4 = -19$

   c) $-67 = 3x_3 - 4 \rightarrow x_3 = -21$

   d) $89 = 3x_4 - 4 \rightarrow x_4 = 31$

9. a) I $3 = -m + n$ b) I $-2{,}5 = -m + n$ c) I $3 = -2m + n$

   II $-1 = 3m + n$ $\qquad$ II $0 = n$ $\qquad$ II $-6 = m + n$

   $3 + m = -1 - 3m$ $(m = -1)$ $\quad -2{,}5 = -m + 0$ $(m = 2{,}5)$ $\quad 3 + 2m = -6 - m$ $(m = -3)$

   $3 = -(-1) + n$ $(n = 2)$ $\qquad\qquad\qquad\qquad\qquad\qquad\quad -6 = -3 + n$ $(n = -3)$

   $y = f_1(x) = -x + 2$ $\qquad\qquad y = f_2(x) = 2{,}5x$ $\qquad\qquad y = f_3(x) = -3x - 3$

10. a)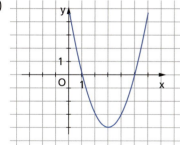

b) $3 = -\frac{p}{2} \rightarrow p = -6$
$-4 = -\frac{p^2}{4} + q = -\frac{36}{4} + q \rightarrow q = 5$
$y = f(x) = x^2 - 6x + 5$

c) $D = \mathbb{R}$; $W = \mathbb{R}$ mit $y \geq -4$;
$x_1 = 1$; $x_2 = 5$

d) $0 = x^2 - 6x + 5$
$x_{1;2} = 3 \pm \sqrt{9-5} = 3 \pm 2$
$x_1 = 1$; $x_2 = 5$

11. *Genau eine (Doppel-)Nullstelle:*
$D = 0 \rightarrow q = \frac{1}{4} \cdot p^2$
Beispiel: $y = f(x) = x^2 + 2x + 1$

keine Nullstelle:
$D < 0 \rightarrow q > \frac{1}{4} \cdot p^2$
Beispiel: $y = f(x) = x^2 + 2x + 1{,}5$

12. a) $S(0\,|\,-8)$
Die Rinne ist 8 cm tief.
$x^2 - 16 = 0 \rightarrow x_{1;2} = \pm 4$
Die Rinne ist 8 cm breit.

b) $A(-4\,|\,0)$; $C(-2{,}83\,|\,0)$
$\overline{AC} = 1{,}17$ cm;
$y = -4 = \frac{1}{2}x^2 - 8$; $x_{1;2} = \pm\sqrt{8} = \pm 2{,}83$
$\overline{AC} = \overline{AO} - \overline{CO} = 1{,}17$ cm

c)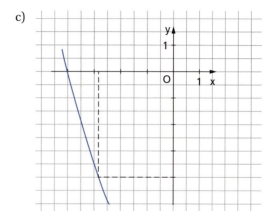

13. a) $a \cdot \frac{x}{2} = 40$
$\rightarrow a = f(x) = 80 \cdot \frac{1}{x}$

b)

x	f(x)
1	80
2	40
8	10
10	8
20	4
40	2
80	1

c)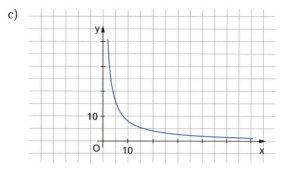

Ereignisse untersuchen (Seite 19)

1. a) $P(A) = P(\{3; x; x\}) = \frac{1}{6} \cdot 1 \cdot 1 = \frac{1}{6}$

   $P(B) = P(\{(x; 2; x), (x; 4; x), (x; 6; x)\}) = 3 \cdot 1 \cdot \frac{1}{6} \cdot 1 = \frac{1}{2}$

   $P(A \cap B) = P(\{(3; 2; x), (3; 4; x), (3; 6; x)\}) = 3 \cdot \frac{1}{6} \cdot \frac{1}{6} \cdot 1 = \frac{1}{12}$

   $P(A) \cdot P(B) = \frac{1}{6} \cdot \frac{1}{2} = \frac{1}{12} = P(A \cap B)$

   A und B sind voneinander stochastisch unabhängig.

   b) $P(A) = P(\{3; x; x\}) = \frac{1}{6} \cdot 1 \cdot 1 = \frac{1}{6}$

   $P(C) = P(\{(1; x; x), (2; x; x), (3; x; x), (4; x; x)\}) = 4 \cdot \frac{1}{6} \cdot 1 \cdot 1 = \frac{2}{3}$

   $P(A \cap C) = P(\{(3; x; x)\}) = \frac{1}{6} \cdot 1 \cdot 1 = \frac{1}{6}$

   $P(A) \cdot P(C) = \frac{1}{6} \cdot \frac{2}{3} = \frac{1}{9} \neq \frac{1}{6} = P(A \cap B)$

   A und C sind *nicht* voneinander (stochastisch) unabhängig.

2. $P(\text{erreichbar, auskunftsbereit}) = \frac{2}{7} \cdot \frac{1}{2} = \frac{1}{7}$

1.2 Fit in Mathe – mit CAS

Mit Zahlen und Variablen rechnen (Seite 21)

1. a) $(-8) : \frac{1}{4} + 2\frac{1}{2} = -29,5$
   b) $(-8) : \frac{1}{4} \cdot 2 \cdot \frac{1}{2} = -31$
   c) $\frac{1}{a} + \frac{1}{2a} = \frac{3}{2a}$
   d) $\sqrt{5^2 - 4^2} = 3$
   e) $\sqrt{x^2} = |x|$
   f) 25 % von 200 € = 50 €

2.
$\frac{9}{25}$	Eingabe in Bruchform und gekürzt.
0,36	Eingabe in Dezimalform.
$5 \cdot \sqrt{2}$	Ergebnis ohne Auflösung der Wurzel in eine gebrochene Zahl.
7.07107	Ergebnis mit vollständiger Auflösung der Wurzel.
Fehler ...	Bei $\sqrt{-9}$ ist der Radikand negativ, er muss größer oder gleich null sein.
0	10^{99} und 1.E99 stellen dieselbe Zahl dar, also ist die Differenz 0.
3,606	Round(Zahl, n) rundet auf n Dezimalstellen, hier 3 Dezimalstellen.
3,27339 E 150	Ergebnis in Exponentialform mit abgetrennten Zehnerpotenzen.
∞	Überschreitung der Größe der Anzeigekapazität.
–1	Zähler und Nenner unterscheiden sich nur im Vorzeichen.
$3 - 2\sqrt{2}$	Anwenden der binomischen Formel.
undef	Die Division durch Null ist nicht erlaubt.
0	Zähler des Ergebnisterms ist 0.
a + 1	Nach Kürzen mit dem Term (a – 1).
x + y	Nach Kürzen mit dem Term (x + y).

Terme umformen (Seite 22)

1. a) Der Befehl gibt die Summe beider Brüche als einen Bruch mit Hauptnenner zurück.
   b) Hier ist der Nenner des ersten Bruches das Produkt der beiden Variablen x und y, der Nenner des zweite Bruches besteht nur aus der Variablen x. Der Hauptnenner ist der erste Nenner. Der zweite Bruch wird mit y erweitert.

2. Die Befehle befinden sich im Menu-Punkt „Algebra" oder im Katalog.

   expand: Umwandlung eines Produkts in eine Summe (Ausmultiplizieren)
   factor: Umwandlung einer Summe in ein Produkt

3. a) Der Term wird in einen ganzrationalen (falls ein solcher enthalten ist) und einen echt gebrochenrationalen Term umgewandelt.
   b) Durch das Zusammenfassen der angezeigten Terme mit gemeinsamem Nenner (comDenom) kann der Befehl (completeSquare) rückgängig gemacht werden.

Lineare und quadratische Funktionen grafisch darstellen (Seite 23)

1. a)

   $f2(x) = 2 \cdot x^2 - 2 \cdot x - 3$

   $f1(x) = 0{,}5 \cdot x + 2$

   b) Anzeigen und Ausblenden einer Wertetabelle mit (ctrl) (T)
   c) Beispielsweise unter Menü „Fenster" oder durch Anfassen und Ziehen der Achsen.

2. Funktionsgleichung eingeben, Schieberegler unter Menüpunkt „Aktionen" anklicken, Variable des Schiebereglers ggf. umbenennen und unter (ctrl) Menü die Einstellungen des Schiebereglers anpassen.

3. $f1(x) = -(x-20)^2 + 15$

Anhang

Funktionsgraphen analysieren (Seite 24)

1. Die im Rechner integrierte Hilfe gibt dazu Hinweise.

2. a) *Ausgangsfunktion:*
   $y = 2x^2 - 5x + 5$
   Scheitelpunkt: $S(1{,}250 \mid 1{,}88)$
   Scheitelpunktform: $y = 2\left(x - \frac{5}{4}\right)^2 + 1{,}875$

   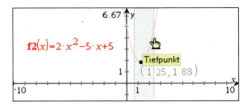

   b) Applikation „*Calculator*", Menü „*Algebra*", Befehl „*Quadratische Ergänzung*"

3. *Ausgangsfunktionen:*
   $f(x) = -0{,}2x + 2$
   $g(x) = 0{,}5x^2 - 2x$

   Schnittpunkte:
   $S_1(-0{,}891 \mid 2{,}18)$
   $S_2(4{,}49 \mid 1{,}1)$

   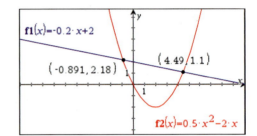

Lineare Gleichungen, quadratische Gleichungen und Ungleichungen lösen (Seite 24)

1. $x = \pm\sqrt{5}$ Die Gleichung $x^2 = 5$ hat zwei Lösungen: $x_1 = \sqrt{5}$ und $x_2 = -\sqrt{5}$
   false   Gleichung $x^2 = -4$ hat keine reellen Lösungen.
   true   Gleichung $0 \cdot x = 0$ ist für alle x-Werte erfüllt.
   false   Gleichung $x^2 = 4$ hat keine Lösung im Intervall $x > 2$
   $n = \frac{m}{x^2}$ Gleichung wurde nach n umgestellt.

2. Formel zur Berechnung des Trapez-Flächeninhaltes:
   A (Flächeninhalt); a, c (Längen der beiden parallelen Trapezseiten); h (Trapezhöhe)
   $h = \frac{2A}{a+c}$; $a = \frac{2A}{h} - c$; $c = \frac{2A}{h} - a$

3. *Ausgangsfunktionen:*
   $f1(x) = -2x^2 - 4x + 1$
   $f2(x) = 0{,}2x^2 + 3x$

   Schnittpunkte (graphisch):
   $S_1(-3{,}32 \mid -7{,}75)$
   $S_2(0{,}137 \mid 0{,}415)$

   Schnittpunkte (rechnerisch):
   $S_1(-3{,}31878 \mid -7{,}75348)$
   $S_2(0{,}136962 \mid 0{,}414635)$

   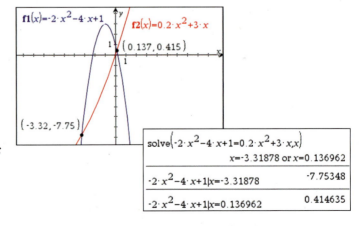

Lösungen „Fit in Mathe"

Lineare Gleichungssysteme lösen (Seite 25)

1. Lineare Gleichungssysteme können mit dem „solve-Befehl" gelöst werden, der aus dem Menü „Algebra" abgerufen werden kann. Für die Eingabe des Gleichungssystems kann die Vorlage genutzt werden, die z. B. unter der Taste ⊤ zu finden ist.
Der CAS-Rechner bietet auch die Möglichkeit, direkt einen Befehl zur Eingabe und Lösung linearer Gleichungssysteme unter dem Menü „Algebra" abzurufen. Die beiden Gleichungen können auch durch „and" verknüpft werden. Dann wird analog zur Methode beim Lösen von Gleichungen vorgegangen.

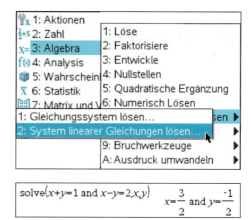

2. Das Gleichungssystem besitzt keine Lösungen, weil die zugehörigen Geraden parallel zueinander sind. Die Anzeige ist in diesem Fall „false".
Das Gleichungssystem besitzt unendlich viele Lösungen, da die Geraden identisch sind. Die Variable „c1" ist eine reelle Zählvariable, sie steht für eine beliebige reelle Zahl t.

3. Eine Geradengleichung ist durch y = f(x) = m · x + n gegeben. Wenn die Punkte P(–2 | 3) und Q(5 | 7) auf der Geradengleichung liegen sollen, müssen ihre Koordinaten die Gleichung erfüllen. Aus dem dadurch entstehenden linearen Gleichungssystem lassen sich die Parameter m und n der Geradengleichung bestimmen. Dabei ist m der Anstieg der Geraden und n ihr Durchgang durch die y-Achse.

Mit dynamischer Geometriesoftware arbeiten (Seite 26)

1. – Applikation „Geometry" öffnen und Dreieck zeichnen. (Menü – Formen – Dreieck)
   – Eckpunkte bezeichnen und Mittelsenkrechte konstruieren. (Menü – Konstruktion – Mittelsenkrechte)
   – Schnittpunkt M der Mittelsenkrechten konstruieren. (Menü – Punkte&Geraden – Schnittpunkt)
   – Kreis mit Mittelpunkt M und Radius $\overline{MA}$ konstruieren. (Menü – Formen – Kreis)
   – Im „Zugmodus" zeigen, dass der Kreis stets durch alle drei Eckpunkte des Dreiecks geht.

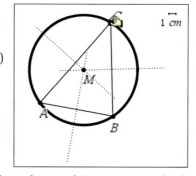

(Da jeder Punkt der Mittelsenkrechten von den Endpunkten der zugehörigen Seiten gleich weit entfernt ist, gilt: $\overline{AM} = \overline{BM} = \overline{CM}$)

Anhang

2. - Applikation „*Geometry*" öffnen und Dreieck zeichnen. (Menü – Formen – Dreieck)
   - Dreieck zentrisch strecken für k = 2. (Menü – Abbildung – Streckung)
   - Schieberegler einfügen. (Menü – Aktionen – Schieberegler) (Menü – Punkte&Geraden – Schnittpunkt)
   - Variable „$v1$" durch Variable „k" ersetzen.
   - Streckfaktor 2 mit der Variablen k verknüpfen.

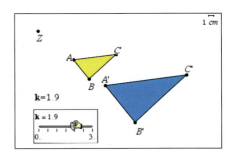

Für k < 0 liegt das Streckungszentrum Z zwischen dem Original- und dem Bilddreieck. Die Auswirkungen des Streckungsfaktors auf Winkelgrößen, Streckenlängen und Flächeninhalte bleiben erhalten.

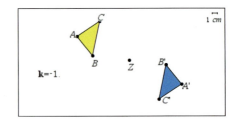

Für k = 0 erhält man als Bild einem Punkt.

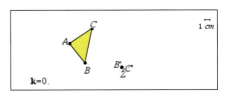

3. - Applikation „*Graphs*" öffnen und Punkte A(–7 | 0), B(7 | 0) und C(0 | 7) konstruieren.
   - Dreieck ABC und Punkt P auf $\overline{BC}$ zeichnen.
   - Senkrechte von P zu den Achsen zeichnen.
   - Koordinaten von P anzeigen lassen.
   - Schnittpunkte Q, R und S konstruieren.
   - Rechteck PQRS zeichnen.
   - Flächeninhalt vom Rechteck PQRS messen.
   - Punkt P im Zugmodus bewegen.

Für Abszissenwerte zwischen 3,4 und 3,63 wird ein Flächeninhalt mit 24,5 FE angezeigt

Berechnung:
Der Punkt P liegt für 0 < x < 7 auf der Geraden y = f(x) = –x + 7 durch B und C.

Der Flächeninhalt des Rechtecks PQRS ist damit gegeben durch:
A = 2x · f(x) = 2x · (–x + 7) = –2 · (x – 3,5)² + 24,5

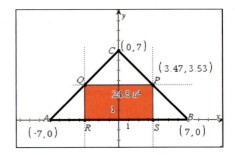

Der Flächeninhalt wird für P(3,5 | 3,5) maximal und hat denn den Wert 24,5 FE.

Daten darstellen und Daten auswerten (Seite 27)

1. a) Die beiden Datenreihen „note" und „anzahl" werden als Listen gespeichert.
   Der Befehl „sum(liste)" gibt die Summe der Elemente von „liste" zurück.
   Es wird der Zensurendurchschnitt berechnet. Er beträgt rund 3,07.

   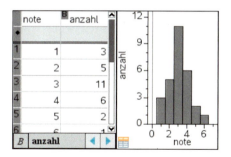

   b) - Applikation „Lists&Spreadsheet" öffnen und Daten durch Eintragen der Listennamen in die Spalten A und B übertragen. Das setzt voraus, dass die Daten bereits in der Applikation „Calculator" als Listen definiert wurden.
   - Daten als Ergebnisdiagramm darstellen.
   - Cursor im Diagramm auf die Abszissenachse setzen und „Kategorisches X erzwingen" wählen.
   - Cursor auf Diagramm setzen und „Tortendiagramm" wählen.

   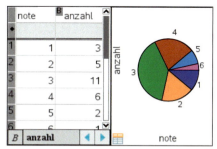

2. Simulation eines idealen Tetraederwürfel: Der Befehl „randint(u,o,n)" erzeugt eine Liste mit n ganzen Zufallszahlen. Der Befehl „Schnellgraph" sortiert die Rohdaten.
   Mit „Lists&Spreadsheet" wird eine Tabelle geöffnet und ausgefüllt:
   - Die Spalte A erhält den Variablennamen „tetra".
   - Die Formel lautet: „=randint(1,4,500)"
   - Mit der Taste (enter) werden 50 Zufallszahlen zwischen 1 und 6 erzeugt.
   - mit den Tasten (ctrl) (R) erfolgt eine Neuberechnung der Zufallszahlen.

   Das Ergebnis wird als Punktdiagramm über „Menü – Daten – Schnellgraph" angezeigt. Jeder Punkt symbolisiert ein Ergebnis. Über „Menü – Plot – Typ – Histogramm" wird die Darstellung zu einem Balkendiagramm verändert.

   Eine etwas andere Gestalt erhält das Diagramm, wenn man auf die x-Achse geht und dort mit (ctrl) (menu) „Kategorisches X erzwingen" auswählt. Die Würfelergebnisse werden jetzt nicht numerisch als Zahlen, sondern als Kategorien (Symbole, Arten) betrachtet und zunächst als Punktdiagramm dargestellt. Über „Menü – Plot – Typ – Histogramm" wird die Darstellung zu einem Balkendiagramm verändert. Auf der Hochachse wird die absolute Häufigkeit jeder Kategorie angegeben. Streicht man mit dem Cursor über einzelne Balken, so werden die absoluten und prozentualen Anteile der jeweiligen Kategorie angezeigt.

   Interpretation:
   Das Balkendiagramm zeigt, dass die relativen Häufigkeiten für die vier möglichen Ergebnisse annähernd gleich sind. Als Richtwerte für die Wahrscheinlichkeit jedes Ergebnisses kann p = 0,25 gewählt werden.

3. a) Der Bremsweg ist eine Funktion der Geschwindigkeit.
   b) Die Geschwindigkeit geht quadratisch in die Berechnung ein.
   Für Gefahrenbremsungen gilt: $y = \frac{1}{2} \cdot \frac{x^2}{100}$
   x: Geschwindigkeit in $\frac{km}{h}$; y: Bremsweg in m
   c) $y = \frac{1}{2} \cdot \frac{100^2}{100} = 50$ (50 m)
   d) $120 = \frac{1}{2} \cdot \frac{x^2}{100} \rightarrow x = 155$ $\left(155\, \frac{km}{h}\right)$

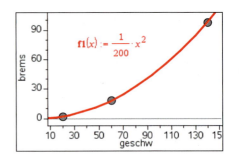

Lösungen „Teste dich selbst"-Aufgaben

Potenzen, Wurzeln, Logarithmen (Seite 49)

1. a) $1{,}06 \cdot 10^4$ b) $1{,}2 \cdot 10^{10}$ c) $3{,}4 \cdot 10^{-4}$ d) $3 \cdot 10^9$ ($3 \cdot 1024^3$)

2. a) 4 b) 0,25 c) 0,25 d) −4 e) ≈ 1,4142 f) ≈ 0,7071

3. a) 10^{14} b) 10^4 c) 10^8 d) 3^{-8} e) $\left(\frac{1}{12}\right)^4 = 12^{-4}$ f) $\sqrt{\frac{1}{10^3}}$

4. a) ≈ $3 \cdot 10^{-3}$ (0,003) b) ≈ $3 \cdot 10^{-1}$ (0,3) c) ≈ $\frac{0{,}005^2}{0{,}03^3} = \frac{(5 \cdot 10^{-3})^2}{(3 \cdot 10^{-2})^3} = \frac{25 \cdot 10^{-6}}{27 \cdot 10^{-6}} \approx 1$

5. a) 1 100 b) 1,125 c) 10^6 d) 5 e) 108 f) 2 g) 3 h) $\frac{1}{3}$

6. a) 2^6 b) $2x^5$ c) $-48x^5y^3$ d) 5^3 e) 10^6 f) $-ab^{-1}$

7. a) $\sqrt[3]{100}$ b) $\sqrt{81}$ c) $\sqrt{4x^2}$ d) $\frac{1}{\sqrt{10}}$

8. a) $\frac{\sqrt{6}(\sqrt{3}-4)}{6}$ b) $\frac{\sqrt{80}+\sqrt{50}}{10}$ c) $\frac{r+\sqrt{rs}}{rs}$ d) $\frac{(\sqrt{8}+r)(\sqrt{r}-8)}{r-64}$

9. a) x = 10 b) x = 1,5 c) x = 9 d) x = 1

10. a) 4 b) 1 c) 3 d) 0

11. a) $2{,}79841 \cdot 10^{-7}$ b) $-3{,}3 \cdot 10^6$ c) $4{,}8 \cdot 10^{-1}$

12. Wachstum pro Tag (ein Tag hat 24 h): $24\,h \cdot 1{,}1 \cdot 10^{-3}\,\frac{mm}{h} = 2{,}64 \cdot 10^{-2}\,mm$

    Anzahl Tage für ein Wachstum von 1 mm: $\frac{1}{2{,}64 \cdot 10^{-2}} = 37{,}88$

    In 38 Tagen ist der Zehennagel etwa 1 mm länger geworden.

13. a)

Zeitpunkt	8. Tag	40. Tag	96. Tag
Algenmasse in Gramm	4	1024	16 777 216

   b) $x = 2^{0{,}25 \cdot n}$

Potenz- und Exponentialfunktionen (Seite 78)

1. a) $y = x^3$ (kubisch) b) $y = x^2$ (quadratisch) c) $y = 2x$ (linear)

2. a) $A(0|0)$; $B(2|8)$; $C(5|125)$; $D(-1,6|-4,096)$; $E(8|512)$; $F\left(-2\tfrac{2}{5}\middle|-13\tfrac{103}{125}\right)$
   b) $G\left(\tfrac{1}{2}\middle|\tfrac{1}{16}\right)$; $H(0,1|0,0001)$; $I(k.L.|-2)$; $J(-2|16)$; $K(10|10^4)$; $L(-10|10^4)$
   c) $M(\pm 1|1)$; $N(-1|1)$; $O\pm\left(3\middle|\tfrac{1}{9}\right)$; $P(-10|0,01)$; $Q\left(-\tfrac{1}{3}\middle|9\right)$; $R\left(\pm\tfrac{1}{8}\middle|64\right)$
   d) $S(2|128)$; $T\left(0,5\middle|\tfrac{1}{128}\right)$; $U(-2|-128)$; $V(-3|-2187)$; $W(8|2\,097\,152)$

3.

	A	B	C	D	E	F	G	H
(x|y)	(0,5|4)	(5|0,25)	(5|0,2)	(1|1)	(10|0,01)	(0|0)	(−1|−1)	(−1|1)
$f(x) = x^{-1}$	2	0,2	0,2 ✓	1 ✓	0,1	n. def.	−1 ✓	−1
$f(x) = x^{-2}$	4 ✓	0,04	0,04	1 ✓	0,01 ✓	n. def.	−1 ≠ 1	1 ✓

Auf f(x) liegen: C, D, G; Auf g(x) liegen: A, D, E, H

4.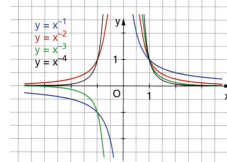

$y = x^{-1}$; $y = x^{-3}$
- punktsymmetrisch (Koordinatenursprung)
- ungerade Funktion
- x < 0 monoton fallend (Hyperbelast)
- x > 0 monoton fallend (Hyperbelast)

$y = x^{-2}$; $y = x^{-4}$
- achsensymmetrisch (y-Achse)
- gerade Funktion
- x < 0 monoton steigend (Hyperbelast)
- x > 0 monoton fallend (Hyperbelast)

5. $y = x^3 \leftrightarrow$ ④; $y = \tfrac{1}{2}x^2 \leftrightarrow$ ①; $y = \tfrac{1}{5}x^{-2} \leftrightarrow$ ⑤; $y = 3x^{-1} \leftrightarrow$ ②; $y = -x^{-4} \leftrightarrow$ ③

6. a) lineare Funktion; monoton wachsend für $-\infty < x < +\infty$
   b) Hyperbel, ungerade; für x < 0 und x > 0 monoton fallend, für x = 0 nicht definiert
   c) Parabel; für x ≤ 0 monoton fallend, für x ≥ 0 monoton steigend
   d) Hyperbel, gerade; für x < 0 monoton steigend, für x > 0 monoton fallend,
      für x = 0 nicht definiert

7. a) $x_{1;2} = \pm 2$ b) $x > 2$ c) $x < -2$

8.

	$y = x^{-1} + 3$	$y = x^{-2} + 3$	$y = \tfrac{1}{4}x^3 - 2$	$y = \tfrac{2}{x^2} - 0,5$
Nullstelle	$x = -\tfrac{1}{3}$	keine	x = 2	$x_{1;2} = \pm 2$
Asymptote	x = 0; y = 3	x = 0; y = 3	keine	x = 0; y = −0,5
Monotonie	x ∈ ℝ fallend (x ≠ 0)	x < 0 steigend x > 0 fallend	x ∈ ℝ steigend	x < 0 steigend x > 0 fallend

Seite 79

9. a) ja (Parabel, die durch den Koordinatenursprung geht.)
   b) ja (Funktion ist gerade, die y-Achse somit eine Symmetrieachse.)
   c) ja (Gerade Funktion, nach oben geöffnete Parabel mit Scheitelpunkt S(0|0))
   d) ja (Ungerade Funktion, Parabel mit $\lim_{x \to -\infty} x^{2m+1} = -\infty$ und $\lim_{x \to +\infty} x^{2m+1} = +\infty$.)
   e) ja (Lineare Funktion, Funktionsgraph ist eine Gerade.)

10. a) Asymptoten sind die x-Achse und die Gerade x = –4.
   b) Asymptoten sind die x-Achse und die Gerade x = 3.
   c) Asymptoten sind die Gerade y = 1 und die Gerade x = –2.
   d) Asymptoten sind die Gerade y = 4 und die Gerade x = 3.

11.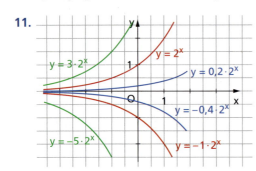

$0 < |a| < 1$
Graph wird in x-Richtung gestaucht.

$1 < |a|$
Graph wird in x-Richtung gestreckt.

$a < 0$
Graph wird zusätzlich an x-Achse gespiegelt

12.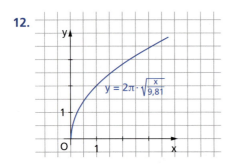

x (Länge in m)	0,2	0,4	0,6	0,8	1,0
y (Zeit in s)	0,897	1,269	1,554	1,794	2,006

x (Länge in m)	1,2	1,4	1,6	1,8	2,0
y (Zeit in s)	2,198	2,374	2,537	2,691	2,837

x (Länge in m)	2,2	2,4	2,6	2,8	3,0
y (Zeit in s)	2,975	3,108	3,235	3,357	3,475

13. a) Lineare Zunahme: $y = 100 + 5x$ b) Exponentielle Zunahme: $y = 100 \cdot 1{,}10^x$

14. Nach dem Verzehr von Süßigkeiten: Nach dem Zähneputzen:
   $y = f(x) = 2^{4x}$ $y = f(x) = 2^{0,5 \cdot x}$
   Nach 12 h: $y = f(12) = 2{,}815 \cdot 10^{14}$ Nach 12 h: $y = f(12) = 64$

15. a) *Ausgangsgröße:* $x = 136 - 6 \cdot 5 = 106$ (Katrin war vor 6 Jahren 1,06 m groß.)
   b) *Endgröße:* $x = 2000 \cdot 1{,}03^2 = 2121{,}80$ (Ronny verfügt über 2 121,80 €.)
   c) *Ausgangsgröße:* $x = \frac{400}{2^5} = 12{,}5$ (Die Fläche beträgt 12,5 cm².)

16. $1500 \cdot 1{,}04^x \cdot 1{,}04^2 = 1800 \cdot 1{,}035^x$ (In 22 Jahren ist der Betrag etwa gleich.)

17. a) nach 4 Jahren: $K_4 = 5000\,€ \cdot 1{,}028^4 = 5583{,}96\,€$

nach 8 Jahren: $K_4 = 5000\,€ \cdot 1{,}028^8 = 6236{,}13\,€$

b) Exponentielles Wachstum – die Wachstumsrate bleibt konstant. Es gilt $K_n = K_0 + q^t$, die Veränderliche t kommt im Exponent vor.

c) B6: =B1*(1+0,01*B2)^A6

Trigonometrische Berechnungen an Dreiecken (Seite 106)

1. a) $\beta = 56°$; $a = 3{,}24$ cm; $b = 4{,}81$ cm; $A = 7{,}79$ cm^2
b) $\gamma = 103°$; $a = 2{,}57$ cm; $b = 5{,}31$ cm; $A = 6{,}64$ cm^2
c) $\beta = 18°$; $\gamma = 112°$; $a = 7{,}93$ cm; $c = 9{,}60$ cm; $A = 11{,}76$ cm^2

2. a) $\beta = 20{,}38°$; $\gamma = 124{,}62°$; $c = 8{,}03$ m b) $\alpha = 59°$; $a = 3{,}94$ cm; $b = 2{,}37$ cm
c) $b = 4{,}19$ cm; $\alpha = 23{,}02°$; $\gamma = 101{,}98°$ d) $c = 7{,}08$ cm; $\alpha = 42{,}68°$; $\beta = 47{,}32°$
e) $\alpha = 59°$; $a = 36{,}91$ m; $c = 41{,}18$ m f) $\alpha = 39{,}66°$; $\gamma = 70{,}34°$; $c = 5{,}31$ m

3. a) $x = 2{,}34$ cm b) $\alpha = 46{,}36°$ c) $x = 4{,}10$ km d) $h = 6{,}52$ mm e) $\overline{CD} = 3{,}57$ cm
f) $\sphericalangle DCB = 116{,}1°$; $\overline{BD} = 11{,}92$ m; $\sphericalangle ADB = 81{,}86°$; $\sphericalangle BDC = 35{,}84°$; $\overline{BC} = 7{,}77$ m
g) $u = 4{,}87$ m

4. a) ges.: c; α; γ geg.: $a = 5{,}4$ cm; $b = 7{,}8$ cm; $\beta = 63°$
$\alpha = 38{,}09°$ (Sinussatz); $\gamma = 78{,}91°$ (Innenwinkelsumme); $c = 8{,}59$ cm (Sinussatz)
Konstruktion: a zeichnen, Endpunkte B und C. β mit Scheitelpunkt B an a. Kreis um C mit $r = 7{,}8$ cm, Schnittpunkt des Kreises mit dem freien Schenkel von β ist A.

b) ges.: α; β; γ geg.: $a = 4{,}8$ cm; $b = 3{,}5$ cm; $c = 6{,}2$ cm
$\alpha = 50{,}42°$ (Kosinussatz); $\beta = 34{,}20°$ (Kosinussatz); $\gamma = 95{,}38°$ (Innenwinkelsumme)
Konstruktion: c zeichnen, Endpunkte A und B. Kreis um A mit $r = 3{,}5$ cm und Kreis um B mit $r = 4{,}8$ cm. Schnittpunkt C der Kreise mit den Punkten A und B verbinden.

c) ges.: b; α; γ geg.: $a = 6{,}7$ cm; $c = 5{,}4$ cm; $\beta = 26°$
$b = 3{,}0$ cm (Kosinussatz); $\gamma = 52{,}10°$ (Sinussatz); $\alpha = 101{,}9°$ (Innenwinkelsumme)
Konstruktion: c zeichnen, Endpunkte A und B. β mit Scheitelpunkt B zeichnen. Auf freien Schenkel a abtragen, Endpunkt C mit A verbinden.

d) ges.: c; β; γ geg.: $a = 3{,}8$ cm; $b = 6{,}6$ cm; $\alpha = 33°$
$\beta_1 = 71{,}08°$; $\beta_2 = 108{,}92°$ (Sinussatz); $\gamma_1 = 75{,}92°$; $\gamma_2 = 38{,}08°$ (Innenwinkelsumme)
$c_1 = 6{,}77$ cm; $c_2 = 4{,}30$ cm (Sinussatz)
Konstruktion: b zeichnen, Endpunkte A und C. Winkel α mit Scheitelpunkt A zeichnen. Kreis um C mit $r = 3{,}8$ cm. Schnittpunkt von Kreis und freiem Schenkel von α sind die Punkte B_1 und B_2. Es gibt zwei Lösungen.

5. a) $V = \frac{1}{3}a^2 \cdot h = 50\frac{1}{3}$ m^3 $A_O = a(a + 2h_s) = 90{,}4$ m^2
b) $V = \frac{1}{3}r^2\pi \cdot h = 33{,}98$ cm^3 $A_O = \pi r(r + s) = 65{,}30$ cm^2

Seite 107

6. a) 0,3145 m   b) Die Steigung wäre dann 7,4 %.

7. x = 22 · tan 70° – 13 m = 47,44 m

8. a) Maßstab 1 : 1000

α = 16°   h = 24,7 m $\overline{AB}$ = 25 m
ε = 22°   h' = 4,2 m

Die Vorgaben sind nicht eindeutig.
Es ist nicht angegeben, in welche Richtung der Winkel von 22° gemessen wurde.

Fall 1: $h_{Drachen}$ = 24,7 – 1,52 ≈ 23,2 m   Fall 2: $h'_{Drachen}$ = 4,2 – 1,52 ≈ 2,7 m

b) ① ∢ABC = 158°;   ∢ACB = 142°;   h = 24,70 m; $h_{Drachen}$ = 24,70 – 1,52 = 23,18 m
   ② ∢ABC' = 22°;   ∢AC'B = 6°;   h' = 4,19 m; $h_{Drachen}$ = 4,19 – 1,52 = 2,67 m

9. A = 0,4432 ha

10. $\overline{AB} = \sqrt{5,2^2 + 3,8^2 - 2 \cdot 5,2 \cdot 3,8 \cdot \cos 52°}$ = 4,141 km

11. a) α ≈ 63,43°   b) α ≈ 75,96°   c) α ≈ –33,69°   d) α ≈ 53,13°

12. a) Schnittfläche ist Dreieck ACH: $\overline{AC}$ = 14,42 cm; $\overline{CH}$ = 13 cm; $\overline{HA}$ = 9,43 cm
         ∢HAC = 61,96°;   ∢ACH = 39,81°;   ∢CHA = 78,24°

b) $A = \frac{bc}{2} \cdot \sin\alpha$ = 60,01 cm²

13. a) 30 m   b) 21,8°

Winkelfunktionen (Seite 136)

1. a)

α	0°	30°	45°	360°	150°	10°	270°	60°	720°	450°	540°
$\hat{\alpha}$	0	$\frac{\pi}{6}$	$\frac{\pi}{4}$	2π	$\frac{5}{6}\pi$	$\frac{\pi}{18}$	$\frac{3}{2}\pi$	$\frac{\pi}{3}$	4π	$\frac{5}{2}\pi$	3π

b)

α	70°	114°	160°	50°	172°	573°	240°	380°	40°	29°	90°
$\hat{\alpha}$	1,22	2	2,79	0,87	3	10	4,19	6,63	0,7	0,5	1,57

2. a)
   b)

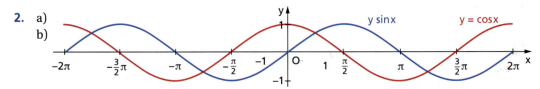

	Nullstellen:	Extremstellen:	Wertebereich:	Symmetrieverhalten:
y = sin x	–2π; –π; 0; π; 2π	$-\frac{3}{2}\pi; -\frac{\pi}{2}; \frac{\pi}{2}; \frac{3}{2}\pi$	–1 ≤ y ≤ 1	punktsymmetrisch zu O(0 | 0)
y = cos x	$-\frac{3}{2}\pi; -\frac{\pi}{2}; \frac{\pi}{2}; \frac{3}{2}\pi$	–2π; –π; 0; π; 2π	–1 ≤ y ≤ 1	achsensymmetrisch (y-Achse)

3. a) α = 155°; 385°   b) α = 401°; 499°   c) α = 220°; 320°   d) α = 240°; 300°
   e) x = 2π; 3π   f) x = $\frac{3}{4}$π; $\frac{9}{4}$π   g) x = $\frac{2}{3}$π; $\frac{7}{3}$π   h) x = $\frac{5}{2}$π; $\frac{9}{2}$π

4. a) $α_1$ = 25,5°; $α_2$ = 154,5°   b) α = 124°   c) $α_1$ = 30°; $α_2$ = 150°
   d) α = 63,9°   e) n. l.   f) $α_1$ = 5,8°; $α_2$ = 84,2°

5.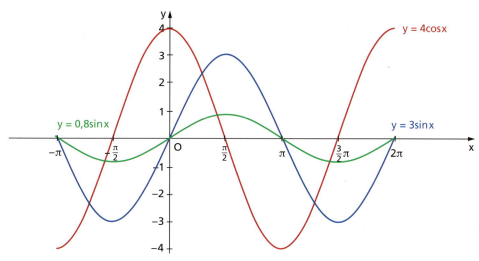

   a) Definitionsbereich: −π ≤ x ≤ 2π   Wertebereich: −3 ≤ y ≤ 3
      Der Faktor verändert den Wertebereich; Streckung der Sinuskurve in y-Richtung
   b) Definitionsbereich: −π ≤ x ≤ 2π   Wertebereich: −0,8 ≤ y ≤ 0,8
      Stauchung der Sinuskurve in y-Richtung
   c) Definitionsbereich: −π ≤ x ≤ 2π   Wertebereich: −4 ≤ y ≤ 4
      Streckung der Kosinuskurve in y-Richtung

6.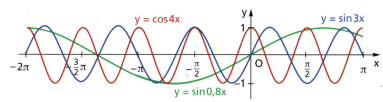

   a) Definitionsbereich: −2π ≤ x ≤ π   Wertebereich: −1 ≤ y ≤ 1   p = $\frac{2}{3}$π
      Der Faktor verändert die Periode und bewirkt damit eine Änderung der Nullstellen.
      Stauchung der Sinuskurve in x-Richtung
   b) Definitionsbereich: −2π ≤ x ≤ π   Wertebereich: −1 ≤ y ≤ 1   p = $\frac{5}{2}$π
      Streckung der Sinuskurve in x-Richtung
   c) Definitionsbereich: −2π ≤ x ≤ π   Wertebereich: −1 ≤ y ≤ 1   p = $\frac{1}{2}$π
      Stauchung der Kosinuskurve in x-Richtung

7. ① y = 3 sin x; Wertebereich: −3 ≤ y ≤ 3; Nullstellen wie bei der y = sin x (−2π; −π; 0; π; 2π)
   ② y = sin x + 3; Wertebereich: 2 ≤ y ≤ 4; keine Nullstellen; Verschiebung in y-Richtung um +3
   ③ y = sin 3x; Stauchung in x-Richtung; veränderte Periode: $\frac{2}{3}$π
   ④ y = 3 sin 3x; Wertebereich: −3 ≤ y ≤ 3; veränderte Periode: $\frac{2}{3}$π

Stochastische Zusammenhänge (Seite 158)

1. a) Von 180 Fahrzeugen wiesen insgesamt 45 Fahrzeuge Mängeln auf.
   P(„Fahrzeug mit mindestens einem Mangel") = $\frac{45}{180}$ = 0,25
   b) Es können $\mu = n \cdot p = 500 \cdot 0{,}25 = 125$ Fahrzeuge mit Mängeln erwartet werden.

2. $3 \cdot 2 \cdot 1 = 6$ Möglichkeiten.

3. a) Es gibt 26 Buchstaben und 10 Ziffern (0; 1; ...; 8; 9). Für einen Buchstaben und 3 Ziffern gibt es $26 \cdot 10 \cdot 10 \cdot 10 = 26\,000$ Möglichkeiten = 26 000 Autokennzeichen.
   b) Mit einem weiteren Buchstaben erhält man das 26-Fache der vorherigen Möglichkeiten (also 676 000 Autos), während das Hinzufügen einer weiteren Ziffer die Anzahl der Möglichkeiten nur verzehnfacht (260 000 Autos).
   c) Es können $26^2 \cdot 10^3 = 676\,000$ Autos zugelassen werden.

4. a) Das Werfen des Würfels ist ein Bernoulli-Experiment: Als Erfolg zählt das Werfen einer Augenzahl von größer zwei. Das 50-Fache Wiederholen des Bernoulli-Experiments ist eine Bernoulli-Kette der Länge 50. Es muss ein idealer Würfel sein. Das Würfeln muss mit „ausreichendem Schwung" erfolgen.
   b) Die Befragung ist ein Bernoulli-Experiment: Bernoulli-Merkmal ist z. B. die Computerspielzeit von maximal zwei Stunden. Da für die 50 Befragungen gleiche Bedingungen existieren, stellt die 50-Fache Wiederholung der Befragung eine Bernoulli-Kette der Länge 50 dar. Es dürfen keine Absprachen untereinander erfolgen. Die Befragten sollten ein ähnliches soziales und wirtschaftliches Umfeld und keine stark differenzierten Interessen (Sport, Kultur, ...) haben.
   c) Die Aussaat eines Sonnenblumenkernes ist ein Bernoulli-Experiment: Als Erfolg zählt, wenn die Sonnenblume größer als zwei Meter ist. Trotz der gleichzeitigen Aussaat von 50 Saatkörnern stellt sie dennoch eine Folge im Sinne einer Bernoulli-Kette dar. Es darf keine Mischung verschiedener Unterarten erfolgen und es sollten vergleichbare Wachstumsbedingungen (z. B. Abstand der Pflanzen) vorliegen.

5. a) P(„genau 20 Schüler kaufen ein Baguette") = $\binom{50}{20}\left(\frac{2}{5}\right)^{20}\left(\frac{3}{5}\right)^{30} = 0{,}1146$
   b) P(„mindestens 20 Schüler kaufen ein Baguette") = $\sum_{k=0}^{20}\binom{50}{k}\left(\frac{2}{5}\right)^{k}\left(\frac{3}{5}\right)^{50-k} = 0{,}561$

   Mit einer Wahrscheinlichkeit p = 0,561 reichen sie aus.

   c) P(„mindestens x Schüler kaufen ein Baguette") > 0,95

   $\sum_{k=0}^{25}\binom{50}{k}\left(\frac{2}{5}\right)^{k}\left(\frac{3}{5}\right)^{50-k} = 0{,}943 \quad \sum_{k=0}^{26}\binom{50}{k}\left(\frac{2}{5}\right)^{k}\left(\frac{3}{5}\right)^{50-k} = 0{,}969$

   Für 95 % Sicherheit müssen mindestens 26 Baguettes bereitgestellt werden.
   P(„mindestens x Schüler kaufen ein Baguette") > 0,99

   $\sum_{k=0}^{27}\binom{50}{k}\left(\frac{2}{5}\right)^{k}\left(\frac{3}{5}\right)^{50-k} = 0{,}984 \quad \sum_{k=0}^{28}\binom{50}{k}\left(\frac{2}{5}\right)^{k}\left(\frac{3}{5}\right)^{50-k} = 0{,}992$

   Für 99 % Sicherheit müssen mindestens 28 Baguettes bereitgestellt werden.

Lösungen „Aufgabenpraktikum"

Multiple-Choice-Aufgaben – ohne Hilfsmittel zu lösen (Seite 170)

1. B	2. C	3. D	4. C	5. A	6. B
7. A, B	8. D	9. C	10. D	11. B	12. B

Seite 171

13. D	14. C	15. C	16. D	17. D	18. D
19. B	20. A	21. D	22. C	23. B	

Terme und Gleichungen – ohne Hilfsmittel zu lösen (Seite 172)

1. $-10a - 3b$
   a) *Beispiellösungen:* $-3a + (6b - 8a) + 3a - 9b - 2a$; $-3a + 6b - (8a + 3a) - 9b - 2a$
   b) 11

2. Keine der Summen gehört zu dem Produkt.
   ① Das lineare Glied fehlt.   ② Das quadratische Glied ist als lineares Glied angegeben.
   ③ Das Vorzeichen des quadratischen Gliedes ist falsch.

3. a) ② und ④ spiegeln den Sachverhalt richtig wider. (Für b = x folgt a = x + 2 und c = x + 4.)
   b) Aus ② folgt $x = \frac{24 - 6}{3}$ und somit b = 6 cm; a = 8 cm; c = 10 cm.
   Alle Dreiecksungleichungen sind erfüllt. (Dreieck konstruierbar nach Kongruenzsatz sss.)
   c) Das Dreieck ist rechtwinklig. Es gilt: $(6\,\text{cm})^2 + (8\,\text{cm})^2 = (10\,\text{cm})^2$

4. a) Gesamte Fläche: $3x^2 + \frac{5}{2}xy + \frac{1}{2}y^2$;   gelbe Fläche: $\frac{5}{2}xy$
   b) Die weiße Fläche ① ist 4 cm lang und 2 cm breit.   c) $u = 8x + 3y$

5. a) ① und ② spiegeln den Sachverhalt richtig wider.
   b) x: Preis für Erwachsene   y: Preis für Kinder

6. a) richtig $x(x + 17) = 0 \to L = \{0; -17\}$ b) falsch $4x(x + 2) = 0 \to L = \{0; -2\}$
   c) falsch $6x - 4 = 0 \to L = \left\{\frac{2}{3}\right\}$ d) falsch $3x + 12 = 3x - 21 \to L = \{\}$

7. Weg ② ist richtig. Beim Weg ① wurde das gemischte Glied der binomischen Formel falsch berechnet und bei der Division das Minuszeichen vergessen.

8. $(a + 3)(a - 5) = 513$; $a^2 - 2a - 528 = 0$;   Das Quadrat hat eine Seitenlänge von 24 cm.

Seite 173

9. Der Gewinn ist entsprechend der prozentualen Beteiligung am Kaufpreis des Loses zu verteilen:
   Anna: 30 %   (45 000 €)   Susanne: 20 %   (30 000 €)
   Ritchy: 25 %   (37 500 €)   Sabine: 25 %   (37 500 €)

10. I $2x - 8 = 3y$;   II $4x - y = 26$ (Die gesuchten Zahlen sind $x = 7$ und $y = 2$.)

11. a) vierseitige Pyramide   b) Zylinder oder Kegelstumpf   c) sechsseitiges Prisma

12. a) Fahrpreisangebot ①: 440,83 €   Fahrpreisangebot ②: 467,50 €
   b) Fahrpreiserhöhung Angebot ①: 40,08 €   Fahrpreiserhöhung Angebot ②: 42,50 €

13. a) Falsch: (Der Prozentsatz der Preissenkung bezieht sich auf einen höheren Grundwert.)
   – Steigerung um 15 %   (alt (Grundwert): 89,90 €   neu: 89,90 € · 1,15 = 103,39 €)
   – Senkung um 15 %   (alt (Grundwert): 103,39 €   neu: 103,39 € · 0,85 = 87,88 €)

   b) Falsch: Der Prozentsatz der 2. Preissenkung bezieht sich auf einen niedrigeren Grundwert.
   1. Preissenkung um 10 % (alt (Grundwert): 245,00 €   neu: 245,00 € · 0,90 = 220,50 €)
   2. Preissenkung um 25 % (alt (Grundwert): 220,50 €   neu: 220,50 € · 0,75 = 165,38 €)
   Preis nach einmaliger Preissenkung um 35 %: (alt (Grundwert): 245,00 €; neu: 159,25 €)

14. genau eine Lösung: I $3x - 2y = 6$;   II $-3x + y = 2$; $(-2 | -4)$
   unendlich viele Lösungen: I $3x - 2y = 6$;   II $x - \frac{2}{3}y = 2$;
   keine Lösung: I $3x - 2y = 6$;   II $-3x + 2y = 2$ $0 \neq 8$

15. a) Definitionsbereich: $x \in \mathbb{R}$ und $x \neq 0$

   b)
x	–3	–2	–1	$-\frac{1}{2}$	0,5	1	2	3
y	$-\frac{1}{3}$	$-\frac{1}{2}$	–1	–2	2	1	$\frac{1}{2}$	$\frac{1}{3}$

   c) $S(1 | 1)$

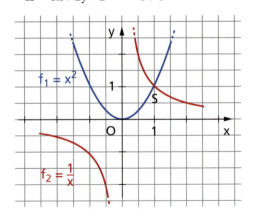

Beziehungen und Veränderungen beschreiben (Seite 174)

1. a) Die Fahrt beginnt 20 m vom Haus entfernt und erfolgt mit zunehmender Geschwindigkeit.
   b) etwa 41 m   c) etwa 2,2 s
   c) Es ist keine gleichförmige Bewegung. Die Geschwindigkeit kann nicht berechnet werden.
   d) Es handelt sich annähernd um eine verschobene, gestreckte Normalparabel:
   $s = f(t) = 1{,}3\, t^2 + 20$

2. a) Die Aussage stimmt nicht. Onur wirft 50 m weit und Lisa 58 m. Lisa wirft nur 8 m weiter.
   b) Die Aussage stimmt nicht. Onurs Stein landet 50 m von der Klippe entfernt.
   c) Die Aussage stimmt nicht. Die Sinkgeschwindigkeit beider Steine ist gleich.
   d) Die Aussage stimmt nicht. Für den freien Fall gilt annähernd die Formel $s = 5t^2$,
   mit Fallhöhe s und Fallzeit t. Dann ergibt sich aus $125 = 5t^2$ die Fallzeit $t = 5$ s.
   e) Die Aussage ist wahr. $y = -\frac{g}{2v_0^2} x^2 + 125$ bei $v_0 = 10 \frac{m}{s}$ → $y = -\frac{5}{10^2} x^2 + 125$
   f) Die Aussage ist wahr. $\frac{10}{50} \approx \frac{12}{58}$, $0{,}2 \approx 0{,}207$ (Differenz liegt im Rahmen)

3. *Händler 1:* 72 · 150 € = 10 800,00 €   *Händler 2:* 2 500 € + 1,025 · (9 859 € − 2 500 €) = 10 042,98 €
   Das Angebot von Händler 2 ist vorzuziehen.

4. Entstehende Kosten bei: ①: 1 790,00 €   ②: 1 690,00 €   ③: 1 720,00 €
   Familie Winter sollte sich für Angebot ② entscheiden.

Seite 175

5. a) ① $K_n = K_0 \cdot \left(\frac{100+p}{100}\right)^n = 1\,403{,}83$ b) Kapital nach 4 Jahren

   ② $K_n = K + \frac{K \cdot p \cdot n}{100} = 1\,440{,}00$

   ③ $K_{n+1} = K_n + \frac{K_n \cdot p}{100}$

   Höhe des Kapitals nach 4 Jahren:
   1 430,69 €
   Paul sollte Variante ② wählen.

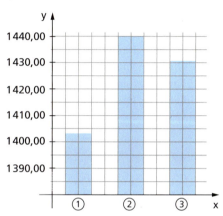

6. a) Der Funktionsgraph ist monoton fallend und schneidet die y-Achse im Punkt (0 | 4).
   $0 = -2x_0 + 4;\quad x_0 = 2$
   b) *Beispiellösung:* $y = -2x$

7. ① − C   Gerade mit Anstieg m = −2, Schnittpunkt mit y-Achse bei y = 4
   ② − E   Gerade mit Anstieg m = $-\frac{1}{3}$, Schnittpunkt mit y-Achse im Koordinatenursprung
   ③ − A   Gerade parallel zu x-Achse, Schnittpunkt mit y-Achse bei y = 3
   ④ − B   Gerade mit Anstieg m = 1, Schnittpunkt mit y-Achse bei y = 1
   ⑤ − F   nichtlineare Funktion/Normalparabel, Schnittpunkt mit y-Achse bei y = 0
   ⑥ − D   Gerade parallel zu y-Achse, Schnittpunkt mit x-Achse bei x = 3

   a) *Abgelesen:* $S_{1_{A/B}}(-0{,}6|-0{,}4)$; $S_{2_{A/B}}(1{,}7|2{,}7)$; $S_{1_{A/F}}(-1{,}8|3), S_{2_{A/F}}(1{,}8|3)$; $S_{B/C}(1|2)$
   b) ① y ist gleich dem um 4 vergrößerten negativen Doppelten der Zahl x.
      ② y ist gleich dem negativen Drittel der Zahl x.
      ③ y ist gleich der Zahl 3.
      ④ y ist gleich der um 1 vergrößerten Zahl x.
      ⑤ y ist gleich dem Quadrat der Zahl x.
      ⑥ x ist gleich der Zahl 3.

8. a) siehe Abbildung rechts
   b) $f_1(x): x_1 = -1; x_2 = 3; f_2(x): x_1 = -1; x_2 = 3$
   c) $f_3(x) = y = (x+1)^2 - 4$
   d) *Rhombus:* Der Abstand der Scheitelpunkte zu den Nullstellen ist gleich. A = 16 FE

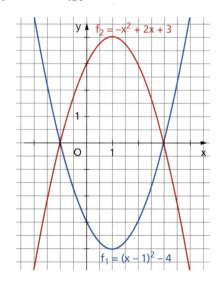

9. a)

Teilnehmer	Preis pro Person in Euro	Gesamteinnahmen in Euro
40	400	16 000
41	395	16 195
45	375	16 875
50	350	17 500

b) $g(x) = (40 + x) \cdot (400 - 5x)$
Wenn 60 Passagiere (40 + 20) die Reise buchen, beträgt der maximale Gewinn 18 000 €.

Ebene Figuren – Hilfsmittel sind erlaubt (Seite 176)

1. a) Quadrat; Raute
b) Quadrat; Raute; Rechteck; Parallelogramm
c) Quadrat; Raute; Drachenviereck
d) Quadrat; Raute; Drachenviereck
e) Trapez

2. a) $68\,\text{m} \cdot 106\,\text{m} = 7208\,\text{m}^2$
$70\,\text{m} \cdot 106\,\text{m} = 7420\,\text{m}^2$
$7208\,\text{m}^2 \leq A \leq 7420\,\text{m}^2$
b) 1 Rasenmäher: 270 min
2 Rasenmäher: 135 min
3 Rasenmäher: 90 min
4 Rasenmäher: 67,5 min
5 Rasenmäher: 54 min
c) siehe Abbildung rechts

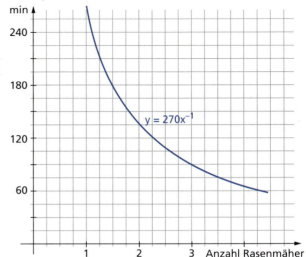

3. $A = \tfrac{1}{2}\pi \cdot r_1^2 - \tfrac{1}{2}\pi \cdot r_2^2 = \tfrac{1}{2}\pi \cdot (r_1^2 - r_2^2) \approx 25\,\text{cm}^2$
$u = \pi \cdot r_1 + \pi \cdot r_2 + r_1 + r_1 - 2 \cdot r_2 = r_1(\pi + 2) + r_2(\pi - 2) \approx 29\,\text{cm}$

4. a) $24\,\text{m} \cdot 12 = 288\,\text{m}$ b) $x \approx 1666{,}7\,\text{m}$ (waagerechte Entfernung beträgt etwa 1,7 km)

5. a) $h_2 = 120\,\text{m} + 176\,\text{m} + 140\,\text{m} - 96\,\text{m} = 340\,\text{m}$ b) $h_4 = 340\,\text{m} + 324\,\text{m} = 664\,\text{m}$

Seite 177

6. a) $y = -2x + 2$
b) $A = \dfrac{4\,\text{cm} \cdot 2\,\text{cm}}{2} = 4\,\text{cm}^2$
c) $A'(-1|-4);\ B'(3|-4);\ C'(-1|4)$
d) $A = \dfrac{8\,\text{cm} \cdot 4\,\text{cm}}{2} = 16\,\text{cm}^2$
e) $y = -2x + 2$ f) $E_1(-2|2)$ Parallelogramm; $E_2(2|2)$ Rechteck (Parallelogramm)

7. a) ABCD ist ein Drachenviereck. (zwei Paar gleich lange benachbarte Seiten)
b) Aus $y = x + 1$ und $y = -x + 3$ ergibt sich $S(1|2)$.
c) $\overline{AB} = \sqrt{(6\,\text{cm})^2 + (2\,\text{cm})^2} = 6{,}32\,\text{cm}$ $\overline{SB} = \sqrt{(2\,\text{cm})^2 + (2\,\text{cm})^2} = \sqrt{8\,\text{cm}^2} = 2{,}83\,\text{cm}$
$\sphericalangle BAD = 53{,}2°;$ $\sphericalangle DCB = 90°;$ $\sphericalangle ABC = \sphericalangle CDA = 108{,}4°$
d) $A'(-4|-5);\ B'(5|-2);\ C'(5|4);\ D'(-1|4)$

8. a) $u = 3{,}4\text{ m} + 2 \cdot 1{,}2\text{ m} + 2{,}0\text{ m} + 2 \cdot 2{,}1\text{ m} + \sqrt{(1{,}4\text{ m})^2 + (0{,}8\text{ m})^2} + 0{,}8\text{ m} = 14{,}4\text{ m}$

$A = 1{,}2\text{ m} \cdot 3{,}4\text{ m} + 2{,}1\text{ m} \cdot 1{,}4\text{ m} + \dfrac{0{,}8\text{ m} \cdot 1{,}4\text{ m}}{2} = 7{,}58\text{ m}^2$

b) $u = 3\text{ cm} + 1{,}8\text{ cm} + 1{,}8\text{ cm} + 4\text{ cm} + 2{,}2\text{ cm} + 2{,}4\text{ cm} + 1{,}9\text{ cm} = 17{,}1\text{ cm}$

$A = \dfrac{3\text{ cm} + \sqrt{(1{,}9\text{ cm})^2 - (1{,}8\text{ cm})^2} + 3\text{ cm}}{2} \cdot 1{,}8\text{ cm} + \dfrac{3\text{ cm} + 1{,}8\text{ cm} + \sqrt{(1{,}9\text{ cm})^2 - (1{,}8\text{ cm})^2} + 2{,}2\text{ cm}}{2} \cdot 2{,}4\text{ cm}$

$A \approx 5{,}95\text{ cm}^2 + 9{,}13\text{ cm}^2 \approx 15{,}1\text{ cm}^2$

9. $h = h' + 1{,}75\text{ m}$; $h' : 1{,}25\text{ m} = 120\text{ m} : 2{,}5\text{ m}$ → $h' = 60\text{ m}$ → $h = 61{,}75\text{ m}$

Räumliche Figuren – Hilfsmittel sind erlaubt (Seite 178)

1. a) → ②   b) → ⑤   c) → ①   d) → ④   e) → ③

2. a) wahr   b) wahr
c) falsch dreiseitiges Prisma: 6 Eckpunkte
d) falsch dreiseitiges Prisma

3. *Beispiellösungen:* Würfel (auf einer Fläche stehend);
Kreiszylinder (liegend, Grundfläche senkrecht zur Blickrichtung)
dessen Höhe mit dem Durchmesser der Grundfläche übereinstimmt

4.

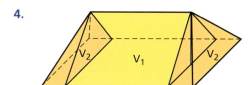

$V = V_1 + 2 \cdot V_2$

$V = \dfrac{\overline{BC} \cdot h}{2} \cdot \overline{EF} + 2 \cdot \dfrac{\overline{AB} - \overline{EF}}{2} \cdot \overline{BC} \cdot h \cdot \dfrac{1}{3}$

$V = \dfrac{18\text{ cm} \cdot 8\text{ cm}}{2} \cdot 16\text{ cm} + 8\text{ cm} \cdot 18\text{ cm} \cdot 8\text{ cm} \cdot \dfrac{1}{3}$

$V = 1152\text{ cm}^3 + 384\text{ cm}^3 = 1536\text{ cm}^3$

5. $h = r$; $V_{HK} = \dfrac{2}{3}\pi r^3$; $V_Z = \pi r^3$; $V_{HK} + VK = \dfrac{2}{3}\pi r^3 + \dfrac{1}{3}\pi r^3 = \pi r^3 = V_Z$
Beide Werkstücke sind gleich schwer.

6. Das Volumen vergrößert sich um 300 %.

7. $V_1 = \dfrac{4}{3}\pi r_1^3$ $V_2 = \dfrac{4}{3}\pi(2r_1)^3$ $V_2 = \dfrac{4}{3}\pi \mathbf{8} r_1^3$

8. a) $V = \dfrac{\pi}{4} d^2 \cdot h$ → $V = 590\text{ cm}^3$ (589,05 cm³) $V = 0{,}59\text{ dm}^3 = 0{,}59\ l$

b) $\dfrac{h}{0{,}25\ l} = \dfrac{7{,}5\text{ cm}}{0{,}59\ l}$ → $h = 3{,}2\text{ cm}$ (3,18 cm)

Seite 179

9. a) $V = 2\text{ cm} \cdot 2\text{ cm} \cdot 1\text{ cm} = 4\text{ cm}^3$ $A_O = 2 \cdot (2\text{ cm} \cdot 1\text{ cm} + 2\text{ cm} \cdot 2\text{ cm} + 2\text{ cm} \cdot 1\text{ cm}) = 16\text{ cm}^2$

b) Dreieckshöhe $h_D = \sqrt{8}\text{ cm}$ Pyramidenhöhe $h_P = \sqrt{7}\text{ cm}$

$V = \dfrac{1}{3} A_G \cdot h = \dfrac{1}{3} \cdot 4\text{ cm}^2 \cdot \sqrt{7}\text{ cm} \approx 3{,}5\text{ cm}^3$ (3,53 cm³)

$A_O = A_G + 4 \cdot A_D = 4\text{ cm}^2 + 4 \cdot \dfrac{2\text{cm} \cdot \sqrt{8}\text{ cm}}{2} \approx 15{,}3\text{ cm}^2$ (15,313 cm²)

10. $\varrho = \dfrac{m}{V} = \dfrac{m}{a^3}$ → $a = \sqrt[3]{\dfrac{m}{\varrho}}$ → $a = 5\text{ cm}$

11. Das Volumen verachtfacht und der Oberflächeninhalt vervierfacht sich.

12. a) individuelle Lösung

b) *eckiger Pool:*
$V = 13{,}125 \text{ m}^3 = 131{,}25 \text{ hl}$

c) *runder Pool:*
$V = 15{,}080 \text{ m}^3 = 150{,}80 \text{ hl}$

d) individuelle Lösung (Der eckige Pool hat einen höheren Wasserstand, ist preisgünstiger, hat aber eine kleinere Grundfläche als der runde Pool.

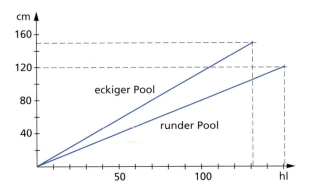

13. *Beispiellösung*
a) ① *Optimale Verpackungsgröße:* 10 cm · 10 cm · 10 cm (Würfel)
② *Optimale Verpackungsgröße:* r = 5,42 cm, h = 10,84 cm
③ *Optimale Verpackungsgröße:* a = 15,87 cm, h = 9,17 cm.

b) Der minimale Materialverbrauch beträgt (für die aufgeführte Beispiellösung):
① Quader: $A_O = 600 \text{ cm}^2$ ② Zylinder: $A_O = 553{,}7 \text{ cm}^2$ ③ Prisma: $A_O = 654{,}7 \text{ cm}^2$

c) Die zylinderförmige Verpackung erscheint wegen des geringsten Materialaufwands sehr günstig. Doch in die Entscheidung sind weitere Kriterien einzubeziehen: u. a. Stapelfähigkeit, Transportraumanforderung, technologische Produktionsfaktoren.

Daten und Zufall – Hilfsmittel sind erlaubt (Seite 180)

1. a) Maximum: 5,10 m   Mimimum: 2,60 m   Spannweite: 2,50 m

b) Boxplot, Kreis-, Balken-, Säulendiagramm, Piktogramm, Stängel-Blatt-Diagramm

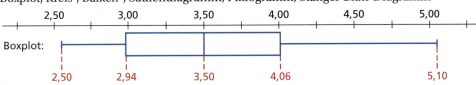

c) arithmetisches Mittel: 3,5 m   Median: ca. 3,23 m
Beide Mittelwerte sind geeignet.

2. a) Durchschnitt A: 3,35   Durchschnitt B: 3,33

b) Gruppe A: Gruppe B:

Prozent	10%	15%	30%	20%	25%	0%	0%	27,8%	27,8%	33,3%	5,6%	5,6%
Note	1	2	3	4	5	6	1	2	3	4	5	6

c) Durchschnittliche lineare Abweichung: Gruppe A: 1,09   Gruppe B: 0,93

d) In Gruppe B gibt es zwar keine Spitzenleistungen, aber dafür auch deutlich weniger Ausfälle. Die Mittelwerte liegen sehr nahe beieinander. Die Streuung ist bei Gruppe B kleiner. Deshalb ist insgesamt als Gemeinschaft die Gruppe B etwas besser zu beurteilen.

3. a) Da man eine 2, 3, 4, 5 oder 6 werfen kann, liegt die Wahrscheinlichkeit bei $\frac{5}{6}$.

b) Hier kann man eine 1, 2 oder 3 würfeln, also liegt die Wahrscheinlichkeit bei $\frac{1}{2}$.

c) *Beispiellösungen:* gerade Zahl; Primzahl; 2, 4 oder 5

Lösungen „Aufgabenpraktikum"

4. a) Orange: $\frac{4}{8}$; Gelb: $\frac{3}{8}$; Rot: $\frac{1}{8}$ b) „nicht Gelb": $\frac{5}{8}$ c) P(2-mal Rot) = $\frac{1}{8} \cdot \frac{1}{8} = \frac{1}{64} \approx 1,56\%$

5. a) $\frac{24}{49}$ b) $\frac{34}{49}$ c) $\frac{3}{49}$ d) $\frac{11}{49}$ e) $\frac{9}{49}$ f) $\frac{8}{49}$ g) $\frac{33}{49}$

6. a)    b) P(A) = 0,4; P(B) = $\frac{8}{15}$; P(C) = 0,6

Seite 181

7. a) WWW ZZZ WWZ WZW b) $\frac{3}{8}$ c) $\frac{4}{8}$
ZWW ZZW ZWZ WZZ

8. a) Es gibt 36 verschiedene Ergebnisse. Betrachtung der Paare:

1; 1 1; 2 1; 3 1; 4 1; 5 1; 6   2; 1 2; 2 2; 3 2; 4 2; 5 2; 6
3; 1 3; 2 3; 3 3; 4 3; 5 3; 6   4; 1 4; 2 4; 3 4; 4 4; 5 4; 6
5; 1 5; 2 5; 3 5; 4 5; 5 5; 6   6; 1 6; 2 6; 3 6; 4 6; 5 6; 6

b) $\frac{25}{36}$ c) $\frac{27}{36}$ Es wurden Paare mitgezählt, bei denen beide Würfe eine Primzahl ergeben haben. Sonst beträgt die Wahrscheinlichkeit $\frac{18}{36}$.

9. *Beispiellösung:* drei gelbe, ein blauer und ein roter Sektor

10. a) Pommes: 180   b) Pommes: 15 %   c)
Currywurst: 60   Currywurst: 5 %
Hamburger: 240   Hamburger: 20 %
Lasagne: 120   Lasagne: 10 %
Spaghetti: 240   Spaghetti: 20 %
Pizza: 360   Pizza: 30 %

11. a) Museum: $\frac{12}{60}$ = 20 %   Schwimmbad: $\frac{15}{60}$ = 25 %
Ausstellung: $\frac{20}{60}$ ≈ 33,3 %   Zoo: $\frac{8}{60}$ ≈ 13,3 %
Es enthielten sich: $\frac{5}{60}$ ≈ 8,3 %

b) Für 60 Schülerinnen und Schüler ist z. B. eine Balkenlänge von 12 cm geeignet.

| Museum | Schwimmbad | Ausstellung | Zoo | Enth. |

12. Die Wahrscheinlichkeit ändert sich nicht. Sie liegt nach wie vor bei $\frac{1}{6}$.

13. a) $\frac{6}{36}$ b) $\frac{25}{36}$

c) Eine Augensumme unter 2 ist nicht möglich.   d) $\frac{1}{2}$
Also liegt die gesuchte Wahrscheinlichkeit bei $\frac{1}{36}$.

e) Es gibt insgesamt 21 Möglichkeiten.

f) Die Augensumme 6 hat die Wahrscheinlichkeit $\frac{1}{7} = \frac{3}{21}$ {(1; 5), (2; 4), (3; 3)}.

Testarbeit – Teil 1 – ohne Hilfsmittel zu lösen (Seite 186)

1. a) 20   b) 4   c) $\mathbb{R}$ d) 3
2. $-1,\overline{8} < \sqrt{2} < \frac{322}{200} < 1,7 < 1\frac{3}{4}$
3. a) 0   b) 11   c) $\frac{2}{9}$ d) 0
4. a) $a = \frac{F}{m}$ b) $t = \frac{s}{v}$ c) $t = \sqrt{\frac{2s}{g}}$ d) $l = \frac{T^2 \cdot g}{4\pi^2}$
5. Der größten Seite muss der größte Winkel gegenüberliegen, d. h., $\angle BCA > 110°$.
6. a) wahr (z. B. $\overline{AB} = \overline{BC} = 5$ cm und $\angle ABC = 90°$)
   b) falsch (Die Summe der Längen zweier Seiten größer sein als die Länge der dritten Seite.)
   c) wahr (Es gilt immer die Dreiecksungleichung.)
7. Beim Pkw, denn 30 % = 0,3 $\left(0,3 < \frac{1}{3} < \frac{3}{8}\right)$
8. 2 000 m = 2 km
9. a) Quadratmeter oder Ar
   b) Kubikzentimeter oder Milliliter
10. $y = f(x) = x^2 - 1$
    $x_1 = -1$; $x_2 = +1$

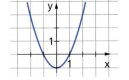

11. a)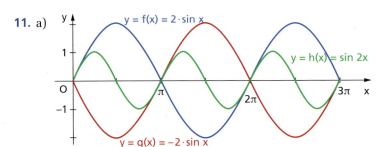

    b) $x_0 = 0$
    $x_1 = \frac{\pi}{2}$
    $x_2 = \pi$
    $x_3 = \frac{3}{2}\pi$
    $x_4 = 2\pi$
    $x_5 = \frac{5}{2}\pi$
    $x_6 = 3\pi$

    c) $0 \leq x \leq \frac{\pi}{2}$; $\frac{3}{2}\pi \leq x \leq \frac{5}{2}\pi$

    d) $a = 2 \Rightarrow$ 2 Lösungen; $a = -2 \Rightarrow$ genau eine Lösung; $a = 1 \Rightarrow$ keine Lösung

12. a) 24 Möglichkeiten   b) 6 Möglichkeiten   c) 6 Möglichkeiten

Testarbeit – Teil 2 – Hilfsmittel sind erlaubt (Seite 187)

1. Gesamtverbrauch im Jahr 2000: 288 m³   Gesamtverbrauch im Jahr 2008: 224 m³
   a) um 22,2 %   b) 2000: 29 %   2008: 25 %   (2008 war der Anteil geringer.)

   c)

	Körperpflege	Toilette	Wäsche	Geschirr	Putzen	Sonstiges
%	21	25	13	8	7	6
°	148	90	47	29	25	22

2. a) $V \approx 5{,}29$ m³
   b) $r' = 2{,}44$ m; $V' = 11{,}24$ m³
   c) $\alpha = 36{,}4°$

3. a)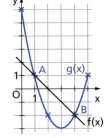
   b) $A(1|1)$; $B(4|-2)$
   c) $\overline{AB} = \sqrt{18}$ LE $\approx 4{,}24$ LE

4. a) $\angle ABC = 68°$ (Kongruenzsatz wsw)
      Beim Maßstab 1 : 1000 ist $\overline{AB} = 11$ cm.
   b) $\sin 68° = \frac{h_a}{\overline{AB}}$
      $\Rightarrow h_a = 110$ m $\cdot \sin 68° \approx 102{,}0$ m

5. Rotation um $\overline{AB}$ (r = 3 cm; h = 4 cm)   Rotation um $\overline{AC}$ (r = 4 cm; h = 3 cm)
$V_1 \approx 37{,}7$ cm³; $A_1 \approx 47{,}1$ cm² $V_2 \approx 50{,}3$ cm³; $A_2 \approx 62{,}8$ cm²

Bei der Drehung um $\overline{AC}$ entsteht ein größerer Rotationskörper.

Testarbeit – Teil 3 – Wahlaufgabe (Seite 188)

1. a) individuelle Lösung   b) $V = V_P + V_Q = 4387{,}5$ m³
c) 1125 m³ : $100 \frac{m^3}{h} = 11{,}25$ h   d) $4387{,}5$ m³ : $300 \frac{m^3}{h} = 14{,}625$ h
e) $m = 0{,}8 \frac{g}{cm^3} \cdot 4{,}3875 \cdot 10^9$ cm³; $m = 3510$ t

2. a) rot: 120 Stück; gelb: 144 Stück; weiß: 216 Stück   b) arithm. Mittel: 7,64 €
                                                                Zentralwert: 7,99 €
                                                                Modalwert: 7,99 €
                                                                Spannweite: 2,00 €

Farbe	Rot	Gelb	Weiß
Prozent	25 %	30 %	45 %
Grad	90°	108°	102°

c) (R; R; R), (R; R; G), (R; R; W), (R; G; W), (R; G; G)
(R; W; W), (W; W; W), (G; G; G), (W; W; G), (G; G; W)

d) (1) 72,9 %   (2) $0{,}9^3 + 3 \cdot 0{,}9 \cdot 0{,}9 \cdot 0{,}1 = 0{,}972 \triangleq 97{,}2\,\%$

3. a) $\overline{SC} = 1674{,}55$ m ≈ 1675 m

b) Nach 10 min hat das Schiff 9 000 m zurückgelegt. ($\alpha' = 38°$ und $\alpha'' = 9°$)

c) $\overline{BS'} \approx 9269$ m

Seite 189

4. a) 46 610 € − 10 000 € = 36 610 €

b) $\frac{W}{G} = \frac{p}{100}$; $\frac{299\,599\,€}{10\,000\,€} = \frac{p}{100}$; $3000\,\% = p$

c) $K_E = 10\,000\,€ \cdot 1{,}1^{10} = 25\,937{,}42\,€$

Der errechnete Zuwachs stimmt nicht, er beträgt 25 937,42 €, nicht 24 593 €.

5. a) $V_{Quader} = 1200$ cm³ (1 l = 1000 cm³); $V_{Zylinder} \approx 905$ cm³

Der Quader hat 200 cm³ mehr Rauminhalt, der Zylinder 95 cm³ zu wenig.

b) *Beispiellösung:*
Bei einer Höhe von 20 cm hat der Zylinder ein Fassungsvermögen von 1 005 cm³.

c) Quader: $A_O = 760$ cm²;   Zylinder: $A_O \approx 603$ cm²

Der Materialverbrauch ist beim Zylinder geringer, allerdings wird man bei der Herstellung durch die Form der Grundfläche (Kreis) auch mehr Verschnitt haben.

6. a) I $y = 2x$ II $y = -3x + 5$
b) S(1|2)   c) L = {(1; 2)}
d) z. B.: $y = 2x + 2$ e) A = 2,5 FE

Register

A

Abhängige Ereignisse 18
Additionssatz 18
Additionssystem 46
Additionsverfahren 10
Ähnlichkeitssatz 86
Amplitude 125
Anfangswert 43, 156
Ankathete 114
Annuitätentilgung 77
Anstieg 15
ARCHIMEDES VON SYRAKUS 135
Archimedische Spiralkurven 135
Asymptote 58
Außenwinkel 86

B

Basis 32, 41, 48
Baumdiagramm 144
Bernoulli-Experiment 146, 159
BERNOULLI, JAKOB 146
Bernoulli-Kette 146, 159
– Mindestlänge 150
Bernoulli-Versuch 146
Binomialkoeffizient 144
Binomialverteilung 147
Bogenmaß 90, 114
Bruchterme
– Addieren 32
– Dividieren 32
– Erweitern 32
– Kürzen 32
– Multiplizieren 32
– Subtrahieren 32

C

CAS-Rechner 20
– Berechnen von Grenzwerten 59
– Darstellen von Winkelfunktionen 124
– Daten darstellen und auswerten 26
– Funktionsgraphen analysieren 23
– Goniometrische Gleichungen lösen 130
– Grafisches Darstellen binomialverteilter Zufallsgrößen 149

– Kosinuswerte berechnen 90
– Lineare Funktionen grafisch darstellen 22
– Lösen linearer Gleichungen 24
– Lösen linearer Gleichungssysteme 24
– Lösen quadratischer Gleichungen 24
– Lösen von Ungleichungen 24
– Parameterdarstellung 135
– Potenzfunktionen mit rationalen Exponenten 60
– Quadratische Funktionen grafisch darstellen 22
– Simulieren binomialverteilter Zufallsgrößen 151
– Sinuswerte berechnen 90
– Tangenswerte berechnen 90
– Terme umformen 22
– Trigonometrische Berechnungen 98

D

Datenmenge 31
Definitionsbereich 15, 16, 54, 57, 58, 60, 61, 67, 115
Dekadischer Logarithmus 41
Dezimalsystem 46
Drachenviereck 12
Drehwinkel 120
Drehzentrum 86
Dreieck 12
– Flächeninhalt 101
– rechtwinklig 86
Dreiecksungleichung 86
Dualsystem 47
Durchschnittsmenge 18
Dynamische Geometriesoftware 25

E

Einheitenvorsätze
– Giga 32
– Hekto 32
– Kilo 32
– Mega 32
Einheitskreis 120
Einsetzungsverfahren 10
Ereignisse
– abhängige ~ 18
– unabhängige ~ 18

Erwartungswert 142, 159
Eulersche Zahl 41
Exponent 32, 41, 48
Exponentialfunktion 67, 80
Exponentialfunktionen
– Eigenschaften von ~ 115
Exponentielles Wachstum 43, 68

F

Flächeninhalt 87, 109
– Dreieck 101, 143
Funktion 115
– Exponentialfunktion 67
– grafisch darstellen 22
– kubische ~ 56
– lineare ~ 15, 54
– periodische ~ 118
– Potenzfunktionen 56
– quadratische ~ 15, 56
– Wurzelfunktion 60

G

GALILEI, GALILEO 51
Gegenkathete 114
Gestreckter Winkel 86
Gleichsetzungsverfahren 10
Gleichungen
– goniometrische ~ 129
Gleichungen lösen 8
Gleichungssystem
– lineares ~ 10
– lösen ~ 10
Gleichungssysteme lösen
– Additionsverfahren 10
– Einsetzungsverfahren 10
– Gleichsetzungsverfahren 10
– grafisch 10
Goniometrische Gleichung 129
Gradmaß 88, 114
Graph 54
Grenzwert 58, 59

H

Hexadezimalsystem 47
Hyperbel 80
Hypotenuse 86, 114

I

Innenwinkel 86

K

Komplementwinkel 91
Kosinus 108
– eines Winkels 88, 92, 114
Kosinusfunktion 120, 121, 137
– Nullstellen 121
– Quadranten-
  beziehung 122
– Symmetrieeigen-
  schaften 122, 123
– Wachstumsverhalten 121
Kosinussatz 97, 98, 109
– Berechnungen
  mithilfe des 98
Kreis 12
Kreiskegel 12
Kreiszylinder 12
Kubische Funktion 56
Kugel 12

L

Laufvariable 156
LEIBNITZ, GOTTFRIED
  WILHELM 47
Limes 55
Lineare Funktion 15, 54
– Eigenschaften 115
Lineares Wachstum 68
Logarithmenschreibweise 41
Logarithmieren 48
Logarithmus 41, 48
– dekadischer ~ 41
– natürlicher ~ 41
Lösungsmenge 8

M

Mindmap 115
Misserfolgswahrschein-
  lichkeit 146
Monoton
– fallend 54
– steigend 54
Monotonieverhalten 57, 58, 60,
  61, 67, 115

N

Natürlicher Logarithmus 41
Normalform 15, 54
Normalparabel 15, 56
Nullstelle 15, 16, 54, 57, 58,
  60, 61, 67, 115, 121
Nullstellen 115
Nullwinkel 86

O

Orientierung
– für Tests, Kontrollen und
  Prüfungen 168
– zum Lösen von
  Textaufgaben 169

P

Parabel 15, 80
Parallelogramm 12
Parameter 15, 64, 81, 124
Parameterdarstellung 135
Periode 118
Periodenlänge 118
Periodische Vorgänge 112
Periodizität 121
Peripheriewinkel 86
Pfadregel 18
Planfigur 13
Polargleichung 135
Polarkoordinaten 134
Polarwinkel 134
Positionssystem 46
Potenzen
– Addieren 34
– Begriff 32
– Dividieren 35
– mit natürlichen
  Exponenten 34
– mit rationalen Exponenten 38
– Multiplizieren 34
– Subtrahieren 34
Potenzfunktion 80
– Asymptoten 58
– Eigenschaften 115
– Einfluss von Parametern 64
– gerade ~ 56
– Grenzwert 58
– mit ganzzahligen
  Exponenten 56
– mit geraden
  Exponenten 57
– mit rationalen
  Exponenten 60, 61
– mit ungeraden
  Exponenten 58
– Wachstum 81
Potenzgesetze 34, 37, 38, 48
– Wurzelschreibweise 38
Potenzieren 38, 48
Potenzschreibweise 41
Potenzwert 41, 48
Potenzwet 32
Prisma 12
Proportionalitätsfaktor 52

Prozentuale Wachstumsrate 72
Pyramide 12

Q

Quader 12
Quadrantenbeziehung 123
Quadrat 12
Quadratische Funktion 15, 54, 56
Quadratwurzel 35
Quotientengleichheit 54

R

Radikand 48
Radizieren 38, 48
Ratentilgung 77
Rationalmachen von Nennern 39
Rechteck 12
Rechter Winkel 86
Rechtwinkliges Dreieck 86
– trigonometrische
  Beziehungen 88, 108
Regressionskurven 164
Rhombus 12
Römische Zahlschrift 46

S

Satz des Pythagoras 86
Scheitelpunkt 86
Schenkel 86
Schraublinien 134
Schwingungsdauer 125
Seiten-Winkel-Beziehung 114
Seiten-Winkel-Relation 86
Simulation 151
Sinus 108
– eines Winkels 88, 90, 92, 114
Sinusfunktion 120, 121, 137
– Nullstellen 121
– Quadrantenbeziehung 122
– Symmetrie-
  eigenschaften 122
– Wachstumsverhalten 121
Sinussatz 95, 98, 108
– Berechnungen mithilfe des 98
Spiralkurven 134
Spitzer Winkel 86
Standardabweichung 142, 159
Steigung 15
Stellenwertsystem 46
Stufenwinkel 86
Stumpfer Winkel 86
Summenzeichen 156
Symmetrieverhalten 57, 58, 67, 122

Tabellenkalkulationen 71
Tangens 108
– eines Winkels 88, 90, 92, 114
Tangens eines Winkels 114
Terme umformen 22
Tilgung 77
Trapez 12

Überstumpfer Winkel 86
Unabhängige
 Ereignisse 18
Ungleichungen lösen 8
Umformungen
 – äquivalente ~ 88

Varianz 142, 159
Vereinigungsmenge 18

Vierfeldertafel 19
Vollwinkel 86, 114

Wachstum
 – exponentielles ~ 68, 81
 – lineares ~ 68, 81
Wachstumsfaktor 43, 72
Wachstumsprozess 43, 67
Wachstumsraten
 – Berechnen von ~ 72
 – prozentuale ~ 72
Wechselwinkel 86
Wertebereich 15, 16, 54, 57, 58, 60, 61, 67, 115
Winkel
 – Außenwinkel 86
 – Innenwinkel 86
Winkelarten 86
Winkel
 beziehung 86

Winkelfunktion 120
 – Kosinusfunktion 120, 137
 – Sinusfunktion 120, 137
Würfel 12
Wurzelexponent 48
Wurzelfunktionen 60, 124
Wurzelwert 48

Zahlensysteme 46
Zehnerpotenzen 32, 34
 – rechnen mit ~38
Zerfallsfaktor 72
Zerfallsrate 72
Zinsen 76
Zinseszinsen 76
Zinsfaktor 76
Zinsrechnung 54, 76
Zufallsgröße 142
ZUSE, KONRAD 47
Zylinder 12

Bildquellenverzeichnis

123RF/antonprado: 185/3; akg-images: 135/1; Deutsche Bundesbank: 181/1; Evelyn Fiedler: 83/1; Fotolia/aey: 31/1; Fotolia/ag visuell: 143/1; Fotolia/Alexander Raths: 138/1; Fotolia/Alexey Shkitenkov: 71/1; Fotolia/andrewsproule: 181/3; Fotolia/Artur Marciniec: 157/2; Fotolia/Bacho Foto: 134/1; Fotolia/baerliner: 7/2; Fotolia/beermedia: 62/1, 152/1; Fotolia/benjaminnolte: 158/1; Fotolia/bluedesign: 51/1; Fotolia/Carolina Jaramillo: 139/2; Fotolia/Comugnero Silvana: 140/1; Fotolia/contrastwerkstatt: 169/1; Fotolia/Dan Race: 46/1, 77/1; Fotolia/Denis Junker: 38/1; Fotolia/diez-artwork: 146/1; Fotolia/Dmytro Tolokonov: 75/2 Fotolia/DOC RABE Media: 160/1, 161/1; Fotolia/Driving South: 53/1; Fotolia/Edward White: 174/1; Fotolia/everythingpossible: 73/2; Fotolia/eyetronic: 94/1; Fotolia/Fontanis: 139/1; Fotolia/Fotowerk: 39/1; Fotolia/Gina Sanders: 118/1; Fotolia/Gordon Bussiek: 83/2; Fotolia/grieze: 164/1; Fotolia/iconshow: 34/1, 37/1; Fotolia/imagesetc: 38/2; Fotolia/Janina Dierks: 139/3; Fotolia/Jezper: 51/2; Fotolia/jogyx: 151/1; Fotolia/Klaus Eppele: 134/2; Fotolia/ksena32: 185/1; Fotolia/L.Klauser: 145/2; Fotolia/Ljupco Smokovski: 7/1; Fotolia/M. Schuppich: 144/1; Fotolia/macroart-Fotolia: 44/1; Fotolia/Marco2811: 74/1; Fotolia/Marem: 29/1; Fotolia/maya: 67/1; Fotolia/mekcar: 40/1; Fotolia/Michael Rosskothen: 112/1; Fotolia/MO:SES: 52/1; Fotolia/momanuma: 173/1 Fotolia/momesso: 50/1; Fotolia/mpanch: 140/2; Fotolia/Olivier Le Moal: 33/1; Fotolia/pdesign: 148/2; Fotolia/Petair: 110/1; Fotolia/Peter Hermes Furian: 111/2; Fotolia/Picture-Factory: 6/1, 168/1; Fotolia/Prager Rene: 30/1, 43/1; Fotolia/Rainerle: 111/1; Fotolia/Ricardo Rohland: 63/1; Fotolia/RTimages: 132/1; Fotolia/Sabine Naumann: 76/1; Fotolia/Sebastian Hensel: 112/4; Fotolia/Sergey Nivens: 28/1; Fotolia/Stefan Schurr: 83/3; Fotolia/Stefanie Berger: 51/4; Fotolia/Stephen Coburn: 145/1; Fotolia/styleuneed: 161/2; Fotolia/svetlana67: 82/1; Fotolia/tanchic: 29/2; Fotolia/thingamajiggs: 45/2; Fotolia/thomasklee: 52/3; Fotolia/uwimages: 138/2, 161/3; Fotolia/Vasyl Helevachuk: 44/2; Fotolia/Vladimir Melnikov: 190/1; Fotolia/wolkenreiter: 112/2; Fotolia/womue: 153/1; Fotolia/Yantra: 73/1; Fotolia/zzve: 111/3; Fotolia/カシス: 70/1; Günter Liesenberg: 84/1, 7/3, 42/1; Hemera Photo Objects: 174/3; iStockphoto/sengelma: 66/1; M. Liesenberg: 173/2; mauritiusimages/ib/Alexander Schnurer: 46/2; Meyer, L., Potsdam: 119/1; Photoshot/TIPS: 47/1; picture-alliance/ZB: 29/3; Scoutdoor GmbH Konstanz: 13/1

Hinweise zum Arbeiten mit dem TI-Nspire CAS

Grad- und Bogenmaß einstellen

Unter (on) „Einstellungen – Dokumenteinstellungen"
das Winkelmaß „Grad" für trigonometrische Berechnungen
als Standard einstellen. In der Anwendung „Graphs" unter
(menu) „Einstellungen" das Feld „Grafik Winkel" auf „Bogenmaß"
für die grafische Darstellung von Winkelfunktionen und „Geometrie
Winkel" auf „Grad" für die Arbeit mit Winkeln in der Anwendung
„Geometry" als Standard einstellen.

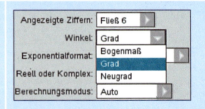

Trigonometrische Berechnungen durchführen

Für $sin\, x = 1$ werden unendlich vielen Lösungen x angezeigt:
In $x = 90 \cdot (4 \cdot n1 + 1)$ bedeutet $n1$ eine beliebige ganze Zahl.

Bei trigonometrischen Berechnungen wird das Lösungsintervall i. A. eingeschränkt. Im Beispiel $0{,}5 = sin\, x$ erfolgt die Einschränkung auf Winkel im Intervall [0°; 180°]. Der Bedingungsoperator „|" und die Zeichen „≤" sind unter (ctrl)(=) zu finden.

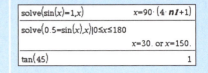

Funktionenscharen darstellen

Soll, wie im Beispiel, durch den Punkt P(5 | 3) eine Schar von
Geraden mit unterschiedlichen Anstiegen gezeichnet werden,
kann für die Anstiege eine Variable m eingeführt werden.

Die Belegung dieser Variablen m wird hinter dem
Bedingungsoperator „|" als Menge geschrieben.

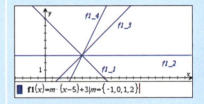

Schieberegler einfügen und nutzen

Zum Verändern von Parameterwerten kann in einigen Anwendungen ein „Schieberegler" eingefügt werden. So beispielsweise in der Anwendung „Graphs" unter (menu) „Aktionen".

Nach Setzen des Cursors auf den Schieberegler und Drücken
von (ctrl)(menu) lassen sich u. a. Einstellungen des Schiebereglers
verändern.

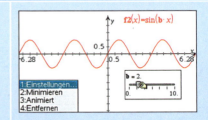

Den Zugmodus in der dynamische Geometriesoftware nutzen

Im Beispiel wird in der Anwendung „Geometry" mit (menu)
„Formen" ein Dreieck als „unabhängiges Objekt" gezeichnet.

Die Mittelsenkrechten entstehen unter (menu) „Konstruktionen" als
„abhängige Objekte". Abhängige Objekte sind auch der „Schnittpunkt der Mittelsenkrechten" unter (menu) „Punkte&Geraden" und
der „Umkreis" unter (menu) „Formen".

Mit dem Cursor kann die Lage unabhängiger Objekte im
„Zugmodus" über (ctrl)(🖐) verändert werden. Es lässt sich
auch beobachten, welche Eigenschaften der abhängigen
Objekte sich ändern.

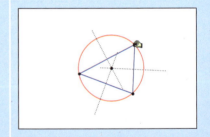